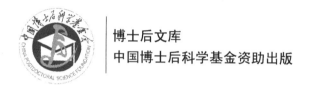

博士后文库
中国博士后科学基金资助出版

深部煤岩组合体破坏力学与模型

左建平　陈　岩　王　超　著

科学出版社

北　京

内 容 简 介

本书系统地介绍了作者近年来在煤岩单体和组合体力学特性及本构模型方面的学术研究成果。利用高刚性伺服试验机、断层扫描技术和声发射检测系统等综合手段对完整岩石试样、煤岩组合体试样进行单轴压缩试验、常规三轴压缩试验、分级加卸载压缩试验和声发射试验等，研究了不同应力状态下煤岩体的破坏行为和力学特性，并发展了相应的非线性理论模型用于描述深部煤岩组合体变形破坏行为。

本书可供矿山岩体力学、工程力学、采矿工程和岩土工程等研究领域的科研和工程技术人员及高等院校相关专业师生参考。

图书在版编目（CIP）数据

深部煤岩组合体破坏力学与模型/左建平，陈岩，王超著.—北京：科学出版社，2017.4

ISBN 978-7-03-053576-4

Ⅰ.①深⋯ Ⅱ.①左⋯②陈⋯③王⋯ Ⅲ.①煤岩–组合体–岩体破坏形态–研究②煤岩–组合体–模型 Ⅳ.①TD31

中国版本图书馆CIP数据核字（2017）第132036号

责任编辑：李 雪/责任校对：桂伟利
责任印制：张 伟/封面设计：陈 敬

科学出版社出版
北京东黄城根北街 16 号
邮政编码：100717
http://www.sciencep.com

北京科印技术咨询服务公司 印刷
科学出版社发行 各地新华书店经销
*

2017 年 4 月第 一 版 开本：720×1000 1/16
2017 年 4 月第一次印刷 印张：16 3/4
字数：330 000

定价：148.00 元

（如有印装质量问题，我社负责调换）

《博士后文库》编委会名单

《博士后文库》序言

1985 年，在李政道先生的倡议和邓小平同志的亲自关怀下，我国建立了博士后制度，同时设立了博士后科学基金。30 多年来，在党和国家的高度重视下，在社会各方面的关心和支持下，博士后制度为我国培养了一大批青年高层次创新人才。在这一过程中，博士后科学基金发挥了不可替代的独特作用。

博士后科学基金是中国特色博士后制度的重要组成部分，专门用于资助博士后研究人员开展创新探索。博士后科学基金的资助，对正处于独立科研生涯起步阶段的博士后研究人员来说，适逢其时，有利于培养他们独立的科研人格、在选题方面的竞争意识以及负责的精神，是他们独立从事科研工作的"第一桶金"。尽管博士后科学基金资助金额不大，但对博士后青年创新人才的培养和激励作用不可估量。四两拨千斤，博士后科学基金有效地推动了博士后研究人员迅速成长为高水平的研究人才，"小基金发挥了大作用"。

在博士后科学基金的资助下，博士后研究人员的优秀学术成果不断涌现。2013年，为提高博士后科学基金的资助效益，中国博士后科学基金会联合科学出版社开展了博士后优秀学术专著出版资助工作，通过专家评审遴选出优秀的博士后学术著作，收入《博士后文库》，由博士后科学基金资助、科学出版社出版。我们希望，借此打造专属于博士后学术创新的旗舰图书品牌，激励博士后研究人员潜心科研，扎实治学，提升博士后优秀学术成果的社会影响力。

2015 年，国务院办公厅印发了《关于改革完善博士后制度的意见》（国办发〔2015〕87 号），将"实施自然科学、人文社会科学优秀博士后论著出版支持计划"作为"十三五"期间博士后工作的重要内容和提升博士后研究人员培养质量的重要手段，这更加凸显了出版资助工作的意义。我相信，我们提供的这个出版资助平台将对博士后研究人员激发创新智慧、凝聚创新力量发挥独特的作用，促使博士后研究人员的创新成果更好地服务于创新驱动发展战略和创新型国家的建设。

祝愿广大博士后研究人员在博士后科学基金的资助下早日成长为栋梁之才，为实现中华民族伟大复兴的中国梦做出更大的贡献。

中国博士后科学基金会理事长

前　言

我国煤炭资源丰富，利用煤炭已有几千年的历史，是世界上发现和利用煤炭最早的国家之一。煤炭是我国的主体能源。近年来，一些新能源的迅速发展，使得煤炭在我国能源构成中的比例逐渐降低，但据预测，到 2050 年，该比例仍将达到 40%以上。可见，近期煤炭在我国经济发展中的主体地位不会动摇。我国 90%以上的煤炭产量均属于井工开采，埋深 1000 m 以下的煤炭资源约占已探明的煤炭资源的 53%。但是，随着浅部煤炭资源的日益枯竭，许多煤矿面临着深部开采状态。我国中东部主要矿井开采深度已达 800~1000 m。深部开采面临着诸多灾害，如冲击地压、煤与瓦斯突出等。

随着开采深度的逐渐加深，煤层与岩层之间的相互作用越来越强。因此，煤岩体的破坏不但取决于煤岩材料自身特性，而且受到煤岩组合结构的影响。在煤炭开采中，顶板、煤层、底板共同组成一个力学平衡体系。受采动应力的影响，煤岩体在采掘过程中会发生变形，会出现片帮、底鼓和顶板冒落。若变形剧烈，则会发生冲击地压、煤与瓦斯突出等动力灾害。因此，对煤岩组合体的破坏力学特性及理论模型进行研究是有必要的。

本书主要针对深部煤炭开采中煤岩体的变形、破坏展开研究，具有广泛的工程应用背景。目前，大多数的煤岩体破坏问题多集中于单体岩石或煤。这无法真实地描述深部环境下，煤和岩石相互作用而产生的变形、破坏问题。针对上述问题，以深部煤岩体的工程稳定与安全为研究目标，本书通过选取典型深部煤和岩石为研究对象，利用先进的岩石力学试验系统（高刚性电液伺服试验机、计算机断层扫描技术），采用试验、理论分析和数值模拟相结合的研究方法，从煤岩体之间的相互作用出发，对煤岩单体、煤岩组合体进行常规单轴压缩试验、分级循环加卸载试验、声发射试验、计算机断层扫描试验和常规三轴压缩试验，研究煤岩单体与煤岩组合体的变形、强度、破坏、冲击倾向性、能量、裂纹演化、声发射及煤岩组合体理论模型。

本书共分 8 章。第 1 章详细阐述了煤岩组合体研究的背景和意义、岩石力学特性研究现状；第 2 章研究了单体岩石和煤岩组合体在单轴压缩下的变形和强度特性，分析了泡水、高径比对岩石力学特性影响，并开展了不同倾角下煤岩组合体的破坏力学特性研究，最后对煤岩体之间的相互作用进行了讨论；第 3 章研究了单体岩石和煤岩组合体在三轴压缩下的变形和强度特性，探讨了不同围压下煤岩组合体的破坏特征；第 4 章研究了单体岩石和煤岩组合体的冲击倾向性，分析了单体岩石冲击倾向性的影响因素，讨论了煤岩组合体的冲击倾向性与单体煤之间的差异；第 5 章研究了分级加卸载条件下，煤岩组合体的破坏机制、残余变形、加卸载弹性模量、泊松比的变化特征，最后讨论了循环加卸载作用下煤岩组合体的能量演化特征；第 6 章讨论了煤岩组合体的热力学过程，研究了单轴压缩下煤岩组合体的能量演化规律，能量比例与应力关系，提出了脆性岩石破坏的能量跌落系数；第 7 章研究了煤岩组合体内部的轴向裂纹演化规律，并通过声发射对加载过程中裂纹的萌生进行了定位，提出了煤岩组合体破裂过程中时空演化机制；第 8 章建立了煤岩组合体位移-荷载理论模型、煤岩组合体应力-应变理论模型，并利用试验数据进行了验证。

本书的研究课题得到国家自然科学基金优秀青年基金(51622404)、国家自然科学基金面上项目(51374215 和 11572343)、国家"万人计划"青年拔尖人才、霍英东教育基金会第十四届高等院校青年教师基金应用课题(142018)、中国博士后科学基金会(20070410577)、"十三五"国家重点研发计划(2016YFC0801404)、高等学校学科创新引智计划(简称 111 计划)(B14006)、北京市科委重大科技成果转化落地培育项目(Z151100002815004)、高等学校全国优秀博士学位论文作者专项资金资助项目(201030)、科技部 973 项目(2010CB732002)的资助，特此表示感谢。本书第一作者的研究生做了很多绘图及校对工作，一并表示感谢。

本书写作过程中，尽量引用了本领域的一些重要参考文献，但由于作者的学识和精力有限，难免会挂一漏万，谨表歉意。另外，本书主要参考了作者近年来在煤岩组合体的破坏行为及模型方面所发表的论文，但为了使内容更为系统，把很多没有来得及发表的实验结果及分析讨论也一并纳入。很多成果也只是基于我们现有的观点而得出的认识，难免存在不足，敬请各位同行批评指正。

特别感谢谢和平院士、彭苏萍院士、钱鸣高院士、周宏伟教授和鞠杨教授等长期以来给予的指导和帮助；感谢四川大学刘建锋副教授和河南理工大学郭保华副教授在实验方面给予的帮助和指导；还要特别感谢《博士后文库》出版基金及科学出版社。

左建平

2016 年 12 月于北京

目　　录

第1章 绪 论

确保深部能源和矿产资源的安全及充分开发是我国能源战略安全所关注的重要问题之一，也是我国国民经济不断发展的保障。由于目前国内外对能源的需求日益增加，且开采强度不断增强，浅部资源日益减少，造成许多矿山均处于深部开采的状态，灾害也日趋增多，例如冲击地压、煤与瓦斯突出等，对深部资源进行高效开采造成重重困难。因而，深部资源开采过程中所产生的岩石力学问题已成为国内外专家研究的重点[1]。中国煤炭工业经过 60 年的开发建设，特别是改革开放 30 多年来的发展，扭转了长达 30 余年的煤炭供不应求的局面，为发展能源工业、保障国民经济发展做出了巨大贡献[2]。为了在深部条件下进行安全采矿，就必须开展对深部岩石力学的研究。事实上有关深部的概念，在工程角度和地球物理科学角度是完全不同的概念。从工程角度，深部只是几千米，油气工程中我国能达到 5000 m，国外油气工程能达到 10000 m。而从地球物理科学角度，深部为几十甚至上百千米。因此，有关深部的定义，要看从什么角度来看问题。事实上，人类从事的工程活动的"深部"，也就是通常所说的"深部资源开采"、"深埋隧道"、"深埋地下厂房"、"深部油气储库"等。通常我们认为当岩石的力学行为展现出延性或塑性特点时，就说其处于深部了。但针对不同的工程，现场给出的深部概念就是指多少米，例如，我们煤炭行业中有些企业认为开采深度达到 500~600 m 以下就算深部。本书也主要是从工程的角度，并且更多的是从煤炭行业的工程角度来讨论。但不同煤矿也有不同观点，大多认为当开采水平达到一个新的深度时，而这个深度出现了大变形、巷道围岩变形剧烈、底鼓严重等变形特征，认为这个就是深部了[1,3~8]。由于研究的岩样取自开滦钱家营矿地下埋深 850 m，并且处于该水平的巷道出现了剧烈变形、严重底鼓，所以作者只是套用了深部的概念，认为其处于深部。

岩石是一种经过亿万年地质构造作用下的产物，是组成地壳和地幔的主要物质。大部分岩石是由几种矿物按照一定的方式组合而成，是人类生存发展的立足之地。从古至今，人类的一些活动离不开岩石，如在石器时代，人类打造石器作为人类的劳动工具；修建万里长城和金字塔也离不开岩石。迄今，人类与岩石仍然紧密联系在一起，如地下煤炭开采、隧道工程、水利水电工程、核废料地质处理工程等。人类对岩石的利用从起初的浅部岩石，逐渐延伸到深部岩石。但是在认识的过程中，人类付出的代价也很沉重。据统计，1985 年我国冲击地压煤矿有 32 座，而 2011 年年底，发生冲击地压的矿井多达 142 座[9]。冲击地压的发生给国家和人民的生命财产造成了无法估量的损失。因此，还需要对岩石力学和岩石工程的施工设计进行深入研究。对这些工程的设计和施工都要求系统地研究岩石的变形态状、破坏机制以及建立力学模型，以便为工程设计中预测岩石工程的可靠性和稳定性提供依据，并使工程具有尽可能高的经济性。而这些工程建设问题不断给岩石力学的研究者提出了新的挑战，也大大促进了岩石力学的发展[10]。煤炭开采中，巷道的变形破坏、顶板冒落、底鼓等均涉及到煤岩体的破坏问题，因此开展对煤岩体的变形破坏分析是有必要的。

影响煤炭矿井开采的地质因素很多，如煤层顶底板岩层的组合和空间变化、煤层厚度及其变化、煤田地质构造、矿井水文地质及瓦斯情况等[11]。煤层的开采会引起回采空间周围岩层应力的重新分布，这不仅在回采空间周围的煤柱上造成应力集中，而且该应力会向底板深部传递，由此导致回采工作面煤体和岩体产生移动、变形甚至破坏，直至煤岩体内部重新形成一个新的应力平衡状态为止。很多研究表明[12]，煤与瓦斯突出、冲击地压、山体滑坡等地质灾害的发生往往是若干地质体组成的力学系统非稳定失稳的结果。对于煤矿中很多地质灾害而言，其实就是"煤体-岩体"组合体系统在开采扰动过程中，发生整体破坏失稳的一种表现，而不是单个岩体或煤体的破坏。因此研究煤岩组合体的整体变形破坏规律对于工程地质具有十分重要的意义。

总而言之，在过去的 50 余年里，国内外很多学者从理论、实验到数值模拟方面都对煤岩的变形破坏做了研究，但大多停留在单个方面的研究，或者由于实验条件的限制，没能真实地观察到岩石内部裂隙的演化过程。但采矿工程中经常涉及由煤和岩体组合的整体结构的强度和变形破坏问题，现有的文献对此研究不多。因此，本书将对此问题展开深入研究，旨在通过现有的实验设备进行大量系统的实验，弄清楚复杂应力条件下煤岩组合体的强度特性和致灾机理，从而更好地为采矿工程提供理论和实践指导。

1.1 单体岩石压缩破坏研究现状

1.1.1 单体岩石单轴压缩破坏

岩石的单轴压缩试验是获取岩石基本力学参数的主要方法之一。在完整岩石单轴压缩试验研究中，我国学者取得了较多的研究成果。王来贵等[13]对花岗岩试样进行单轴压缩试验，研究了其侧向变形及脆性破坏机制，表明花岗岩试样在压密阶段产生负的侧向变形，在线弹性阶段初期转为正的，且当侧向变形与轴向变形之比接近 0.5 时试样破坏。姜永东等[14]研究了砂岩在饱和、自然和风干三种状态下的单轴、三轴压缩特性，得到三种状态下的应力-应变曲线形状相似，验证了峰前区划分为压密、弹性变形、塑性变形三个阶段，且得到屈服应力约为抗压强度的 2/3，体应变在屈服点处达到最大。周家文等[15]进行了砂岩单轴循环加卸载室内试验，测得砂岩的循环加卸载强度要比单轴压缩强度小得多，并且进行了细观力学分析。许江等[16]研究了细粒砂岩在循环加卸载条件下的变形演化规律。席道瑛等[17]研究了岩石在单轴循环载荷下的弹性与黏塑性响应有所不同。王学滨[18]根据梯度塑性理论，得到了单轴压缩岩样由剪切局部化引起的轴向及侧向塑性变形所耗散能量的解析解。闫立宏和吴基文[19]系统地研究了煤岩在单轴压缩条件下的变形、强度和破坏特征，分析了影响煤岩变形和强度差异性的因素。杨永杰等[20]研究了煤岩在单轴循环载荷作用下的变形、强度及疲劳损伤特性，将煤岩的轴向变形分为了初始变形、等速变形和加速变形三个阶段，而将横向变形分为了稳定变形和加速变形两个阶段。

1.1.2 单体岩石三轴压缩破坏

地下采矿工程中，受到巷道的开挖作用，导致巷道煤岩体的应力重新分布，由原始的三向应力状态向二向应力状态转变，进而使煤岩体发生变形甚至破坏。单轴压缩条件下，脆性较强的岩石通常呈脆性破坏，其破坏形式以劈裂为主；延性较强的岩石通常会出现剪切面。随着围压的升高，岩石的三轴压缩强度会有所增加，并且破坏形式以剪切破坏为主[21]。Paterson 和 Wong[22]对 Wombegan 大理岩进行室温状态下的三轴压缩试验，认为随着围压的增大，大理岩的脆性逐渐转为延性(图 1.1)。当围压超过 20 MPa 时，大理岩发生破坏之前的应变具有明显的增加，Paterson 把这种应变率只有百分之几时就发生宏观破裂到能承受更大应变能力的转变称为脆性-延性转变。Mogi [23,24]对 Yamaguchi 大理岩的实验得出了类似结果，如图 1.2 所示。

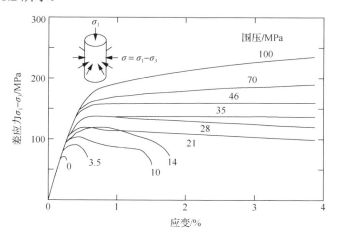

图 1.1 Wombegan 大理岩三轴试验的应力-应变曲线[22]

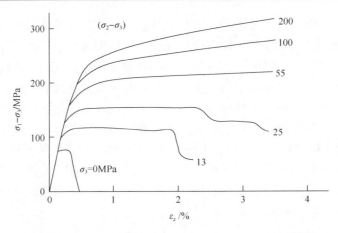

图 1.2　Yamaguchi 大理岩三轴试验的应力-应变曲线[23,24]

　　Gowd 和 Rummel[25]研究了不同围压下 Bunt 孔隙砂岩的变形破坏特性，如图 1.3 所示。当轴向应力 σ_1 小于屈服强度 σ_y 时，砂岩的变形基本是线弹性的，屈服强度 σ_y 取决于围压的大小。在围压小于 90MPa 时，应力达到峰值应力后随着应变的增加，应力会有所下降。当应力降低到一个残余强度后保持稳定时，随着变形的增加，应力却保持稳定。当围压超过 100MPa 时，砂岩表现出硬化性能。可见，在较高的围压下，岩石破坏前的应力水平会有所增高，而且围压的增高会使得岩石破裂后的应力-应变曲线趋于平缓，峰值应力出现在更大的应变处。这表明，当围压增大到某个临界围压时，岩石将发生脆延转变。因此可以认为，脆性岩石在破坏前基本上是弹性的，但岩石在破坏前，内部就有大量的微破裂出现，也就是

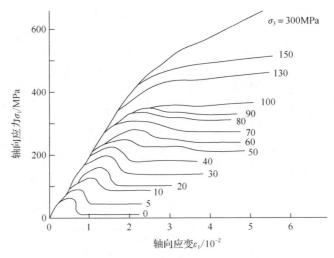

图 1.3　不同围压下 Bunt 砂岩应力-应变曲线[25]

说岩石在达到破裂强度之前，微破裂就已发生。而围压对微破裂有抑制作用，当围压达到一个临界围压值时，微破裂不再出现，此时岩石就出现硬化现象，即随着应变的增加，强度会升高。Kwasniewski[26]根据大量砂岩的实验数据，对岩石的脆性-延性转化规律进行了深入的研究，系统研究了脆性-延性转化点临界应力的关系，并分析了岩石应力-应变全程曲线中的第三种状态，即脆性和延性的中间转化态，这个状态既具有脆性破坏的特征，又具有延性变形的性质，提出了存在一个"脆性-延性转化临界围压"，对应到工程中实际上就是临界深度，如图 1.4 所示。

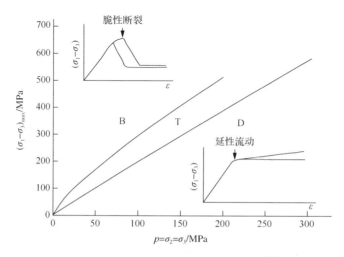

图 1.4 砂岩脆性-延性转化中的过渡区[26]

在围压较大的深部环境中，岩石具有很强的时间效应，表现为明显的流变或蠕变特性。Blacic[27]和 Pusch[28]在研究核废料处置时，涉及核废料储存库围岩的长期稳定性和时间效应问题。一般认为，优质硬岩不会产生较大的蠕变变形，但南非工程实践表明，深部环境下即便优质的硬岩也会产生明显的流变效应[29,30]，这是深部条件下岩石力学行为的一大特征。

在国内研究方面，刘泉声等[31]利用 MTS815.04 电液伺服试验系统进行高应力下原煤的常规三轴压缩试验，研究了煤岩的变形、强度、参数及破坏特征。肖桃李等[32]利用常规三轴压缩试验，研究了单裂隙试样的破坏特征。于德海和彭建兵[33]利用 RMT-150C 岩石力学试验机对干燥和饱水状态的绿泥石片岩进行常规三轴压缩试验，分析了三轴压缩状态下岩石的破坏类型及机制。在深部煤炭开采中，地下煤岩体均处于三向应力状态，随着巷道掘进或受采动应力的影响，煤岩体的受力状态发生变化，因此开展三向应力状态下煤岩组合体的破坏力学行为研究是有必要的。

1.2 煤岩组合体破坏力学与冲击倾向性研究现状

1.2.1 煤岩组合体破坏力学特性

煤炭作为我国的主体能源，在我国国民经济发展中占有重要地位。预计在今后相当长的时期内煤炭仍将是我国的主要消费能源[34]。随着我国煤炭需求量的大幅增加，浅部资源逐渐减少，煤矿开采正逐渐向深部转移，但伴随而来的是诸多矿山灾害问题[1,5,6,8]。作为煤矿四大矿井灾害(煤与瓦斯突出、冲击地压、顶板冒落及突水)之一的冲击地压灾害也就不可避免地成为煤炭深部开采领域亟待解决的问题。冲击地压通常表现为煤岩体中所积聚的弹性能突然、剧烈地释放，其发生的突然性和剧烈的破坏特征对矿山安全构成很大威胁。并且冲击地压灾害发生的频率和强度随着矿井开采深度的增加和开采范围的扩大而显著增加。由于冲击地压的巨大危害性，其研究的意义是不言而喻的。

大量事故调查表明，这些事故发生的原因大多是若干工程地质体组成的力学系统整体灾变失稳的结果[35,36]。在浅部环境下，煤岩体的破坏主要受其自身裂隙结构面的控制；而在深部环境下，煤岩体的破坏不仅受自身裂隙结构面的影响，更重要的是受煤岩组合体整体结构的影响，再加上深部高应力环境，很多冲击地压灾害实质上就是工程地质强烈扰动下"煤体-岩体"组合体系统发生整体破坏失稳的结果。因此，研究煤岩组合体的宏细观变形破损机制及力学特性对于预测和防治冲击地压具有重要意义。

郭东明等[37]采用工业 CT 检测系统和专用加载设备，对煤岩组合体单轴压缩载荷下进行实时 CT 扫描，从细观尺度研究了煤岩组合体的破坏演化机理，同时利用莫尔强度理论对煤岩组合体的应力、应变及煤岩组合强度进行了计算分析，建立起煤岩组合体从细观到宏观变形破坏的关系及演化机理。研究结果表明：煤岩组合体破坏演化机理为煤岩组合体内的微裂纹在单轴压缩下不断萌生、扩展，形成了许多长裂纹，并且随加载的进行从下到上贯通后汇集成一个剪切破裂带，从而煤岩组合体演化为宏观剪切破坏；煤岩组合在单轴压缩应力状态下，在交界层面处岩石的强度降低而煤的强度提高了。

张泽天等[38]为探讨组合方式对煤岩组合体力学特性和破坏特征的影响，利用MTS815 岩石力学试验系统，分别对岩-煤-岩(YMY)、岩-煤(YM)及煤-岩(MY)三种组合方式试件进行了单轴压缩和三轴压缩试验研究。试验结果表明，组合体试件破坏主要集中在其煤体部分，而与组合和加载接触方式无关；煤体部分损伤发展和破坏程度的加剧，在一定程度上会诱导岩体出现损伤和发生破坏。单轴加载条件下，三种组合方式均表现为以煤体部分张拉破坏为主的破坏特征，YMY 组合的平均抗压强度为 40.03MPa，分别是 YM 和 MY 组合方式对应平均值的 1.80和 1.53 倍；三轴加载条件下，均表现为以煤体部分剪切破坏为主的破坏特征；随围压压力增加，各组合方式三轴抗压强度平均值逐渐趋近。

刘杰等[39]为研究岩石强度对煤、岩体整体失稳的影响，测试并研究了不同组合煤岩试样单轴压缩过程的破裂形式、应力-应变特性、试样强度、声发射特性等规律，分析了岩石强度对于组合试样力学行为的影响。结果表明：组合试样应力-应变曲线位于煤体和岩石之间，更加靠近煤体；随着岩石强度的升高，组合试样从屈服到达峰值的速度越来越快；煤体相同条件下，岩石的强度较低时，组合试样裂纹会向岩石内扩展，同时岩石发生拉伸破坏，岩石强度较大时，破裂主要发生在煤体内；组合煤岩试样屈服点和峰值的应力比值相差不大，屈服点和峰值的应变比值随岩石强度的升高不断升高，两者比值和岩石强度呈线性关系；组合试样峰值应力处，声发射信号能量值和脉冲值随岩石强度的增加呈线性升高。

刘少虹等[40]依据动载诱发冲击地压是动静组合加载下，煤岩体结构失稳这一科学认识，采用改进的霍普金森杆，开展一维动静加载下组合煤岩动态破坏特性的试验研究。选取强度和碎片分形维数作为特征参数，采用 4 种典型轴压，进行不同应力波能量下的冲击试验。获得组合煤岩的动态强度和碎片分形维数随动静载荷的变化规律，从而揭示裂隙数目、煤岩结构特性及动静载荷对组合煤岩破坏失稳的影响。结果表明：组合煤岩试样的动态强度和碎片分形维数随应力波能量的增大而增大，随静载的增大呈现先增大后减小的趋势。含有裂隙越多的组合煤岩对高动载的抵抗能力越强，而破坏的剧烈程度越低，说明煤层卸压措施不但能增强煤岩体结构对高动载的抵抗能力，还能降低冲击发生的剧烈程度。煤岩体结构特性增强了煤层对动静载荷的抵抗能力以及煤层破坏的剧烈程度；同时结构特性削弱了高动载对煤层的作用效果，而加强了高静载的作用效果，其原因在于动、静载荷作用的时间尺度差异较大。

赵毅鑫等[41]进行了"砂岩-煤"和"砂岩-煤-泥岩"两种组合方式的单轴压缩试验，结合声发射、热红外、应变等检测手段，研究了不同组合模式下失稳破坏的前兆信息。左建平等[42~45]分别对岩样单体、煤样单体及不同煤岩组合体(顶板岩石和煤组合)进行单轴、分级加卸载试验及声发射测试，分析了不同煤岩组合体的变形及强度特征，讨论了岩石、煤、煤岩组合体的声发射行为及时空演化机制。

1.2.2 煤岩组合体的冲击倾向性

1. 试验方面

在测试岩石应力-应变曲线过程中，将试验机看作围岩，试样看作含裂隙岩体，试样破坏时可以模拟现场动力失稳现象，研究人员发现试验机刚度对于试验破坏时的猛烈程度具有重要影响。然而试验机的刚度大于试样，与现场围岩性质相差甚多，因此许多学者采用两种性质不同的裂隙岩体相互组合对现场失稳现象进行研究。

吴立新和王金庄[46]等通过实验研究发现，煤岩和砂岩受压过程中，具有3类红外热象特征和3类红外辐射温度特征；红外探测与声发射、电阻率探测具有可比性：一般情况下，热红外前兆晚于声发射前兆和电阻率前兆，但其煤爆倾向煤岩的辐射温度前兆则相反。在综合研究和分析对比的基础上提出，$0.79\sigma_c$附近是矿压及其灾害监测的"应力警戒区"。

刘波等[47]对孙村煤矿–1100 m水平(埋深1310m)延伸时煤岩的冲击倾向性进行了试验研究。为探求煤-岩层相对厚度变化对深部煤岩体冲击倾向的影响，进行了7组不同高度比的煤岩组合试件力学性质与动态破坏特性的试验研究，试验表明，随着岩石顶板与煤高度比增大，深部埋深1000m围岩的冲击倾向性会增强；获得了深部煤岩冲击倾向性评判结果。深部煤岩浸水强度试验表明，采用煤层及顶板注水方法可显著改变煤岩物理力学性质，从而降低深部围岩冲击倾向性，为深部煤岩冲击地压解危提供了依据。

齐庆新[48]以不同的高度比和不同的组合形式进行了大量实验室试验，总结、分析了煤岩组合模型的冲击倾向性，并与单一煤模型的冲击倾向性进行了对比分析。研究结果表明，采用煤岩组合模型测得的冲击倾向性指标均高于单一煤模型；在组合模型中，岩石高度占的比例越大，显示的冲击倾向性越剧烈；同时考虑到实际煤岩层结构特点与覆存特性，建议采用组合模型来评价煤岩冲击倾向性。

窦林名等[49]采用MTS815伺服加载以及Disp-24声电测试系统对组合煤岩变形破裂所产生的电磁辐射及声发射信号进行了测定。试验结果表明，试样在发生冲击破坏前，电磁辐射强度呈小幅度上升的波动趋势，且冲击破坏前兆会产生突变；而声发射信号计数率在试样冲击破坏时将急剧增加并达到最大值，随后产生突降。电磁辐射与声发射信号峰值位置出现的时间并不同步，电磁辐射信号的最大值出现在试样变形破坏的峰后阶段，而声发射信号的最大值位置则出现在试样的峰值强度处。电磁辐射信号出现峰值时声发射相对较弱，且声发射信号出现峰值时其电磁辐射强度也相对较弱。依此规律，可以对冲击矿压的危险性进行正确的评价和预测预报。

姜耀东等[50]在国内外现有研究成果的基础上，总结冲击地压发生特征，结合我国最新冲击地压案例，分析冲击地压的诱发因素。基于非平衡态热力学和耗散结构理论，阐述冲击地压孕育过程中"煤体-围岩"系统内能量积聚及耗散特征；同时，研究煤体细观结构参数及有机组分分布等因素与煤体冲击倾向性的内在关系。通过煤样断裂过程的细观实验，探讨煤岩体在采动等外界因素影响下内部微裂纹快速成核、贯通、扩展进而诱发煤体整体失稳的机制。

陆菜平等[51]等通过大量组合煤岩试样的冲击倾向性及声电效应的试验研究发现，随着煤样强度、顶板岩样强度及其厚度的增加，组合试样的冲击倾向性随之增强，且电磁辐射与声发射信号强度随着组合试样的强度、顶板岩样的高度比例以及冲击能量指数的增加而增强。同时发现试样冲击破坏前，声电信号的强度达到极值，冲击破坏之后，信号强度均产生突降。上述研究成果对于指导现场冲击矿压灾害强度的弱化控制以及卸压解危效果的检验具有重要的意义。

刘文岗[52]在分析煤岩体破坏机理和采动影响的基础上，应用能量积聚-释放诱发冲击地压的原理设计了煤岩体组合力学模型及模拟煤岩体突出的结构失稳加载试验系统试验，并在配制、筛选大变形突出倾向性相似材料等方面进行了组合体结构加载失稳试验，获得了煤岩结构失稳与位移突出的特征。试验表明：组合体试件在加卸载过程中和破坏失稳时表现为稳定态能量积蓄、非稳态释放特征，是应力环境、材料强度与结构等多种因素影响的非线性动力学过程。

孟召平等[53]通过煤岩力学试验研究了煤岩物理力学性质和煤岩全应力-应变过程中的渗透规律。研究结果表明：煤的力学强度相对煤层顶底板岩石具有低强度、低弹性模量和高泊松比特性，易于产生塑性变形；在全应力-应变过程中具有明显应变软化现象的煤样，在微裂隙闭合和弹性变形阶段，煤岩体积被压缩，煤岩渗透率随应力的增大而略有降低或渗透率变化不大；在煤岩的弹性极限后，随着应力的增加，煤岩进入裂纹扩展阶段，煤岩体积应变由压缩转为膨胀，煤岩渗透率先是缓慢增加然后随着裂隙的扩展而急剧增大；在煤岩峰值强度后的应变软化阶段煤岩渗透率达到极大值，然后均急剧降低，峰后煤岩的渗透率普遍大于峰前。在全应力-应变过程中应变软化现象不明显或者具有应变硬化现象的煤样，煤岩全应力-应变过程中最大渗透率主要发生在峰值前的塑性变形阶段，在煤岩峰值强度后的应变硬化阶段，随着煤岩应力的增大，煤岩渗透率减小，峰后煤岩的渗透率普遍小于峰前。

宋录生等[54]针对单纯以煤层或顶板岩层进行煤层冲击倾向性判定存在"低估"问题，以典型的冲击危险矿井为背景并结合煤层赋存的实际情况和冲击地压的显现特征，建立"顶板-煤层"结构体模型。通过对纯煤层、顶板岩层及2种不同高度比下的"顶板-煤层"结构体冲击倾向性试验和不同顶板强度、厚度、均质性及接触面角度的冲击倾向性数值试验，研究不同顶板特性对"顶板-煤层"结构体冲击倾向性的影响。研究发现，"顶板-煤层"结构体冲击倾向性高于纯煤层或岩层测定结果，更接近实际。随着顶板强度、厚度、均质性的增加，"顶板-煤层"结构体冲击倾向性增强，随着接触面角度的增大，其单轴抗压强度降低，峰后塑性变形阶段越来越明显。在接触面角度一定的情况下，随着顶板岩体强度的增加，"顶板-煤层"结构声发射累计释放能量减弱。随着"顶板-煤层"结构体冲击倾向性的增强，其峰后声发射累积能量呈减小的趋势。

2. 数值模拟方面

由于深部煤矿中复杂的地质构造条件和开采技术条件等多种因素的影响，导致煤岩冲击失稳发生的全过程很难在实际工程中被检测到。数值模拟为研究煤岩冲击失稳发生以及变化的过程提供了一种不同于以往的方法。它基于弹性、塑性和稳定性理论，将煤岩组合体作为结构稳定性问题进行数值模拟，在给定准确的力学参数，建立合理模型的前提下，可以有效地模拟冲击失稳发生和变化全过程。节省大量的时间、人力和物力的同时还可以得到一些在生产实际当中无法收集到的数据，对未来情况进行较好的预测，提出防治意见。具有通用性强和可重复的特点，在生产实践中已经被广泛应用，并且取得了不少有价值的实验成果。

林鹏和陈忠辉[55]利用岩石破裂过程分析 RFPA^{2D} 软件系统对不同岩性的二岩体相互作用系统受力破坏过程进行了数值模拟。并与大理岩-花岗岩组成的双试样串联加载变形及声发射实验结果进行了比较，解释了由破裂体与非破裂体组成的岩体系统失稳破裂前一些微震前兆规律，包括微破裂迁移、变形局部化等。结果表明二岩体的相互作用是非常复杂的，当二岩体的性质比较接近时，破坏在破裂体和回弹体中都有发生。当二岩体差异比较明显时，破裂体与回弹体的概念则表现比较明显。二岩体的变形和破坏与岩石本身性质有关，并不是所有的二岩体试样加载都具有前兆规律。具有明显意义的是二岩体的实验和数值模拟可以用来解释前兆规律，如变形的局部化、弹性回弹等，这说明在岩体破坏问题的研究中研究回弹体和破裂体具有同等重要性。

刘建新等[56]用 RFPA^{2D} 系统对煤岩组合模型的变形与破裂过程进行了数值模拟研究。数值模拟考虑了煤岩组合模型中岩石体积含量对于两体最终破裂过程的影响，由数值模拟得到的加载过程中的煤体和岩体部分的荷载-位移曲线与理论结果基本吻合。通过研究发现，对于同一煤层不同厚度岩体的模拟工作，随着岩石所占比例的增加，组合煤岩模型的弹性模量增大，其破裂模式也逐渐表现为脆性破裂，而组合模型的强度变化不大。从模拟结果中的声发射信息中可以看到，伴随每一次应力降，都有明显的声发射现象发生，随着模型中岩石比例的增加，组合模型失稳时释放的能量逐渐增加，这主要是由岩石部分在煤体破坏过程中发生弹性回弹所致。

王学滨[57]采用拉格朗日算法，在弹性岩石与弹性-应变软化煤体所构成的平面应变两体模型的上、下端面上不存在水平方向摩擦力的条件下，模拟了模型的破坏过程、岩石高度对模型及煤体全程应力-应变曲线、煤体变形速率、煤体破坏模式及剪切应变增量分布的影响。结果表明，当模型的全程应力-应变曲线达到峰值时，煤体内部的剪切带图形已经十分明显，在模型的应变硬化阶段，煤体中的应变局部化可视为模型失稳破坏的前兆，随岩石高度的增加，模型应力-应变曲线的软化段变得陡峭，这与单轴压缩条件下的解析解在定性上是一致的；煤体应力-应变曲线的软化段变得平缓，煤体消耗能量的能力增强；弹性阶段煤体的变形速率降低；煤体内部的剪切应变增量增加。煤体应力-应变曲线的软化段的斜率、弹性阶段煤体的变形速率、煤体内部的剪切应变增量及塑性耗散能都受岩石高度的影响，说明了岩石几何尺寸对煤体的影响(煤岩相互作用)是不容忽视的。

李晓璐等[58]运用 FLAC^{3D} 对煤岩组合模型冲击倾向性进行三维数值试验研究，通过改变煤岩组合模型高度比例(1:1，1:2，2:1)、夹角(0°，30°，45°)和岩性分别进行模拟，分析煤岩组合模型不同的组合模式对冲击倾向性的影响。三维数值试验结果表明：煤岩高度比例和夹角的变化，对煤岩组合模型的抗压强度影响不大，冲击能量指数和弹性能量指数随着顶板岩体厚度的增加而增加，随着夹角的增大而降低。岩性对抗压强度影响很显著，随着岩性硬度的增加，煤岩组合模型的冲击能量指数和弹性能量指数都随之增加。

赵同彬等[59]为了研究煤岩不同细观参数均质度对冲击倾向性的影响，利用细观颗粒流软件模拟了弹性模量和黏结强度分别服从 Weibull 分布的非均质煤岩，并通过进行单轴压缩试验分析了破坏过程中的能量积聚与释放，研究了不同均质度 m 的煤岩冲击倾向性。分析表明：颗粒弹性模量均质度 m 与宏观弹性模量之间呈幂函数关系，m 越大，峰前积聚的能量越多，冲击倾向性越明显；颗粒间黏结强度均质度 m 与宏观抗压强度之间呈幂函数关系，m 越大，峰前积聚的能量越多，煤岩破坏由塑性向脆性转化，峰后能量释放速度加快，冲击倾向性越明显；黏结强度均质性影响峰前的能量积聚和峰后的能量释放，而弹性模量均质性只影响峰前的能量积聚，黏结强度均质性对冲击倾向性的影响大于弹性模量，起主导作用。

付斌等[60]为研究不同组合条件下煤岩组合体的力学特性及破坏过程，使用 RFPA^{2D} 软件，采用位移加载方式，对不同倾角、围压下的煤岩组合体进行数值模拟，研究单轴和三轴条件下不同煤岩组合体的破坏机制，分析了围压、倾角对煤岩组合体强度的影响。研究表明：单轴压缩时煤岩组合体的强度接近煤体的单轴破坏强度。三轴压缩时煤岩组合体的强度随着倾角的增大先缓慢降低后迅速降低。围压越大组合体强度越高，但强度提高值随着围压的增大而降低。煤岩组合体的内摩擦角随着倾角的增大而减小，内聚力随着倾角的增大均先增大后减小，组合体单轴压缩破裂情况基本相同，破坏基元主要分布于煤体中，三轴压缩时组合体的破裂出现了 3 种情况。围压小于 10MPa 时，以 30°倾角为分界点，当组合体的倾角小于 30°时，煤岩组合体最终由于煤体的破坏而导致组合体的失稳；当倾角大于 30°时，组合体沿着交界面产生滑移失稳破坏。当围压大于 20MPa 时，组合体则全部由于泥岩的破坏而导致失稳破坏。

3. 理论方面

章梦涛[61]根据煤(岩)变形破坏的机理，提出了冲击地压的失稳理论。煤(岩)变形在峰值强度后，出现包括裂纹、裂缝在内的广义变形集中区，其力学性质发生显著变化，并是具有应变软化行为的介质。冲击地压是煤(岩)介质受采动影响而产生应力集中，煤(岩)体内高应力区的介质局部形成应变软化与尚未形成应变软化(包括弹性和应变硬化)的介质处于非稳定平衡状态时，在外界扰动下的动力失稳过程，且在讨论冲击地压发生的判别准则时，采用了能量的非稳定平衡判别准则和动力过程的判别准则，给出了冲击地压失稳理论的数学模型，并用变形体力学的有限元方法，编制了计算程序、列举了计算实例。

陈忠辉和傅宇方[62]建立了一个双试样加载的力学模型。通过分别测试试样中的载荷-时间和变形-时间关系，探讨了双试样加载系统的变形规律。当加载达到其中 1 个试样的强度时，试样将分别表现出弹性回弹行为和失稳破坏行为。实验结果表明，这些行为与双试样的强度、刚度及均匀度参数有关。研究发现，对于地震、岩爆以及其他地质类灾害的研究而言，研究弹性回弹区的性质与研究失稳破裂区的性质具有同等重要性。

缪协兴和安里千[63]通过大量的研究表明，冲击矿压是由岩(煤)壁附近的剥离薄层的屈曲破坏而形成。他们运用断裂力学原理，分析在岩(煤)壁附近压应力集中区内原生裂纹的亚临界扩展、贯通，以及与自由表面的相互作用，使裂纹沿最大压应力方向扩展，最终形成平行于自由表面的岩(煤)壁薄层的机理。建立了岩(煤)壁附近压裂纹的非时间相关和时间相关的两种滑移扩展方程，特别是与时间相关的亚临界扩展方程的建立，可使冲击矿压判据中引入时间参量。通过对裂纹未贯穿前的膨胀导致的自由面位移分析及薄层屈曲的能量计算，可为冲击矿压的预测预报提供新的理论依据。

谭云亮等[64]针对冲击地压监测 AE 时间序列的特点，建立了由伸缩和平移因子决定的小波基函数代替 Sigmoid 等传递函数的小波神经网络预测模型，使得网络能够达到最佳逼近的效果，避免了传统神经网络需要人为干预网络结构参数的不足。实例分析表明，该模型预测精度高，这对冲击地压监测到的声发射等时间序列分析与预测，具有重要的应用价值。

潘一山等[65]在对我国冲击地压分布状况进行研究的基础上，将冲击地压分为煤体压缩型、顶板断裂型和断层错动型等 3 种基本类型，并分别研究其发生机理。

潘一山等提出了通过煤层注水、卸压爆破、机械振动致生岩体裂隙改变煤体性质防治煤体压缩型冲击地压，通过开采解放层的高压水射流钻孔割缝、留设煤柱改变顶板运动规律防治顶板断裂型冲击地压，通过限制断层移动防治断层错动型冲击地压等有针对性的治理措施。

潘立友和杨慧珠[66]将煤体的破裂变形分为 3 个阶段，即弹性阶段、非线性阶段与突变阶段。潘立友和杨慧珠用 3 个特征量描述了煤体扩容变化的过程，即体积压缩、稳定扩容及扩容突变；建立了冲击地压的扩容模型。扩容理论解释了冲击地压前兆信息的稳定性与突变性，是冲击地压前兆信息识别的理论基础。并采用 RFPA 软件验证了扩容突变与声发射前兆信息的关系。

谢和平等[67]针对大坝和坝基、坝肩和库岸相互作用的传统一体两介质模型，提出了两体力学模型的基本概念、研究思路以及应用范围；阐述了一体两介质力学模型与两体力学模型之间的差异，并用单轴压缩实验进行了验证；建立了重力坝和坝基相互作用的两体力学模型，为大坝与坝基的整体稳定性研究与评判提供了一条新的途径。此外，针对工程体与地质体的相互作用机制，研究工程体和地质体之间不规则接触面的性质和表征方法；提出立方体覆盖的新方法来直接测量表面分维，提高了测量精度。利用光贴片试验研究不同接触形态地质体与工程体共同作用的界面效应(界面的变形、破坏和滑移规律)。开发了具有非均匀性和分形特性的接触面单元，建立了具有接触面特性的两体(工程体与地质体)力学模型。研究碾压混凝土坝和岩基两体相互作用的破坏模式和影响因素，以客观评价大坝整体的稳定性问题。应用断裂力学研究碾压混凝土坝和坝基两体相互作用时不规则坝踵裂缝扩展的稳定性，获得了裂缝扩展的临界长度和荷载。研究结果表明：两体接触面的粗糙性阻碍了裂缝的扩展[68]。

姚精明等[69]根据煤岩体在变形过程中宏细观能量耗散，得出煤岩体裂纹尖端拉应力过大而失稳扩展是冲击地压发生的根本原因；定义弹性能衰减度和塑性能变化率。研究结果表明：弹性能衰减度与弹性模量 E 成正比，当受载煤岩体应变达到 $\frac{3-\sqrt{3}}{2}\varepsilon_0$ 时，弹性能衰减度取得最大值 $\left(1-\sqrt{3}\right)E\exp\left(-3+\sqrt{3}\right)$，若弹性能衰减度大于临界值，则冲击地压就会发生；塑性能变化率和岩体破坏过程中电磁辐射脉冲数呈 0.168 的正比关系；降低煤体裂纹尖端拉应力和弹性模量是防治冲击地压的有效途径，在此基础上提出煤层注水防治 7339 工作面冲击地压的方案。工程实践证明，该方案是切实有效的。

潘俊锋等[70]采用理论分析与总结的方法，分析得到井田前期区域大范围开采活动与后期采掘空间局部冲击地压启动的关系；并且提出了基于大范围集中静载荷"疏导"理念的冲击地压区域防范理论；分析了冲击地压煤层集中静载荷(高集中应力)可干扰性及影响规律。结果表明：井田区域开拓性活动、准备性活动显著影响到后期煤岩层集中静载荷的迁移与集中；冲击地压井田区域防范性措施的原理是通过合理采掘活动，疏导覆岩演化过程中的高集中静载荷，避免或降低高集中应力的集中，为后期冲击地压启动减免力源；基于冲击地压煤层鉴定、地应力测试、采煤方法选择、巷道位置确定、保护层开采及同层煤顺序开采的区域大范围集中静载荷疏导防范体系，能够避免或降低高应力集中，为新建矿井设计阶段，生产矿井的新采区、新水平设计阶段提供冲击地压防范指导。

采矿工程中，冲击地压是严重危害矿井安全生产的灾害之一。因此，需要对其进行深入研究来预防或防治冲击地压。

1.2.3　压缩过程中能量演化特征

通常，加载过程中，岩石的受力过程为在加载初期发生弹性变形，而后随着荷载的逐渐增加，岩石出现微损伤，持续增加，损伤到足够程度后，出现微裂纹。此时，开始发生断裂。达到峰值后，岩石内部的裂纹出现贯通，进而岩石的承载能力持续下降。但是，在这个过程中，岩石的破坏与试验机所施加的能量具有直接的关系。同样，在地下采矿工程中，冲击地压的发生是由于煤岩体积聚的弹性能瞬间释放，造成巷道破坏。因此，对煤岩组合体加载过程中能量演化研究是有必要的。

谢和平等[71,72]的理论与试验研究表明，在岩石变形破坏过程中，能量起着根本的作用。岩石的失稳破坏就是岩石中能量突然释放的结果，采用损伤演化方程可以宏观上描述损伤变量以及与其相伴的广义热力学力-损伤能量释放率的变化规律，进一步通过细观损伤力学的研究，揭示了岩石变形破坏过程中能量耗散的内在机制。之后，谢和平等[73]讨论了岩石变形破坏过程中的能量耗散、能量释放与岩石强度和整体破坏的内在联系，并指出岩石变形破坏的能量耗散与能量释放的综合结果。

尤明庆和安华增[74]利用试验机对粉砂岩试验进行常规三轴压缩试验，认为岩石在轴向压缩破坏过程中，岩样必须持续吸收能量来克服内部的剪切摩擦，且处于三向应力状态下的工程岩体，如果一方向的应力突然降低，造成岩石在较低应力状态下破坏，那么岩石实际吸收的能量降低，原岩储存的弹性应变能将对外释放。

赵忠虎和谢和平[75]认为在微观上，存在多种引起岩石应变硬化和应变软化的机制，加载过程中岩石存储还是释放能量取决于这些微观机制竞争的结果，基于此推导了岩石变形中能量的传递方程，用试验演绎了能量的转化和平衡，以及耗散能和释放能之间的比例关系。

刘新荣等[76]讨论了盐岩变形过程中可释放弹性应变能与耗散能内在关系，并提出了基于弹性应变能的破坏准则。许金余等[77]研究了不同围压和冲击荷载作用下，岩石的动态力学性能，并且通过理论分析建立岩石损伤度的判定标准，并定义累积比能力吸收参量来表征围压条件下岩样的冲击损伤能量特性。夏昌敬等[78]利用分离式 Hopkinson 压杆装置进行了不同孔隙率人造岩石的冲击实验,分析了岩石冲击过程中能量耗散特性,探讨了孔隙率对岩石耗散的影响及岩石临界破坏时的能量耗散情况。黎立云等[79]对岩石试件进行了单压加卸载实验,得到了卸荷弹性模量与泊松比、可释放应变能与耗散能的变化规律。宋义敏等[80]利用白光数字散斑,通过单轴压缩试验对一种红砂岩变形破坏全过程的变形场和能量演化特征进行研究,认为岩石试件在加载过程中的能量释放和能量积累规律与局部化带的演化有关,体现出局部能量释放率和整体释放两种形式。

在室内岩石力学试验中,加载速率的大小对岩石力学性质具有重要的影响。黄达等[81]基于静态加载速率范围内的 9 个不同等级应变率下粗晶大理岩单轴压缩试验,研究加载应变率对岩石的应力-应变曲线、破坏形态、力学参数和应变能耗散及释放的影响规律,认为能量耗散使岩石损伤,且能量释放使岩石宏观破裂面贯通而发生整体破坏。梁昌玉等[82]基于能量守恒法则,对岩石破坏过程中的能量特征及能量演化机制进行分析,结果表明,岩石单位体积吸收的总应变能和弹性应变能均随应变率的增长而增长,损伤应变能则随应变率的增长而先增大后减小。在加载过程中能量演化特征方面,张志镇和高峰[83]对红砂岩试件进行 4 种加载速率下单轴不断增加荷载循环加、卸载试验,得到了弹性能和耗散能随应力的演化及分配规律,认为在准静态加载范围内,大体上加载速率越小,耗散能越大。之后,张志镇和高峰[84]通过对不同能量转化机制的非线性关系分析,建立了加载过程中岩石试样的能量转化随轴向应力演化模型,并利用试验进行了验证。在对煤岩的循环加卸载过程中,发现煤岩在接近破坏时的弹性能密度显著弱化,岩石的强度和刚度越大,其储能极限和弹性能增长速率越大,脆性越强,其峰后弹性能释放越快速和彻底[85]。

此外,在采矿工程中,王凯兴和潘一山[86]针对冲击地压过程的能量传递与耗散,基于块系围岩与支护系统动力模型,研究冲击扰动在岩体中传播时,围岩支护特性对能量传递与耗散的影响,分析表明,支护端岩块的冲击能量是可控的,提出了围岩与支护统一吸能防冲理论。孙振武等[87]探讨了处于弹塑性变形状态下井巷和采场围岩体弹性比能的计算方法,提出了用有限元法分析计算处于弹塑性变形状态受力煤岩体的弹性比能分布的理论与方法。

综上所述,岩石或煤的破坏与能量关系密切。加载过程中,煤岩组合体的能量演化特征有助于对冲击地压事故中弹性能、耗散能的释放提供一些新的研究思路。

1.2.4 加载过程中裂纹演化及声发射

岩石和煤作为一种复杂的地质材料,其内部含有大量的裂纹、孔隙、节理等。

岩石或煤内部的裂纹起裂、萌生、扩展、贯通是导致岩石发生破坏的主要原因。岩石或煤的裂纹扩展过程有助于对加载过程中裂纹的孕育和岩石的破坏提供一定的理论支持。

岩石裂纹演化方面，国内外学者均做出了较多的研究成果。Martin[88, 89]提出了裂纹应变的定义，并基于裂纹应变，给出了岩石在加载过程中渐进破坏过程。程立朝等[90]深入研究了岩石破坏过程中表面裂纹演化规律，探讨了表面裂纹与内部破裂之间的内在联系，对砂岩剪切过程表面张裂纹演化特征进行量化，分析了砂岩剪切破坏表面裂纹演化模式，建立了表面裂纹量化参数与应力状态和声发射特征之间的关系。蒋明镜等[91]采用离散元法探讨了预制双裂纹岩石的裂纹演化机理，结果表明预制裂纹之间以及端点处的拉应力集中是导致裂隙岩石破坏的主要原因。张晓平等[92]对二云英片岩进行压缩试验，结果表明由于片理面的发育，片状单轴压缩条件下的裂纹扩展过程存在显著的各向异性。赵延林等[93,94]进行双轴压缩条件下类岩石裂纹的压剪流变断裂实验，认为裂纹尖端应力-应变集中特性揭示了压剪裂纹尖端的拉应变集中是岩石翼形裂纹萌生的本质原因。张波等[95]以类岩石材料模拟岩体，考虑主次多裂纹、等长多裂纹两类交叉多裂纹模式，制作了含交叉多裂纹试件，研究了交叉多裂纹岩体在单轴压缩下的力学性能。

裂纹的产生往往会伴随着声音的出现，因此利用声发射技术探测加载过程中岩石或煤内部裂纹演化特征是一个非常有效的手段。在深部煤炭开采过程中，深部煤层或岩层发生断裂时发生的劈裂声；巷道发生片帮时岩体的断裂声；顶板来压时具有明显的噼啪响声。这些声音的本质为煤岩体在外力或采动荷载作用下发生变形和断裂时释放出瞬时弹性波，这种弹性波通常以脉冲的形式释放出来，被称为声发射(acoustic emission, AE)。因此，对煤矿井下声发射的探测可以对矿井煤岩灾害的发生起到一定的预警作用。樊运晓[96]进行了花岗闪长岩和大理岩的单轴压缩试验，表明在裂纹闭合阶段具有 KAISER 效应，揭示了对先前损伤的记忆是 KAISER 效应的机理。许江等[97]应用声发射及其定位技术，对重庆细砂岩进行单轴压缩试验，研究了岩石声发射定位的影响因素，为单轴压缩下岩石声发射定位试验的方案设计提供了参考。张茹等[98]研究了单轴多级加载条件下花岗岩破坏过程的声发射特性，表明岩石单轴压缩破坏过程的声发射可分为典型的初始区、剧烈区和下降区，观察到岩石破坏过程中存在声发射平静期现象。李庶林等[99]通过对单轴一次性加载下岩石破坏全过程进行声发射试验，观察到试样在接近峰值强度时其声发射事件率会出现明显的下降，达到相对平静阶段。

1.2.5 岩石的应力-应变本构关系

岩石的应力-应变本构关系一直是学者们研究的热点问题。经典损伤力学认为材料的内部微缺陷是损伤典型表现[100]。基于此，许多学者提出岩石统计损伤本构模型。曹文贵等[101]针对现有岩石损伤模型的局限性与不足,将应力作用下的岩石抽象为空隙、损伤与未损伤材料三部分,以空隙率反映岩石体积或空隙的变化,以损伤变量或损伤因子反映岩石力学形态的改变程度,建立了可反映岩石变形过程中体积或空隙变化特性的新型岩石损伤模型。张明等[102]基于三轴压缩试验结果,结合统计强度和连续损伤理论建立了一种岩石统计损伤本构模型,并对建立的本构模型的数学意义和物理意义进行了讨论分析。岩石的尺寸效应表明,不同尺寸岩石的应力-应变关系并不相同,在此基础上,杨圣奇等[103]采用损伤力学理论,考虑微元体破坏及弹性模量与尺寸之间的非线性关系,建立了单轴压缩下考虑尺寸效应的岩石损伤统计本构模型。曹瑞琅等[104]认为岩石应变强度理论以及岩石微元强度服从 Weibull 随机分布,考虑岩石峰后残余强度对损伤变量进行修正,建立了能够反映岩石峰后软化特征的三维损伤统计本构模型。袁小平等[105]基于 D-P 准则同时考虑塑性软化及损伤软化,建立了岩石类材料的弹塑性本构关系及其数值算法。目前,煤岩组合体的应力-应变关系模型研究还较少。因此需对煤岩组合体应力-应变本构关系进行深入研究。

参 考 文 献

[1] 钱七虎. 非线性岩石力学的新进展——深部岩体力学的若干问题. //中国岩石力学与工程学会, 第八次全国岩石力学与工程学术大会论文集. 北京: 科学出版社, 2004: 10–17.

[2] 谢和平, 钱鸣高, 彭苏萍, 等. 煤炭科学产能及发展战略初探. 中国工程科学, 2011, 13(6): 44–50.

[3] 钱七虎. 深部地下工空间开发中的关键科学问题. 第 230 次香山科学会议《深部地下空间开发中的基础研究关键技术问题》. 北京: 香山科学会议. 2004.

[4] 古德生. 金属矿床深部开采中的科学问题. //香山科学会议, 科学前沿与未来(第六集). 北京: 中国环境科学出版社, 2002: 192–201.

[5] 谢和平. 深部高应力下的资源开采——现状、基础科学问题与展望. 香山科学会议, 科学前沿与未来(第六集). 北京: 中国环境科学出版社, 2002: 179–191.

[6] 冯夏庭. 深部大型地下工程开采与利用中的几个关键岩石力学问题. //香山科学会议. 科学前沿与未来. 北京: 中国环境科学出版社, 2002: 202–211.

[7] 何满潮. 深部开采工程岩石力学的现状及其展望. // 中国岩石力学与工程学会. 第八次全国岩石力学与工程学术大会论文集. 北京: 科学出版社, 2004: 88–94.

[8] 何满潮. 深部的概念体系及工程评价指标. 岩石力学与工程学报, 2005, 24(16): 2854–2858.

[9] 姜耀东, 潘一山, 姜福兴, 等. 我国煤矿开采中的冲击地压机理和防治. 煤炭学报, 2014, 39(2): 205–213.

[10] 左建平. 温度-应力共同作用下砂岩破坏的细观机制与强度特征. 北京: 中国矿业大学博士学位论文, 2006.

[11] 彭苏萍, 孟召平. 矿井工程地质理论与实践. 北京: 地质出版社, 2002.

[12] 赵本均. 冲击地压及其防治. 北京: 煤炭工业出版社, 1995: 428–436.

[13] 王来贵, 习彦会, 高航, 等. 花岗岩单轴压缩侧向变形及脆性破坏机制实验研究. 实验力学, 2015, 30(5): 669–675.

[14] 姜永东, 鲜学福, 许江, 等. 砂岩单轴三轴压缩试验研究. 中国矿业, 2004, 13(4): 66–69.

[15] 周家文, 杨兴国, 符文熹. 等. 脆性岩石单轴循环加卸载试验及断裂损伤力学特性研究. 岩石力学与工程学报, 2010, 29(6): 1172–1183.

[16] 许江, 王维忠, 杨秀贵, 等. 细粒砂岩在循环加、卸载条件下变形实验. 重庆大学学报, 2004, 27(12): 60–62.

[17] 席道瑛, 王少刚, 刘小燕, 等. 岩石的非线性弹塑性响应. 岩石力学与工程学报, 2002, 21(6): 772–777.

[18] 王学滨. 岩样单轴压缩轴向及侧向变形耗散能量及稳定性分析. 岩石力学与工程学报, 2005, 24(5): 846–853.

[19] 闫立宏, 吴基文. 煤岩单轴压缩试验研究. 矿业安全与环保, 2001, 28(2): 14–16.

[20] 杨永杰, 宋扬, 楚俊. 循环荷载作用下煤岩强度及变形特征试验研究. 岩石力学与工程学报, 2007, 26(1): 201–205.

[21] 周宏伟, 谢和平, 左建平. 深部高地应力下岩石力学行为研究进展. 力学进展, 2005, 35(1): 91–99.

[22] Paterson MS, Wong TF. Experimental rock deformation— the brittle field (second edition). Springer-Verlag, New York, 2005.

[23] Mogi K. Deformation and fracture of rocks under confining pressure: elasticity and plasticity of some rocks. Bulletin of the Earthquake Research Institute Bull Earthquake Res Inst Tokyo Univ, 1965, 43: 349–379.

[24] Mogi K. Experimental rock mechanics. London: Taylor & Francis, 2005.

[25] Gowd T N, Rummel F. Effect of confining pressure on the fracture behaviour of a porous. International Journal of Rock Mechanics and Mining Sciences Geomechanics Abstracts. 1980, 17(4): 225–229.

[26] Kwasniewski M. Laws of brittle failure and of B-D transition in sandstone. // Maury V, Fourmaintrax D. Rock at great depth. Rotterdam: A. A. Balkema, 1989: 45–58.

[27] Blacic J D. Importance of creep failure of hard rock joints in the near field of a nuclear waste repository. Los Alamos National Laboratory, NM(USA). 1981.

[28] Pusch R. Mechanisms and consequences of creep in crystalline rock. // Hudson J A. Comprehensive rock engineering. Oxford: Pergamon Press, 1993: 227–241.

[29] Malan D F. Manuel rocha medal recipient: simulation the time-dependent behaviour of excavations in hard rock. Rock Mechanics and Rock Engineering, 2002, 35(4): 225–254.

[30] Malan D F. Time-dependent behaviour of deep level tabular excavations in hard rock. Rock Mechanics and Rock Engineering, 1999, 32(2): 123–155.

[31] 刘泉声, 刘恺德, 朱杰兵, 等. 高应力下原煤三轴压缩力学特性研究. 岩石力学与工程学报, 2014, 33(1): 24–34.

[32] 肖桃李, 李新平, 郭运华. 三轴压缩条件下单裂隙岩石的破坏特性研究. 岩土力学, 2012, 33(11): 3251–3256.

[33] 于德海, 彭建兵. 三轴压缩下水影响绿泥石片岩力学性质试验研究. 岩石力学与工程学报, 2009, 28(1): 205–211.

[34] 何满潮, 钱七虎. 深部岩体力学基础. 北京: 科学出版社, 2010:8.

[35] 秦四清, 张倬元, 王士天, 等. 非线性工程地质学导引. 成都: 西南交通大学出版社, 1993.

[36] 左宇军, 李夕兵, 张义平. 动静组合加载下的岩石破坏特性. 北京: 冶金工业出版社, 2008.

[37] 郭东明, 杨仁树, 张涛, 等. 煤岩组合体单轴压缩下的细观-宏观破坏演化机理//中国软岩工程与深部灾害控制研究进展——第四届深部岩体力学与工程灾害控制学术研讨会暨中国矿业大学（北京）百年校庆学术会议论文集. 2009.

[38] 张泽天, 刘建锋, 王璐, 等. 组合方式对煤岩组合体力学特性和破坏特征影响的试验研究. 煤炭学报, 2012, 37(10): 1677–1681.

[39] 刘杰, 王恩元, 宋大钊, 等. 岩石强度对于组合试样力学行为及声发射特性的影响. 煤炭学报, 2014, 39(4): 685–691.

[40] 刘少虹, 秦子晗, 娄金福. 一维动静加载下组合煤岩动态破坏特性的试验分析. 岩石力学与工程学报, 2014, 33(10): 2064–2075.

[41] 赵毅鑫, 姜耀东, 祝捷, 等. 煤岩组合体变形破坏前兆信息的试验研究. 岩石力学与工程学报, 2008, 27(2): 339–346.

[42] Zuo J P, Wang Z F, Zhou H W, et al. Failure behavior of a rock-coal-rock combined body with a weak coal interlayer. International Journal of Mining Science and Technology, 2013, 23(6): 907–912.

[43] 左建平, 谢和平, 吴爱民, 等. 深部煤岩单体及组合体的破坏机制与力学特性研究. 岩石力学与工程学报, 2011, 30(1): 84–92.

[44] 左建平, 谢和平, 孟冰冰, 等. 煤岩组合体分级加卸载特性的试验研究. 岩土力学, 2011, 32(5): 1287–1296.

[45] 左建平, 裴建良, 刘建锋, 等. 煤岩体破裂过程中声发射行为及时空演化机制. 岩石力学与工程学报, 2011, 30(8): 1564–1570.

[46] 吴立新, 王金庄. 煤岩受压红外热象与辐射温度特征实验. 中国科学地球科学 (中文版), 1998, 28(1): 41–46.

[47] 刘波, 杨仁树, 郭东明, 等. 孙村煤矿-1100 m 水平深部煤岩冲击倾向性组合试验研究. 岩石力学与工程学报, 2004, 23(14): 2402–2408.

[48] 齐庆新. 层状煤岩体结构破坏的冲击矿压理论与实践研究. 北京: 煤炭科学研究总院, 1996.

[49] 窦林名, 田京城, 陆菜平, 等. 组合煤岩冲击破坏电磁辐射规律研究. 岩石力学与工程学报, 2005, 24(19): 3541–3544.

[50] 姜耀东, 赵毅鑫, 何满潮, 等. 冲击地压机制的细观实验研究. 岩石力学与工程学报, 2007, 26(5): 901–907.

[51] 陆菜平, 窦林名, 吴兴荣. 组合煤岩冲击倾向性演化及声电效应的试验研究. 岩石力学与工程学报, 2007, 26(12): 2549–2555.

[52] 刘文岗. 冲击地压灾害结构失稳机理的组合体试验研究. 西安科技大学学报, 2012, 32(3): 287–294.

[53] 孟召平, 王保玉, 谢晓彤, 等. 煤岩变形力学特性及其对渗透性的控制. 煤炭学报, 2012, 37(8): 1342–1347.

[54] 宋录生, 赵善坤, 刘军, 等. "顶板-煤层" 结构体冲击倾向性演化规律及力学特性试验研究. 煤炭学报, 2014, 39(S1): 23–30.

[55] 林鹏, 唐春安, 陈忠辉, 等. 二岩体系统破坏全过程的数值模拟和实验研究. 地震, 1999, 19(4): 413–418.

[56] 刘建新, 唐春安, 朱万成, 等. 煤岩串联组合模型及冲击地压机理的研究. 岩土工程学报, 2004, 26(2): 276–280.

[57] 王学滨. 煤岩两体模型变形破坏数值模拟. 岩土力学, 2006, 27(7): 1066–1070.

[58] 李晓璐, 康立军, 李宏艳, 等. 煤-岩组合体冲击倾向性三维数值试验分析. 煤炭学报, 2012, 36(12): 2064–2067.

[59] 赵同彬, 尹延春, 谭云亮, 等. 基于颗粒流理论的煤岩冲击倾向性细观模拟试验研究. 煤炭学报, 2013, 39(02): 280–285.

[60] 付斌, 周宗红, 王友新, 等. 煤岩组合体破坏过程 RFPA^ 2D 数值模拟. 大连理工大学学报, 2016, 56(2): 132–139.

[61] 章梦涛. 冲击地压失稳理论与数值模拟计算. 岩石力学与工程学报, 1987, 6(3): 197–204.

[62] 陈忠辉, 傅宇方. 单轴压缩下双试样相互作用的实验研究. 东北大学学报(自然科学版) 1997, 18(4): 382–385.

[63] 缪协兴, 安里千. 岩 (煤) 壁中滑移裂纹扩展的冲击矿压模型. 中国矿业大学学报, 1999, 28(2): 113–117.

[64] 谭云亮, 孙中辉, 杜学东. 冲击地压 AE 时间序列小波神经网络预测模型. 岩石力学与工程学报, 2000（增 1）: 1034–1036.

[65] 潘一山, 李忠华, 章梦涛. 我国冲击地压分布、类型、机理及防治研究. 岩石力学与工程学报, 2003, 22(11): 1844–1851.

[66] 潘立友, 杨慧珠. 冲击地压前兆信息识别的扩容理论. 岩石力学与工程学报, 2004（增 1）: 4528–4530.

[67] 谢和平, 陈忠辉, 周宏伟, 等. 基于工程体与地质体相互作用的两体力学模型初探. 岩石力学与工程学报, 2005, 24(9): 1457–1464.

[68] 谢和平, 陈忠辉, 易成, 等. 基于工程体-地质体相互作用的接触面变形破坏研究. 岩石力学与工程学报, 2008, 27(9): 1767–1780.

[69] 姚精明, 何富连, 徐军, 等. 冲击地压的能量机理及其应用. 中南大学学报（自然科学版）, 2009, 40(3): 808–813.

[70] 潘俊锋, 宁宇, 杜涛涛, 等. 区域大范围防范冲击地压的理论与体系. 煤炭学报, 2012, 37(11): 1803–1809.

[71] 谢和平, 彭瑞东, 鞠杨. 岩石变形破坏过程中的能量耗散分析. 岩石力学与工程学报, 2004, 23(21): 3565–3570.

[72] 谢和平, 彭瑞东, 鞠杨, 等. 岩石破坏的能量分析初探. 岩石力学与工程学报, 2005, 24(15): 2603–2608.

[73] 谢和平, 鞠杨, 黎立云. 基于能量耗散与释放原理的岩石强度与整体破坏准则. 岩石力学与工程学报, 2005, 24(17): 3003–3010.

[74] 尤明庆, 华安增. 岩石试样破坏过程的能量分析. 岩石力学与工程学报, 2002, 21(6): 778–781.

[75] 赵忠虎, 谢和平. 岩石变形破坏过程中的能量传递和耗散研究. 四川大学学报(工程科学版), 2008, 40(2): 26–31.

[76] 刘新荣, 郭建强, 王军保, 等. 基于能量原理盐岩的强度与破坏准则. 岩土力学, 2013, 34(2): 305–310.

[77] 许金余, 吕晓聪, 张军, 等. 围压条件下岩石循环冲击损伤的能量特性研究. 岩石力学与工程学报, 2010, 29(S2): 4159–4165.

[78] 夏昌敬, 谢和平, 鞠杨, 等. 冲击载荷下孔隙岩石能量耗散的实验研究. 工程力学, 2006, 23(9): 1–5.

[79] 黎立云, 谢和平, 鞠杨, 等. 岩石可释放应变能及耗散能的实验研究. 工程力学, 2011, 28(3): 35–40.

[80] 宋义敏, 姜耀东, 马少鹏, 等. 岩石变形破坏全过程的变形场和能量演化研究. 岩土力学, 2012, 33(5): 1352–1365.

[81] 黄达, 黄润秋, 张永兴. 粗晶大理岩单轴压缩力学特性的静态加载速率效应及能量机制试验研究. 岩石力学与工程学报, 2012, 31(2): 245–255.

[82] 梁昌玉, 李晓, 王声星, 等. 岩石单轴压缩应力-应变特征的率相关性及能量机制试验研究. 岩石力学与工程学报, 2012, 31(9): 1830–1838.

[83] 张志镇, 高峰. 单轴压缩下红砂岩能量演化试验研究. 岩石力学与工程学报, 2012, 31(5): 953–962.

[84] 张志镇, 高峰. 单轴压缩下岩石能量演化的非线性特性研究. 岩石力学与工程学报, 2012, 31(6): 1198–1207.

[85] 张志镇, 高峰. 3 种岩石能量演化特征的试验研究. 中国矿业大学学报, 2015, 44(3): 416–422.

[86] 王凯兴, 潘一山. 冲击地压矿井的围岩与支护统一吸能防冲理论. 岩土力学, 2015, 36(9): 2585–2590.

[87] 孙振武, 代进, 杨春苗, 等. 矿山井巷和采场冲击地压危险性的弹性能判据. 煤炭学报, 2007, 32(8): 794–798.

[88] Martin C D. The strength of massive Lac du Bonnet granite around underground openings[Ph. D. Thesis]. Manitoba, Canada: University of Manitoba, 1993.

[89] Martin C D. Seventeenth Canadian geotechnical colloquium: the effect of cohesion loss and stress path on brittle rock strength. Canadian Geotechnical Journal, 1997, 34(5): 698–725.

[90] 程立朝, 许江, 冯丹, 等. 岩石剪切破坏裂纹演化特征量化分析. 岩石力学与工程学报, 2015, 34(1): 31–39.

[91] 蒋明镜, 陈贺, 张宁, 等. 含双裂隙岩石裂纹演化机理的离散元数值分析. 岩土力学, 2014, 35(11): 3259–3268.

[92] 张晓平, 王思敬, 韩庚友, 等. 岩石单轴压缩条件下裂纹扩展试验研究——以片状岩石为例. 岩石力学与工程学报, 2011, 30(9): 1772–1781.

[93] 赵延林, 万文, 王卫军, 等. 类岩石裂纹压剪流变断裂与亚临界扩展实验及破坏机制. 岩土工程学报, 2012, 34(6): 1050–1059.

[94] 赵延林, 万文, 王卫军, 等. 类岩石材料有序多裂纹体单轴压缩破断试验与翼形断裂数值模拟. 岩土工程学报, 2013, 35(11): 2097–2109.

[95] 张波, 李术才, 杨学英, 等. 含交叉多裂隙类岩石材料单轴压缩力学性能研究. 岩石力学与工程学报, 2015, 34(9): 1777–1785.

[96] 樊运晓. 单轴压缩试验下裂纹闭合阶段岩石 KAISER 效应的研究. 岩石力学与工程学报, 2001, 20(6): 793–796.

[97] 许江, 李树春, 唐晓军, 等. 单轴压缩下岩石声发射定位实验的影响因素分析. 岩石力学与工程学报, 2008, 27(4): 765–772.

[98] 张茹, 谢和平, 刘建锋, 等. 单轴多级加载岩石破坏声发射特性试验研究. 岩石力学与工程学报, 2006, 25(12): 2584–2588.

[99] 李庶林, 尹贤刚, 王泳嘉, 等. 单轴受压岩石破坏全过程声发射特征研究. 岩石力学与工程学报, 2004, 23(15): 2499–2503.

[100] Lemaitre J L. A course on damage mechanics. Berlin: Springer-Verlag, 1992. 1–7.

[101] 曹文贵, 赵衡, 张永杰, 等. 考虑体积变化影响的岩石应变软硬化损伤本构模型及参数确定方法. 岩土力学, 2011, 32(3): 647–654.

[102] 张明, 王菲, 杨强. 基于三轴压缩试验的岩石统计损伤本构模型. 岩土工程学报, 2013, 35(11): 1965–1971.

[103] 杨圣奇, 徐卫亚, 苏承东. 考虑尺寸效应的岩石损伤统计本构模型研究. 岩石力学与工程学报, 2005, 24(24): 4484–4490.

[104] 曹瑞琅, 贺少辉, 韦京, 等. 基于残余强度修正的岩石损伤软化统计本构模型研究. 岩土力学, 2013, 34(6): 1652–1660.

[105] 袁小平, 刘红岩, 王志乔. 基于 Drucker-Prager 准则的岩石弹塑性损伤本构模型研究. 岩土力学, 2012, 33(4): 1103–1108.

第2章 单轴压缩下煤岩组合体破坏力学特性

煤炭是我国的主体能源。随着浅部资源的开采枯竭，煤矿开采正逐渐向深部转移，但伴随而来的是诸多矿山灾害问题[1~5]。本书所指的深部范围不涉及深部地球物理学的领域，是一个相对概念，只局限于煤炭资源开采范围。煤矿工程中，当巷道和工作面围岩出现大变形、巷道变形剧烈、底鼓严重等现象时，就可认为该深度的煤炭开采进入"深部开采"。为了简便起见，一些煤矿甚至认为600m以下的埋深就算深部。影响煤矿灾害的因素很多，如煤田地质构造、煤层顶底板岩性的组合及空间变化、煤层厚度及其变化、矿井水文地质及瓦斯情况等[6,7]，但大量事故仍然表明，这些灾害大多是若干工程地质体组成的力学系统整体灾变失稳的结果[8,9]。在浅部环境下，煤岩体的破坏主要受其自身裂隙结构面的控制；而在大深度条件下，煤岩体的破坏不仅受自身裂隙结构面的影响，更重要的是受煤岩组合体整体结构的影响，再加上深部高应力环境，很多矿山灾害表现出煤岩整体破坏失稳现象。开滦钱家营矿主采煤层 7 号煤层开采水平为–850m，该工作面周边的一些巷道表现出围岩大变形、巷道底鼓严重、两帮煤体收缩量大等问题，并表现出煤岩整体变形特征。因此，研究煤岩组合体的宏、细观变形破损机制及力学特性，对于预防矿井灾害和保障煤矿安全开采具有十分重要的意义。

深部煤矿灾害实质上就是工程地质强烈扰动下"煤体-岩体"组合体系统发生整体破坏失稳的结果。国内外学者单纯就岩体或煤体的破坏进行了诸多研究。Paterson和Wong[10]及Jaeger等[11]对国际上岩石的脆性破坏研究做了非常详细的综述，并认为岩石的破坏存在 I，II 类破坏曲线；Mogi[12]详细介绍了自主研发的三轴试验仪器及其试验结果，并讨论了中间主应力对岩石破坏模式的影响；而陈颙等[13]对岩石的物理力学性状及其在地球物理学中的应用做了细致的分析和讨论。

迄今为止，有关煤岩组合体的宏细观破坏研究还不完全成熟。林鹏等[14]利用两体模型，分析了两岩体相互作用系统的失稳过程，并解释了变形局部化、弹性回弹等现象。谢和平等[15]及谢和平和冯夏庭[16]基于工程体和地质体的相互作用提出了两体力学模型，并就混凝土坝体和岩石坝基两体相互作用的破坏机制进行了初步探讨。窦林名等[17]研究坚硬顶板–煤体–底板所构成的组合煤岩变形破裂电磁辐射规律，并由此来对冲击矿压的危险性进行评价和预测预报。齐庆新[18]通过组合煤岩试验研究指出组合煤岩试块与单一煤岩试块的应力–应变关系具有明显的差异，如变形减小、破坏剧烈和弹性特征更显著等。李纪青等[19]研究了单一煤模型及煤岩组合体模型的冲击倾向性，得出了煤岩组合模型的冲击倾向性指标均高于单一煤模型,并建议采用组合模型来评价煤岩冲击倾向性。刘波等[20]通过单轴试验研究了不同高度比的煤岩组合体的力学性质与动态破坏特性。

总之,国内外学者对煤体或岩体单体破坏做了很多研究,而对深部条件下煤岩组合体的变形破坏特征研究还较少。本章通过采用 RMT-150B 和 MTS815 试验机进行大量的试验,旨在研究不同应力条件下岩体、煤体及煤岩组合体的破坏机制与力学行为的差异,从而更好地为预防深部矿山工程灾害和保障矿井安全开采提供理论和实践指导。

2.1　单体岩石单轴压缩破坏试验

2.1.1　岩石单轴压缩试验概况

1. 岩性介绍

为了使试验更加成功,选取岩石包含了三大岩性,使结果具有广泛性及适用性。本次试验采用 4 种岩石进行单轴及三轴压缩试验。4 种岩石分别是花岗岩(granite)、砂岩(sandstone)、灰岩(limestone)和大理岩(marble),分别采自某采石场。

(1)岩浆岩又称火成岩,是由岩浆喷出地表或侵入地壳冷却凝固所形成的岩石,有明显的矿物晶体颗粒或气孔,约占地壳总体积的 65%。岩浆是在地壳深处或地幔产生的高温炽热、黏稠、含有挥发分的硅酸盐熔融体,是形成各种岩浆岩和岩浆矿床母体。岩浆的发生、运移、聚集、变化及冷凝成岩的全部过程,称为岩浆作用。其代表性岩石有花岗岩、安山岩、橄榄岩、玄武岩等。

(2)沉积岩是在地表不太深的地方,将其他岩石的风化产物和一些火山喷发物,经过水流或冰川的搬移、沉积、成岩作用形成的岩石,亦指成层堆积的松散沉积物固结而成的岩石。在地球表面,有 70%的岩石是沉积岩。其代表性的岩石有石灰岩、砂岩、页岩等。

(3)变质岩是指受到地球内部力量(温度、压力、应力的变化,化学成分等)改造而成的新型岩石。固态的岩石在地球内部的压力和温度作用下,发生物质成分的迁移和重结晶,形成新的矿物组合。其代表性的岩石有板岩、千枚岩、片岩、大理岩等。

花岗岩是一种岩浆岩,同样是应用历史最久、用途最广、用量最多的岩石之一,也是地壳中最常见的岩石之一。其颜色一般为浅色多灰、灰白、浅灰、红、肉红等,由地下岩浆喷出和侵入冷却结晶而成。花岗岩质地坚硬致密、强度高、抗风化、耐腐蚀、耐磨损、吸水性低,是建筑用的好材料。灰岩俗称石灰岩,是一种沉积岩,以方解石为主要成分的碳酸盐岩,有时含有白云石、黏土矿物和碎屑矿物，有灰、灰白、灰黑、黄、浅红、褐红等颜色，与稀盐酸反应剧烈。灰岩主要是在浅海环境下形成的，按成因可划分为粒屑石灰岩、生物骨架石灰岩和化学、生物化学石灰岩；按结构构造可细分为竹叶状灰岩、鲕粒状灰岩、豹皮灰岩、团块状灰岩等。其结构比较复杂，有碎屑结构和晶粒结构两种。碎屑结构多由颗粒、泥晶基质和亮晶胶结物构成。颗粒又称粒屑，其主要化学成分为 $CaCO_3$，易溶蚀，是烧制石灰和水泥的主要材料。砂岩是一种沉积岩，是由石粒经过水冲蚀沉淀于河床上，经千百年的堆积变得坚固而成。其结构稳定，通常呈淡褐色或红色，主要含硅、钙、黏土和氧化铁，是一种用途广泛的建筑石材。大理岩是一种变质岩，又称大理石。因云南省大理县盛产这种岩石而得名，是由碳酸盐岩经区域变质作用或接触变质作用形成，主要由方解石和白云石组成。一般具有典型的粒状变晶结构，粒度一般为中、细、粗粒，是优良的建筑材料和美术工艺原料。

在岩石力学诸多试验中，单轴压缩试验较为简单。通过单轴压缩试验可以获得试样的力学性质，比如强度、模量等。单轴压缩试验对试样的要求很高，根据《工程岩体试验方法标准》（GB/T50266—2013）的要求，一般加工成圆柱体，基本尺寸为直径 50mm 和高度 100mm，且试样两个端面的不平整度不得大于0.05mm。加工好的标准岩样和不同高径比岩样分别如图2.1和图2.2所示[21]。

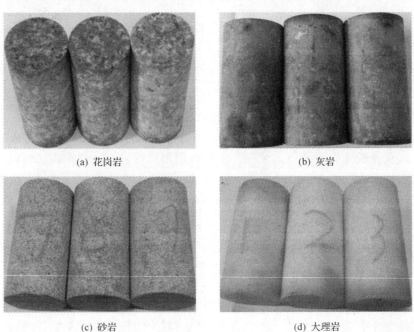

(a) 花岗岩　　　　　　　　　　　　(b) 灰岩

(c) 砂岩　　　　　　　　　　　　(d) 大理岩

图 2.1　4 种岩样

图 2.2　不同高径比的岩样

2. 加工设备

实验室内的标准岩石试样的加工顺序一般先通过钻岩取心，而后利用切割机切取适当长度，最后利用磨石机打磨两个端面。为此，钻取岩心时，沿着一定层理面进行钻取，尽量保持试样具有相同的层理结构。加工所用的设备如下：

(1)岩石取心机。岩石取心机为自行改制装置，采用薄壁金刚石钻头，自来水冷却，多级变速手动给进方式。能够加工中等强度以上各类岩石和煤样。可以钻取直径为 25mm、35mm、50mm 和 75mm，取心长度为 25～200mm 的岩石。

(2)岩石自动切割机。采用金刚石锯片，锯片直径为 600mm，厚度为 3mm，无级变速自动给进方式，自来水冷却，能够加工中等强度以上各类岩石和煤样。可以切割直径为 25mm、35mm、50mm、75mm、100mm 和 130mm 的岩心，切割岩块最大尺寸 200mm。

(3)岩石自动双面磨石机。采用金刚石砂轮，砂轮直径为 200mm，采用自动和手动两种给进方式，自来水冷却，能够加工中等强度以上各类岩石和煤样。可以磨削直径为 25mm、35mm、50mm、75mm、100mm 和 130mm 的岩心，磨削岩块最大尺寸 200mm。

3. 检测设备

(1)游标卡尺。测量试样长度及直径，以毫米为单位，精度为 0.02mm。

(2)直角尺。检测试样的垂直度及工件相对位置的垂直度。

(3)百分表。检测试样两个端面的平行度。

试验设备采用河南理工大学的 RMT-150B 电液伺服岩石力学试验机[图 2.3(a)]。该系统由计算机控制，可以进行单轴压缩实验、三轴压缩试验、剪切试验和单轴间接拉伸试验，并且具有在试验过程中可以实时显示，数据自动保存等特点。

　　(a) RMT-150B岩石力学试验系统　　　　　　　(b) UTA-2000A超声波检测分析仪

图 2.3　试验设备

RMT-150B 岩石力学试验系统的主要功能、技术参数介绍如下。

(1) 系统主要功能

加载控制方式：荷载、位移、行程、组合；输出波形：斜波、正弦波、三角波、方波；控制方式：自动、编程、手动。

(2) 系统主要技术参数

最大水平荷载：500kN；最大垂直荷载：1000kN；垂直行程：50mm；水平行程：50mm；围压：0～50MPa；围压速率：0.001～1MPa/s；加载速率：0.01～100kN/s；变形速率：0.0001～1.0mm/s；机架刚度：5000kN/mm；疲劳速率：0.001～1.0Hz；主机质量：4000kg。

4. 自然及泡水状态下试验方案

试验目的：

此次试验的目的是研究在浸泡水作用下，水对岩石力学性质的影响。

试验研究内容：

(1) 自然及泡水试样单轴压缩力学参数分析；

(2) 单轴压缩变形及破坏特征分析；

(3) 水对岩石冲击倾向性的影响。

主要试验方法：

试样的编号方法为各种岩石的英文首字母+序号，比如花岗岩的编号为 G1、G2、G3 等，依此类推。G1、G2、G3 为自然状态下单轴压缩；G4、G5、G6 进行泡水 3 天处理；且 G18、G19、G20 为备用试样；其他三种岩石也是这样编号。花岗岩、灰岩、砂岩、大理岩试样加工完成后，再把试样放于室内 7 天，而后采用 UTA-2000A 超声波检测分析仪[图 2.3(b)]，传感器频率为 35kHz，采样频率为 10MHz，时间精度为 0.5μs，传感器与试样之间用润滑脂(黄油)耦合对岩样进行声波测试。测得花岗岩平均波速为 3556.47 m/s，平均密度为 2.615 g/cm³，离散性系数均小于 3%。以同样方法测得灰岩、砂岩、大理岩的平均波速分别为 4551.46 m/s，

2418.92 m/s、4465.18 m/s；平均密度分别为 2.732 g/cm³、2.373 g/cm³、2.694 g/cm³。利用 RMT-150B 岩石力学试验系统对上述 4 种岩样进行单轴压缩试验，采用 5mm 位移传感器测量轴向变形，1000kN 力传感器测量轴向荷载，加载速率为 0.002 mm/s，试验数据由计算机自动采集。试样安装如图 2.4 所示。

图 2.4　试样安装

5. 不同高径比岩样单轴压缩破坏试验

脆性材料的强度一般由该材料内部的裂纹或瑕疵点来决定，材料的自身特殊性是具有尺寸效应的基础[22~24]。

1) 试验目的

研究不同尺寸的花岗岩及砂岩的岩石力学性质及冲击倾向性的尺寸效应。

2) 研究内容

(1) 利用试验机测定两种岩石的物理力学参数；

(2) 两种岩石的强度及变形特征及尺寸效应研究；

(3) 花岗岩及砂岩冲击倾向性与高径比的关系变化规律。

3) 主要试验方法

由于试样较多，数据量较大，假如分析四种岩石（花岗岩、灰岩、砂岩、大理岩），不仅耗费精力巨大，而且具有很大的重复性，因此，本章把花岗岩及砂岩作为研究对象，对其尺寸效应进行研究。高度与直径的比值称为高径比，用 H/D 表示。由于岩块尺寸有限，为了充分利用岩块，并设置高径比最小为 0.6，分别设置 6 种。其中花岗岩的高径比为 0.6、1.2、1.8、2.0、2.4、2.9；砂岩高径比为 0.6、1.2、1.8、2.0、2.4、2.8。部分不同高径比岩样如图 2.2 所示。

2.1.2　自然岩样单轴压缩试验结果

对自然状态下的花岗岩、灰岩、砂岩及大理岩进行单轴压缩试验。在单轴压缩作用下，试样产生轴向压缩变形及横向扩张变形。当应力达到某一强度时，试样开始出现微裂隙，而后随着应力的逐渐增大，微裂隙逐渐扩展、贯通；当应力达到试样的最大承载强度时，试样开始破坏。四种岩石试样单轴压缩结果如表2.1所示，其中L18、S18均为补充岩样，D 为直径、H 为高度、V 为波速、ρ 为密度、E 为弹性模量、σ_c 为单轴抗压强度。图2.5所示为4种岩石试样的单轴压缩曲线[21]。

表 2.1　标准岩石试样基本物理力学参数

岩样	编号	D /mm	H /mm	V /(m/s)	ρ /(g/cm³)	E /GPa	σ_c/MPa
花岗岩	G1	49.52	99.79	3563.93	2.608	66.431	155.92
	G2	49.58	100.65	3531.58	2.602	60.672	150.61
	G3	49.44	99.83	3502.81	2.608	65.474	154.85
	平均	49.51	100.09	3532.77	2.606	64.19	153.79
灰岩	L2	49.39	100.47	4465.33	2.736	70.691	191.01
	L3	49.47	100.33	4560.46	2.724	119.308	171.71
	L18	49.39	100.22	4661.39	2.734	76.572	193.94
	平均	49.43	100.17	4551.46	2.732	88.86	185.55
砂岩	S1	49.52	101.28	2275.96	2.349	28.777	76.77
	S2	49.51	99.18	2306.51	2.390	26.594	89.51
	S3	49.57	99.91	2854.57	2.388	18.817	68.47
	S18	49.56	99.62	2238.65	2.363	24.142	80.29
	平均	49.58	99.99	2418.92	2.373	24.58	78.76
大理岩	M1	49.53	100.45	4565.91	2.690	52.006	56.56
	M2	49.37	100.43	4463.56	2.698	56.186	54.03
	M3	49.33	100.42	4366.09	2.695	47.652	51.18
	平均	49.41	100.43	4465.18	2.694	51.95	53.92

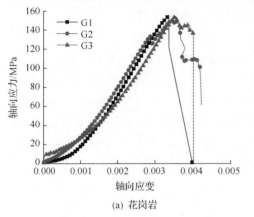

(a) 花岗岩

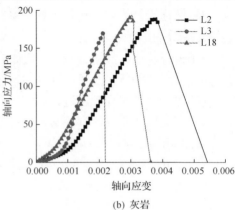

(b) 灰岩

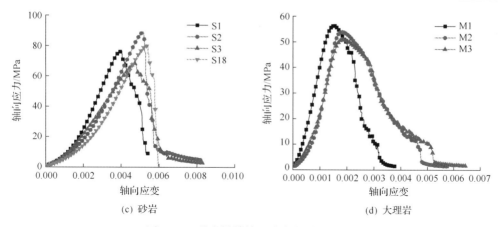

图 2.5 4 种岩样单轴压缩应力-应变曲线

2.1.3 泡水岩样单轴压缩试验结果

在各种因素耦合作用下，岩石的承载能力将受到水的复杂影响。尤其是岩石内部非连续节理的发育程度对岩石力学性质影响很大。另外，工程扰动会加速微裂隙的连通及扩展，进而形成更大新的裂隙，增强了水的侵入。由于水的影响，国内外发生了许多重大工程事故[25,26]。如 1954 年开始蓄水的法国 Malpasset 拱坝仅仅使用 5 年就发生溃坝事故；1963 年意大利的 Vajont 拱坝左岸岩体滑坡事故；1962 年我国发生的梅山连拱坝右岸坝座发生错动、坝和地基损坏事故。正是由于水对岩体工程的安全性造成影响，国内外许多学者开始了水对岩石力学性质的研究。

Louis[27] 首次提出岩石水力学这一概念，开启了水对岩石影响的研究，同时将岩石水力学性质应用于工程实践。Hajash 和 Archer[28] 及 Hegghiem 等[29] 为了研究海水对不同岩石力学性质的弱化机理，开展了海水与不同岩石相互作用的试验，取得不错的研究成果。Lajtai 等[30] 对花岗岩进行泡水试验，分析试验数据，认为花岗岩强度指标随着浸泡时间的延长而降低。

茅献彪等[31] 对煤样进行不同含水率的单轴压缩试验，测定其冲击倾向性参数，试验结果表明，煤层的冲击倾向性与煤层含水率呈反比关系，用注水方法可有效地防治冲击矿压。

孟召平等[32] 通过试验和统计分析研究了不同含水条件下煤系沉积岩石力学性质及其冲击倾向性，建立岩石力学性质及其冲击倾向性与含水量之间的相关关系和模型，试验结果表明，岩石单轴抗压强度和弹性模量随含水量的增加而降低，不同岩性岩石单轴抗压强度和弹性模量受含水量的影响程度不同，在自然或较少含水量情况下，岩石破坏表现为脆性和剪切破坏，随着含水量的增加，弹性变形能指数减小，岩石冲击倾向性随含水量的增加而显著降低。

苏承东等[33]利用 RMT-150B 岩石力学试验系统对不同泡水时间煤样进行冲击倾向性指标测定，结果表明煤样的抗压强度与弹性模量、峰前积蓄能量和冲击能量指数均呈正相关，泡水煤样的抗压强度、弹性模量、冲击能量指数及峰前积蓄能量均有所降低，即泡水降低了煤样的冲击倾向性。

泡水岩石试样单轴压缩试验结果如表 2.2 所示，其中，D 为直径，H 为高度，E 为弹性模量，σ_{cw} 为浸泡水岩石试样的单轴抗压强度。对比表 2.1 和表 2.2，可以看出，对岩样进行浸泡处理与没有经过浸泡处理的岩样之间存在着一定的差异。泡水后岩石的应力-应变曲线如图 2.6 所示。

表 2.2　泡水岩样单轴压缩基本力学参数

岩样	编号	D /mm	H /mm	E /GPa	σ_{cw} /MPa
花岗岩	G4	49.43	100.62	41.979	133.91
	G5	49.90	99.53	50.012	146.04
	G6	49.89	99.76	53.413	148.15
	平均	49.74	99.97	48.67	142.70
灰岩	L4	49.42	100.28	73.546	196.51
	L5	49.52	100.71	77.617	179.12
	L6	49.40	100.18	98.597	171.10
	平均	49.46	100.39	83.25	182.24
砂岩	S4	49.54	99.35	23.473	62.41
	S5	49.52	98.35	18.576	58.86
	S6	49.62	97.37	19.347	64.08
	平均	49.56	98.36	20.47	61.78
大理岩	M4	49.49	99.39	53.986	52.09
	M5	49.43	100.76	54.784	54.12
	M6	49.49	100.12	55.965	52.45
	平均	49.47	100.09	54.91	52.88

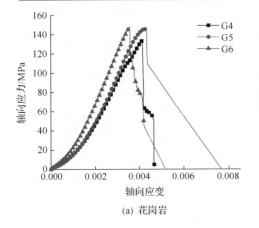

(a) 花岗岩

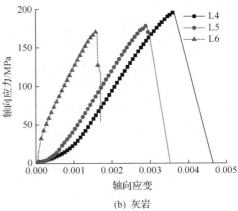

(b) 灰岩

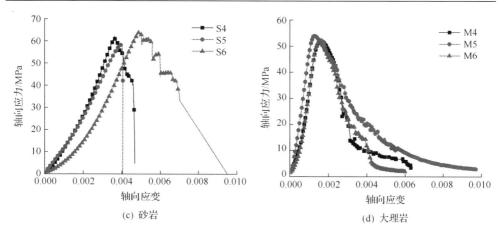

图 2.6　泡水试样单轴压缩全应力-应变曲线

花岗岩试样 G4、G5、G6 的单轴压缩强度最大为 148.15MPa，最小为 133.91MPa，平均值为 142.70MPa，且最大弹性模量为 53.413GPa，最小为 41.979GPa，平均值为 48.67GPa；而自然花岗岩 G1、G2 和 G3 的最大单轴抗压强度为 155.92MPa，最小为 150.61MPa，相差 5.31MPa，为平均值的 3.45%；弹性模量平均值 64.19GPa，最大值与最小值之差为 5.76GPa，为平均值的 8.97%。泡水后，平均单轴抗压强度降低 11.09MPa，降低了 7.21%；平均弹性模量降低 15.52GPa，降低了 24.2%。从 G3 应力-应变曲线可以看出，曲线上并未出现明显的屈服阶段，然后跌落，而在峰后出现拐点，上升少许后，又迅速跌落，可以推断 G3 试样在未达到极限强度前，发生失稳破坏。G4、G5、G6 试验效果比较良好，出现了屈服阶段，且三者的力学参数比较接近。

灰岩试样 L2、L3、L18 最大单轴抗压强度为 193.94 MPa，最小为 171.71 MPa，平均值为 185.55 MPa，最大弹性模量为 119.308 GPa，最小为 70.691 GPa，平均值为 88.86 GPa。而泡水试样 L4、L5、L6 平均单轴抗压强度和弹性模量分别为 182.24MPa、83.25 GPa，均小于自然灰岩试样的平均单轴抗压强度和弹性模量，分别降低了 1.79%和 6.31%。砂岩试样 S1、S2、S3、S18 最大单轴抗压强度为 89.51 MPa，最小为 68.47 MPa，平均值为 78.76 MPa，最大弹性模量为 28.777 GPa，最小为 18.817 GPa，平均值为 24.58 GPa。而泡水试样 S4、S5、S6 平均单轴抗压强度和弹性模量分别为 61.78 MPa、20.27 GPa，均小于自然砂岩试样的平均单轴抗压强度和弹性模量。

砂岩平均弹性模量由 24.58 GPa 降低到 20.47 GPa，弹性模量降低了 16.72%；平均单轴抗压强度由 78.76 MPa 降低到 61.78 MPa，单轴抗压强度降低了 21.55%。从图 2.6(c)可以看出，泡水砂岩试样的应力-应变曲线表现出明显的不连续性，水对砂岩试样的弱化是明显的。

大理岩试样 M1、M2、M3 最大单轴抗压强度为 56.56 MPa，最小为 51.18 MPa，平均值为 53.92 MPa，最大弹性模量为 52.006 GPa，最小为 47.652 GPa，平均值为 51.95 GPa。而泡水试样 M4、M5、M6 平均单轴抗压强度和弹性模量分别为 52.88 MPa、54.91 GPa。可以看出，大理岩的平均单轴抗压强度降低了 1.04 MPa，占 1.93%，而平均弹性模量反而升高了 2.91 GPa，占 5.69%。可见，水对大理岩的影响非常小。

　　综上所述，在浸泡水的作用下，其中除了大理岩的弹性模量稍微升高之外，4 种岩石试样的弹性模量、单轴抗压强度均有所降低，砂岩降低的最为明显。砂岩作为沉积岩，其颗粒间的连接没有另外 3 种岩样致密，并且含有裂隙及孔隙结构，吸水作用大，浸水效果比较明显。水对 4 种岩石的影响强度依次是砂岩>花岗岩>灰岩>大理岩。

　　自然及含水岩石试样单轴压缩强度与弹性模量的关系如图 2.7 所示。试验发现 4 组岩样的单轴压缩强度及弹性模量除花岗岩呈正比关系外，其余 3 种岩样都具有一定的离散性，并不能确定单轴压缩强度与弹性模量存在正相关或负相关的关系。

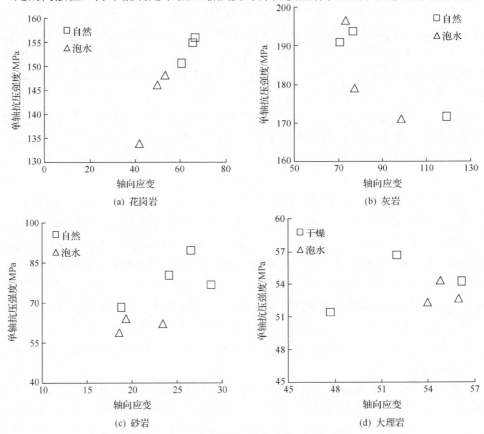

图 2.7　自然及泡水岩样单轴抗压强度与弹性模量之间的关系

2.1.4　标准岩样单轴压缩破坏形态

1. 理论破坏形态

在荷载作用下,岩石试样的破坏形态是表现岩石破坏机理的重要特征。它不仅表现了岩石受力过程中的应力分布状态,同时还反映了不同试验条件下对强度的影响。试样在单轴压缩荷载作用下破坏时,可产生 3 种破坏形式[34](图 2.8):

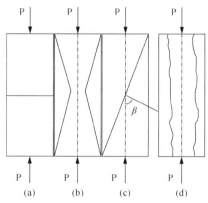

图 2.8　单轴压缩试验试样受力和破坏形态示意图

(1)X 状共轭斜面剪切破坏形式如图 2.8(b)所示。这种形式是最常见的破坏形式,据分析,这种破坏是由试样两端面与试验机承压板之间摩擦力增大造成的。在无侧限的条件下,由于侧向的部分岩石可以自由地向外变形、剥离,最终形成 X 状共轭斜面剪切破坏。

(2)单斜面剪切破坏形式如图 2.8(c)所示,β 为破坏面法线与荷载轴线(即试样轴线)的夹角。

(3)拉伸破坏形式如图 2.8(d)所示。在轴向压应力作用下,在横向将产生拉应力。这是泊松效应的结果。这种类型的破坏就是由横向拉应力超过岩石抗拉极限引起的。

其中,(b)、(c)两种破坏都是由破坏面上的剪应力超过承载强度引起的,因而被视为剪切破坏。但破坏前破坏面所须承受的最大剪应力也与破坏面上的正应力有关,因而该类破坏也可称为压-剪破坏。

2. 试验破坏形态

自然及含水岩石试样单轴压缩破坏形态如图 2.9 所示。由 4 种岩石试样自然及含水单轴压缩破裂形态可以发现,根据本节所描述的岩石试样的 3 种破坏形式,可以得出以下分析:

(1)(a)组花岗岩的破坏方式主要是以剪切破坏为主的剪切-拉伸组合破坏。自然花岗岩试样的单轴抗压强度为 153.79 MPa,承载强度很高。试样在达到承载强度后，表现出非连续性应力-应变曲线，岩样破坏剧烈，出现 X 状共轭斜面剪切破坏及拉破坏，是一种组合破坏，试验过程中此类岩石没有明显的破坏前兆。从图 2.5(a)中花岗岩的应力-应变曲线可以看出，岩样在轴向荷载作用下达到极限承载强度后，承载能力迅速下降，岩样发生破坏，同时伴随响声，破碎剧烈。泡水试样的平均单轴抗压强度为 142.70 MPa，破坏同时出现单斜面剪切破坏及拉伸破坏，同样是一种组合破坏。由图 2.5(a)、图 2.6(a)可以看出，花岗岩屈服阶段并不明显，表现出明显的脆性。

(2)(b)组灰岩试样主要以单斜面剪切破坏及拉伸破坏为主。自然灰岩承载能力极高，平均单轴抗压强度达到 185.55 MPa，而其破坏也非常剧烈，产生大量粉碎岩块，并伴随巨大响声，从图 2.5(b)可以看出，在达到峰值强度后，迅速跌落，表现出明显的脆性特征。泡水的灰岩试样承载强度也很高，达到 182.24 MPa，其破坏方式同样是一种剪切和拉伸为主的组合破坏，从图 2.6(b)可以看出，其屈服阶段不明显，同样表现出明显的脆性特征。

(3)(c)组砂岩试样的主要破坏形式为单斜面剪切破坏。自然砂岩在轴向荷载作用下，试样达到峰值强度后发生破坏，并产生多个劈裂面。从图 2.5(c)可以看出，砂岩的应力-应变曲线存在明显的屈服阶段，达到峰值强度后，迅速跌落至残余强度阶段。泡水后的砂岩试样主要破坏方式同样为单剪破坏。从图 2.6(c)可以看出，泡水砂岩试样在未达到极限强度之前就开始跌落，体现出水对砂岩强度的弱化作用。

(4)(d)组大理岩试样主要以单斜面剪切破坏为主，破坏形式如图 2.9(d)所示。自然及泡水试样的破坏面比较规则，如试样 M1、M4、M6 单轴压缩时，试样发生剪切破坏，破坏面始于一端，终于另一端，宏观破坏面比较均匀。由于试样里的层理或弱面等原因，试样的主剪切面破坏始于试样一端，止于试样一侧，如试样 M2、M3，而泡水大理岩完整岩样 M5 出现 X 状共轭斜面剪切破坏。完整大理岩试样在轴向荷载作用下，破坏首先从岩样具有危险弱面开始，力的持续作用，破裂裂缝进一步扩展，同时在具有较小危险方向产生新的破坏面。综上所述，四组岩石试样的破坏形式以 X 状共轭剪切破坏，单斜面剪切破坏、拉伸破坏为主，是一种组合破坏。从图 2.9 中的岩石破坏照片来看，泡水对岩石的破坏形态影响并不明显。

(a) 花岗岩

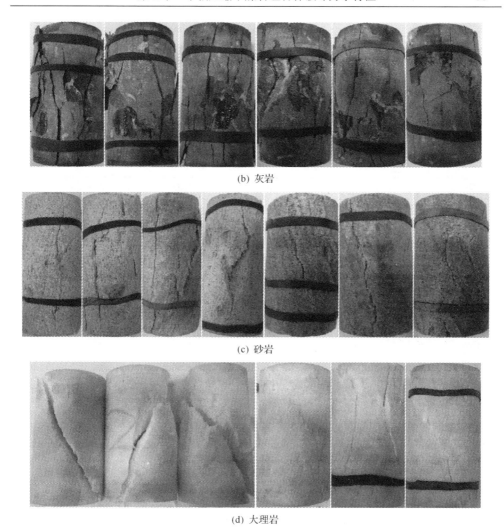

(b) 灰岩

(c) 砂岩

(d) 大理岩

图 2.9　完整岩样的单轴压缩破坏形态

2.1.5　不同高径比岩样单轴压缩试验结果

1. 花岗岩试验结果

表 2.3 所示为花岗岩的基本物理力学参数。其中，ε_p 为峰值应变，E_{ave} 为线弹性段弹性模量，称为平均模量，σ_c 为峰值强度。可以看出，花岗岩高径比为 0.6 时，最大峰值应变（10^{-3}）为 7.775，最小为 7.196，相差 0.579，平均值为 7.486；平均模量只有一点差别，平均值为 43.438 MPa；峰值强度最大为 240.50 MPa，平均值为 236.23 MPa。高径比为 1.8 时，最大峰值应变为 4.550，平均值为 4.273；平

均模量相差较大,达到 11.808 GPa,平均值为 54.798 GPa,峰值强度平均值为 164.21 MPa。高径比为 2.4 时,最大峰值应变为 3.239,平均值为 3.085;平均模量平均值为 59.589 GPa,最大峰值强度为 142.48 MPa,与最小峰值强度差为 11.63 MPa,平均值为 136.08 MPa。高径比为 2.9 时,平均峰值应变为 2.745,平均模量平均值为 61.335 GPa,平均峰值强度为 127.10 MPa。高径比为 2 时,G18 试样力学参数将在第 3 章给出,其峰值应变为 3.314。

表 2.3 花岗岩力学参数

编号	D /mm	H /mm	ε_p / 10^{-3}	E_{ave} / GPa	σ_c / MPa	H/D
G24	49.45	30.25	7.775	46.124	240.50	0.6
G26	49.85	31.12	7.196	40.751	231.95	
G27	49.65	60.45	6.349	59.186	200.76	1.2
G30	49.61	89.11	3.995	60.702	162.96	1.8
G32	49.50	90.12	4.550	48.894	165.45	
G33	49.47	120.49	3.087	59.048	142.48	
G34	49.72	118.17	2.928	60.001	130.85	2.4
G35	49.72	119.32	3.239	59.717	134.90	
G36	49.82	144.88	2.707	59.322	126.47	2.9
G38	49.85	145.70	2.783	63.347	127.72	

2. 砂岩试验结果

对不同高径比的砂岩试样进行单轴压缩试验,得到的力学参数如表 2.4 所示。其中,ε_p 为峰值应变,E_{ave} 为线弹性段弹性模量,称为平均模量,σ_c 为峰值强度。可以看出,砂岩高径比为 0.6 时,最大峰值应变(10^{-3})达到 15.59,平均峰值应变为 14.42;平均模量最大为 17.589GPa,平均值为 16.699GPa;最大峰值强度达到 126.12MPa,平均值为 123.32MPa。高径比为 1.2 时,最大峰值应变为 6.467,与最小相差 1.267,平均值为 5.909;最大平均模量达到 22.356GPa,与最小相差 4.102GPa,平均值 20.111GPa;最大峰值强度达到 94.70MPa,与最小相差 15.43MPa,平均值为 86.460MPa。高径比为 1.8 时,最大峰值应变为 5.712,相差 0.538,平均值 5.443;最大平均模量为 24.367GPa,相差 2.217GPa,平均值为 23.259GPa;最大峰值强度为 89.14MPa,相差 18.46MPa,平均值为 79.91MPa。高径比为 2.4 时,最大与最小峰值应变之差为 0.306,平均值为 5.031;最大与最小平均模量之差为 1.022GPa,平均值 24.289GPa;最大与最小峰值强度之差为 3.38MPa,平均值为 73.84MPa。高径比为 2.8 时,最大与最小峰值应变之差为 0.467,平均值 3.979;平均模量之差为 1.148GPa,平均值 24.516GPa;峰值强度之差为 2.8MPa,平均值为 68.29MPa。高径比为 2.0 时,砂岩力学参数将在第 3 章给出,其中其平均峰值应变为 4.869。

表 2.4　砂岩力学参数

编号	D /mm	H /mm	ε_p / 10^{-3}	E_{ave} / GPa	σ_c / MPa	H/D
S21	49.47	29.95	15.59	15.810	126.12	0.6
S22	49.66	30.89	13.24	17.589	120.52	
S24	49.68	60.75	6.467	18.254	79.27	1.2
S25	49.92	60.69	6.060	19.723	85.41	
S26	49.70	60.39	5.200	22.356	94.70	
S27	49.30	90.55	5.174	22.150	70.68	1.8
S29	49.39	91.09	5.712	24.367	89.14	
S30	49.45	121.30	5.204	24.547	74.65	2.4
S31	49.77	119.82	4.991	23.649	75.13	
S32	49.55	119.93	4.898	24.671	71.75	
S33	49.71	141.25	4.212	23.941	69.69	2.8
S34	49.73	142.55	3.745	25.090	66.89	

2.1.6　高径比对岩样力学参数的影响

1998 年，刘宝琛等[23]提出一种指数型公式来表示岩样强度与高径比的关系，其表达式为

$$\sigma_c = \gamma_c + \alpha_c \exp(-\beta_c D) \tag{2.1}$$

式中，σ_c 为受力边长（长方柱岩体）或受力断面直径（长圆柱岩样）为 D (cm) 的岩样的单轴抗压强度；α_c、β_c、γ_c 为由岩石性质及天然缺陷决定的待定参数。

但是，该经验公式只考虑了岩样的边长或直径，并未考虑试样的长度或高度。

杨圣奇等[35]通过分析大理岩的尺寸与强度的关系，提出了一个新的岩石材料尺寸效应的理论公式，其表达式为

$$F_0 = F_2 e^{\left[a + \frac{b}{(L/D)}\right]} \tag{2.2}$$

式中，F_0 为单轴压缩下任意长径比岩样的力学参数；F_2 为标准岩样的力学参数，这里取的是所有试样的平均值；L/D 为岩样的长径比，本书统称高径比（H/D）；a 和 b 为材料常数，通过非线性最小二乘法进行回归分析得到。

通过数据分析及对各个公式的参考，提出两个新的尺寸效应理论公式，表达式分别为

$$F_0 = F_1 + e^{[a + b(H/D)]} \tag{2.3}$$

$$F_0 = F_1 \ln\left(e + \frac{b}{(H/D)}\right) \tag{2.4}$$

式中，F_0 为单轴压缩下任意长径比岩样的力学参数，F_1 为高径比无穷大时的力学参数，a 与 b 为材料常数。

三个理论公式可分别简称为杨圣奇公式、指数公式和对数公式。分别利用三个理论公式对花岗岩和砂岩力学参数进行拟合，结果如下：

花岗岩单轴抗压强度与高径比关系如图 2.10(a) 所示。利用杨圣奇公式拟合得到的表达式为

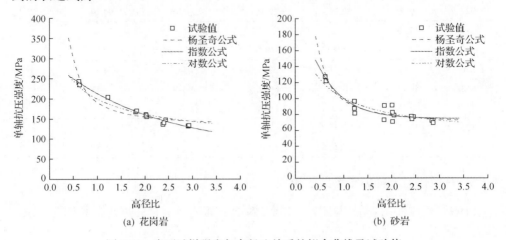

(a) 花岗岩　　　　　　　　　　　　(b) 砂岩

图 2.10　岩石试样强度与高径比关系的拟合曲线及试验值

$$\begin{cases} \sigma_0 = 155.92\exp\left(-0.2558 + \dfrac{0.4276}{H/D}\right) \\ a = -0.2558, b = 0.4276, \sigma_1 = 120.73\text{MPa} \\ R^2 = 0.8931 \end{cases} \tag{2.5}$$

利用指数公式拟合得到的表达式为

$$\begin{cases} \sigma_0 = 65.90 + \exp\left(5.436 - 0.471\dfrac{H}{D}\right) \\ a = 5.436, b = -0.471, \sigma_1 = 65.90\text{MPa} \\ R^2 = 0.9865 \end{cases} \tag{2.6}$$

利用对数公式拟合得到的表达式为

$$\begin{cases} \sigma_0 = 80.06\ln\left(\text{e} + \dfrac{8.701}{H/D}\right) \\ b = 8.701, \sigma_1 = 80.06\text{MPa} \\ R^2 = 0.9682 \end{cases} \tag{2.7}$$

砂岩单轴抗压强度与高径比关系如图 2.10(b)所示,利用杨圣奇公式拟合得到的表达式为

$$\begin{cases} \sigma_0 = 78.76\exp\left(-0.2355 + \dfrac{0.4195}{H/D}\right) \\ a = -0.2355, b = 0.4195, \sigma_1 = 62.23\text{MPa} \\ R^2 = 0.8719 \end{cases} \tag{2.8}$$

利用指数公式拟合得到的表达式为

$$\begin{cases} \sigma_0 = 72.20 + \exp\left(5.055 - 1.843\dfrac{H}{D}\right) \\ a = 5.055, b = -1.843, \sigma_1 = 72.20\text{MPa} \\ R^2 = 0.8615 \end{cases} \tag{2.9}$$

利用对数公式拟合得到的表达式为

$$\begin{cases} \sigma_0 = 44.66\ln\left(\text{e} + \dfrac{6.235}{H/D}\right) \\ b = 6.235, \sigma_1 = 44.66\text{MPa} \\ R^2 = 0.8450 \end{cases} \tag{2.10}$$

花岗岩峰值应变与高径比的关系如图 2.11(a)所示,利用杨圣奇公式拟合得到的表达式为

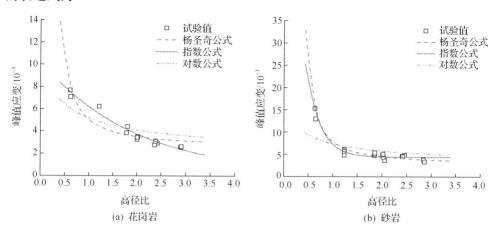

(a) 花岗岩　　　　　　　　　　(b) 砂岩

图 2.11　岩石试样峰值应变与高径比关系的拟合曲线及试验值

$$\begin{cases} \varepsilon_0 = 3.414\exp\left(-0.2624+\dfrac{0.6653}{H/D}\right) \\ a=-0.2624, b=0.6653, \varepsilon_1=2.626 \\ R^2=0.8500 \end{cases} \tag{2.11}$$

利用指数公式拟合得到的表达式为

$$\begin{cases} \varepsilon_0 = 0.2489+\exp\left(2.31-0.508\dfrac{H}{D}\right) \\ a=2.31, b=-0.508, \varepsilon_1=0.2489 \\ R^2=0.9650 \end{cases} \tag{2.12}$$

利用对数公式拟合得到的表达式为

$$\begin{cases} \varepsilon_0 = 2.216\ln\left(\text{e}+\dfrac{8.149}{H/D}\right) \\ b=8.149, \varepsilon_1=2.216 \\ R^2=0.9447 \end{cases} \tag{2.13}$$

砂岩峰值应变与高径比关系如图 2.11(b) 所示,利用杨圣奇公式拟合得到的表达式为

$$\begin{cases} \varepsilon_0 = 4.869\exp\left(-0.4806+\dfrac{0.9562}{H/D}\right) \\ a=-0.4806, b=0.9562, \varepsilon_1=3.011 \\ R^2=0.9596 \end{cases} \tag{2.14}$$

利用指数公式拟合得到的表达式为

$$\begin{cases} \varepsilon_0 = 4.766+\exp\left(4.448-3.555\dfrac{H}{D}\right) \\ a=4.45, b=-3.555, \varepsilon_1=4.766 \\ R^2=0.9637 \end{cases} \tag{2.15}$$

利用对数公式拟合得到的表达式为

$$\begin{cases} \varepsilon_0 = 3.377\ln\left(\text{e}+\dfrac{6.858}{H/D}\right) \\ b=6.858, \varepsilon_1=3.377 \\ R^2=0.9596 \end{cases} \tag{2.16}$$

花岗岩平均模量与高径比的关系如图 2.12(a) 所示。利用杨圣奇公式拟合得到的表达式为

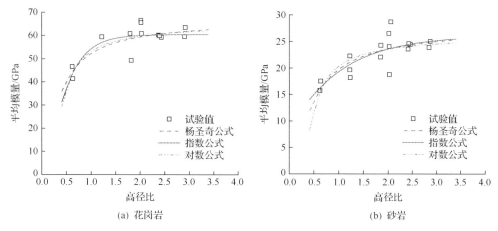

(a) 花岗岩　　　　　　(b) 砂岩

图 2.12　岩石试样平均模量与高径比关系的拟合曲线及试验值

$$\begin{cases} E_0 = 66.43\exp\left(0.0136 - \dfrac{0.2590}{H/D}\right) \\ a = 0.0136, b = -0.2590, E_1 = 67.34\text{GPa} \\ R^2 = 0.6778 \end{cases} \tag{2.17}$$

利用指数公式拟合得到的表达式为

$$\begin{cases} E_0 = 60.21 - \exp\left(4.458 - 2.667\dfrac{H}{D}\right) \\ a = 4.458, b = -2.667, E_1 = 60.21\text{GPa} \\ R^2 = 0.6879 \end{cases} \tag{2.18}$$

利用对数公式拟合得到的表达式为

$$\begin{cases} E_0 = 65.34\ln\left(\text{e} - \dfrac{0.4688}{H/D}\right) \\ b = -0.4688, E_1 = 65.34\text{GPa} \\ R^2 = 0.6870 \end{cases} \tag{2.19}$$

砂岩平均模量与高径比的关系如图 2.12(b) 所示。利用杨圣奇公式拟合得到的表达式为

$$\begin{cases} E_0 = 24.58\exp\left(0.1322 - \dfrac{0.3395}{H/D}\right) \\ a = 0.1322, b = -0.3385, E_1 = 28.05\text{GPa} \\ R^2 = 0.5991 \end{cases} \tag{2.20}$$

利用指数公式拟合得到的表达式为

$$\begin{cases} E_0 = 26.19 - \exp\left(2.881 - 0.9805\dfrac{H}{D}\right) \\ a = 2.881, b = -0.9805, E_1 = 26.19\text{GPa} \\ R^2 = 0.6616 \end{cases} \tag{2.21}$$

利用对数公式拟合得到的表达式为

$$\begin{cases} E_0 = 26.43\ln\left(\text{e} - \dfrac{0.5398}{H/D}\right) \\ b = -0.5398, E_1 = 26.43\text{GPa} \\ R^2 = 0.5779 \end{cases} \tag{2.22}$$

拟合参数值如表 2.5 所示，拟合后 R^2 值如表 2.6 所示。

表 2.5　力学参数拟合值

公式	岩样	σ_1 / MPa	$\varepsilon_1 / 10^{-3}$	E_1 / GPa
杨圣奇公式	花岗岩	120.73	2.626	67.34
	砂岩	62.23	3.011	28.05
指数公式	花岗岩	65.9	0.2489	60.21
	砂岩	72.2	4.766	26.19
对数公式	花岗岩	80.06	2.216	65.34
	砂岩	44.66	3.377	26.43

表 2.6　拟合后 R^2 值

公式	杨圣奇公式	指数公式	对数公式
抗压强度	0.8931 0.8917	0.9865 0.8615	0.9862 0.8405
峰值应变	0.8500 0.9596	0.9650 0.9637	0.9477 0.8400
弹性模量	0.6778 0.5991	0.6879 0.6616	0.6870 0.5779

综上所述，试样的峰值强度、峰值应变及平均模量的拟合曲线结果良好，这同时验证了 3 种尺寸效应理论公式的正确性与合理性。从图 2.12～图 2.14 可以看出，随着高径比 H/D 的增大，岩样峰值强度与峰值应变均呈现出衰减趋势。当 H/D 小于 2 时，峰值强度及峰值应变减小的速率很快，但当 H/D 增大到 2 以后，两者减小的速率趋于平缓。对于平均模量而言，随着高径比的增大，平均模量逐渐增大，但增加的速率逐渐减慢。从 3 个公式的拟合曲线可以看出，指数公式大部分通过了数据点，拟合效果较好，而杨圣奇公式和对数公式大都不经过数据点，且外延性较差。因此，指数公式适合尺寸效应的拟合。

2.2　深部煤岩组合体单轴压缩破坏试验

2.2.1　试验概况

煤岩体采自开滦钱家营矿 2071 工作面下顺槽，埋深为 850 m[36~39]。采用空心包体法测试了该水平西大巷的地应力，其中最大主应力 25.4 MPa，中间主应力 17.2 MPa，最小主应力 13.5 MPa[40]。2071 工作面走向长为 1385～1536 m，倾斜长为 175 m。该工作面煤层为稳定的中厚煤层，煤层厚度为 0.40～5.35 m，平均 3.50 m，局部煤层松软易片帮。煤层倾角 4°～16°，平均 7°。煤层直接顶为深灰色粉砂岩，厚度 0～6.85 m，平均 3.80 m。分别在 7 号煤层及其顶板取煤样和岩样。X 衍射分析得到钱家营顶板砂岩及煤的矿物成分为：砂岩主要包含 68%～75%的石英，23%～26%的黏土矿物，其他为少量白云石和菱铁矿等（小于 10%）；煤样主要包含 77%～85%的非晶质，10%～20%的黏土矿物，其他为少量的白云石、菱铁矿和方解石等矿物。图 2.13 所示为钱家营典型砂岩、煤样 X-射线衍射成分分析图谱，可以看出岩石和煤的 X 射线图谱有明显差异，其中 d 是晶格间距。

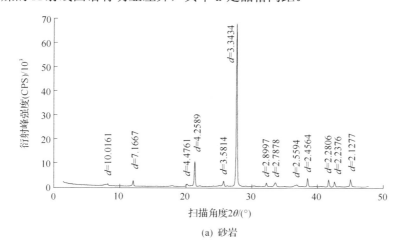

(a) 砂岩

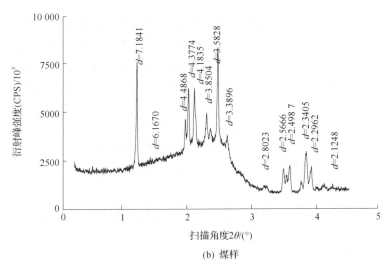

(b) 煤样

图 2.13　钱家营典型砂岩、煤样 X-射线衍射成分分析图谱

将煤样和岩样加工成标准圆柱试样。首先用钻孔取心；然后在磨平机上将煤或岩石试样两端磨平，保证试样两侧的表面平行、光滑，没有大的划痕，且两端面不平行度不得大于 0.01mm，上、下端直径的偏差不得大于 0.02 mm。单体测试采用标准试样：3 个岩石试样尺寸均为 ϕ50 mm×100 mm；煤体由于较破碎，加工较困难，因此加工获得 1 个尺寸 ϕ50 mm×100 mm 的煤样和 2 个尺寸 ϕ50 mm×70 mm 的煤样。对于组合试样，由于试验量大，且考虑到煤层平均厚度与直接顶平均厚度大致相同，因此参照岩石力学测试标准[41]，将煤和岩石分别加工成 ϕ35 mm×35 mm 的试样，然后组合为 ϕ35 mm×70 mm 的试样，即径高比 1∶2(图 2.14)。

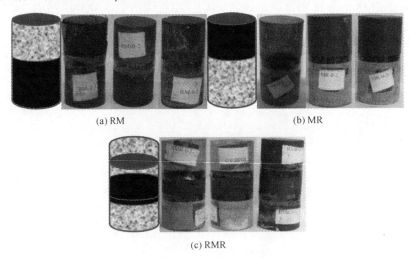

(a) RM　　　　　　　　　　　　　(b) MR

(c) RMR

图 2.14　煤岩组合体实物图

试验在四川大学 MTS815 试验机上完成。该试验机轴向荷载最大 4600kN，单轴引伸计横向量程±4mm，纵向量程–2.5～+12.5mm；三轴纵向引伸计量程–2.5～+8 mm，最高围压可达 140 MPa；轴压、围压及渗透压力的振动频率可达 5Hz 以上，各测试传感器的测试精度均为当前等比标定量程点的 0.5%，试验系统如图 2.15 所示。对于单轴岩样加载采用力加载模式，加载速率为 1 kN/s。而对于煤样及煤岩组合体采取位移加载模式，加载速率为 10^{-3} mm/s。

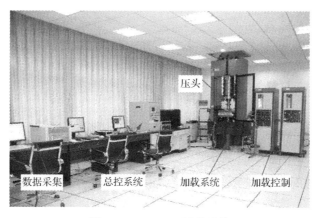

图 2.15　MTS815 试验系统

2.2.2　完整岩样和煤样力学特性分析

对 3 个标准岩样(ϕ50mm×100mm)进行单轴试验来获得岩块的单轴抗压强度。表 2.7 所示为单轴压缩试验下钱家营岩石基本物理力学参数。从峰值强度和波速的对应关系来看，钱家营岩石波速越大，则峰值强度越高(图 2.16)。可见，当岩石材料越致密，胶结程度越好，则岩石强度越高，而这种结构更有利于波的传播。

表 2.7　钱家营岩石基本物理力学参数

试样编号	峰值强度 /MPa	波速 V/(m/s)	弹性模量 E/GPa	泊松比 ν
R–0–1	132.990 80	3422.5628	31.419 16	0.250 401
R–0–2	91.894 36	3209.4378	24.565 44	0.252 022
R–0–3	184.673 18	3961.5905	42.725 81	0.153 554

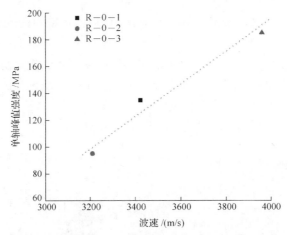

图 2.16　钱家营岩石的波速与单轴峰值强度的关系

随着荷载的增加，当荷载约为 3 MPa 时，试样就有声发射信号，并且达到峰值强度后，试样发生破坏。3 个试样的岩石单轴破坏模式素描图如图 2.17 所示。试样 R–0–1 呈双剪切破坏模式，R–0–2 呈现劈裂破坏模式，R–0–3 呈单剪切面破坏模式。从外部的破坏模式看，试样 R–0–1 和 R–0–2 裂纹较多，而试样 R–0–3 裂纹较少，从 3 个试样的体积应变也得到了体现，前 2 个试样都出现了体积扩容现象，而 R–0–3 试样没有出现体积扩容，因此单轴荷载下的扩容与微裂纹的发展数量密切相关。图 2.18 所示为钱家营砂岩单轴压缩试验的应力–应变曲线。由图可见，试样 R–0–3 的破坏强度最大，而破坏后试样内的微裂纹数量最少。试样 R–0–1 和 R–0–2 的破坏是 I 类破坏曲线，而试样 R–0–3 是 II 类曲线，即应变非单调增加曲线。从试样破坏的模式来看，要产生 II 类曲线，除了采用环向位移控制加载外，岩石必须要有一定的强度，且岩石的非均质度低[42]，这可从 3 个试样破坏后微裂纹的数量来判断。因为岩石非均质程度越高，在外部荷载作用下其内部的非均匀变形越大，从而局部区域产生的微裂纹越多，而微裂纹的产生直接消耗能量，使得岩块局部区域卸荷，从而导致岩块整体强度相对较低；反之，岩块均质度越高，试样抵抗变形的能力越强，非均质变形越小，局部产生的微裂纹越少，从而导致试样整体强度相对越高，此时 II 类曲线容易产生。

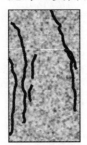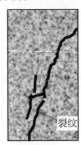

图 2.17　岩石单轴破坏模式素描图

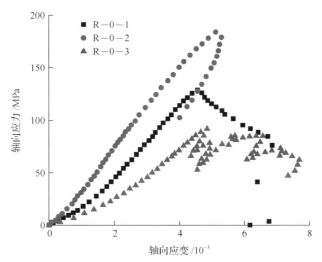

图 2.18　钱家营砂岩单轴压缩试验的应力-应变曲线

通常，煤的强度远低于岩石，所以采用位移加载模式，加载速率为 10^{-3} mm/s。加载过程中，煤样的声发射数远比岩石多。在峰值荷载附近，煤样上有碎块掉下，并伴有清晰的噼啪响声。其中试样 M–0–2 由于安设轴向位移计的位置出现了开裂，试样下部出现了大范围的煤块脱落(图 2.19)，从而引起轴向引伸计位移反弹。因此该试样的轴向应变数据不准确，但应力是准确的。

总体而言，单轴荷载作用下煤体的破坏以劈裂破坏为主；对于同一直径、不同高度的煤样而言，高度小的煤块比高度大的煤块强度要高，分别如图 2.19 和图 2.20 所示。这可能是煤样的尺寸越大，包含的原生裂隙可能越多，因此导致其破坏强度相对较低。煤体可能由于含有较多的微裂隙，其波速与强度的关系不明显。钱家营煤样基本物理力学参数见表 2.8。由于 2 个煤样不是标准的长径比为 2 的试样，因此，采用下式对试样 M–0–1 和 M–0–2 的抗压强度进行修正，得到修正后的折算强度列于表 2.8 中。

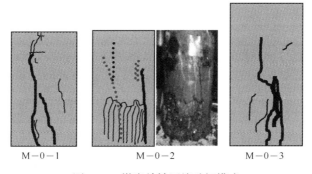

图 2.19　煤岩单轴压缩破坏模式

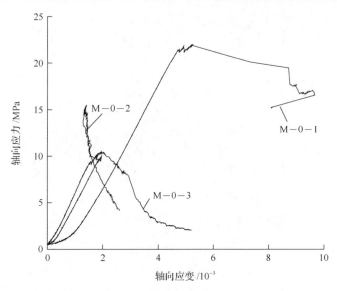

图 2.20　煤样单轴压缩试验的应力-应变曲线

$$\sigma_{\mathrm{c}} = \frac{8\sigma_{\mathrm{c}}'}{7 + 2\dfrac{D}{H}} \tag{2.23}$$

式中，σ_{c} 为非标准试样折算成长径比为 2 试样的单轴抗压强度，MPa；σ_{c}' 为非标准试样单轴抗压强度，MPa；D 为试样直径，mm；H 为试样高度，mm。

表 2.8　钱家营煤样基本物理力学参数

试样编号	尺寸	峰值强度/MPa	折合强度/MPa	波速 V/(m/s)	弹性模量 E/GPa
M–0–1	$\phi50\text{mm}\times70\text{mm}$	22.183 75	20.927 98	895.0000	2.860 41
M–0–2	$\phi50\text{mm}\times70\text{mm}$	15.534 13	14.656 44	1815.9659	–
M–0–3	$\phi50\text{mm}\times100\text{mm}$	10.374 38	10.374 38	1661.2842	2.643 43

2.2.3　深部煤岩组合体破坏力学特性

表 2.9 所示为煤样、岩样与煤岩组合体单轴压缩试验结果。表中 D 为试样的直径；H 为试样的高度；σ_{c} 为峰值强度；E 为弹性模量(应力-应变曲线峰前近似直线段斜率)；E_{50} 为变形模量；等于峰值强度 50% 与峰值应变 50% 之比；ε_1、ε_3、ε_{v} 分别为峰值轴向应变、峰值侧向应变及峰值体积应变。

表 2.9　煤岩组合体物理力学性质

编号	$D \times H$	σ_c / MPa	E / GPa	E_{50} / GPa	$\varepsilon_1 / 10^{-3}$	$\varepsilon_3 / 10^{-3}$	$\varepsilon_v / 10^{-3}$
RM–0–1		40.93	11.46	6.717	5.648	−10.31	−14.98
RM–0–2		23.58	6.606	3.117	6.051	−4.342	−2.634
RM–0–3		19.76	5.793	4.216	4.503	−4.723	−2.943
MR–0–1		33.39	7.694	3.633	7.894	−10.52	−13.14
MR–0–2	35mm×70mm	25.44	5.325	2.210	8.241	−6.323	−4.405
MR–0–3		17.89	4.263	2.345	7.288	−9.434	−11.58
RMR–0–1		34.60	7.467	3.346	7.528	−4.631	−1.733
RMR–0–2		42.34	8.158	5.609	6.922	−7.491	−8.061
RMR–0–3		39.80	8.972	4.693	7.391	−13.64	−19.89

　　3 种煤岩组合体全应力-应变曲线如图 2.21 所示。根据单轴压缩煤及煤岩组合体的全应力-应变曲线特征，可以将其分为 5 个阶段：① 原生裂隙压密阶段，此时在初始外部荷载的作用下，煤及煤岩组合体内部的原生裂隙、孔隙及煤岩体之间的界面被压密，应力-应变曲线呈下凹形；② 压密阶段结束后，应力-应变曲线呈直线特征，此时为线弹性阶段；③ 到达屈服点后，应力-应变关系到达屈服阶段，此时原生裂隙扩展，并形成新的裂隙；④ 峰后破坏阶段，此时试样强度逐渐降低，试样内部形成较大裂纹；⑤ 残余强度阶段，此时峰值强度随着轴向应变的增加，呈现出微小的变化。

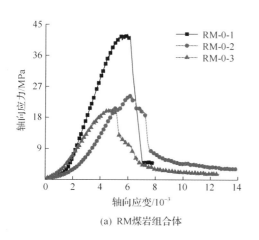

(a) RM煤岩组合体

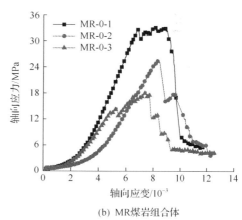

(b) MR煤岩组合体

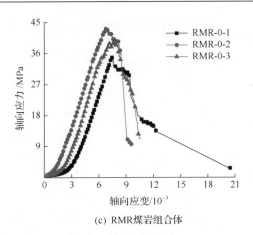

(c) RMR煤岩组合体

图 2.21　煤及煤岩组合体全应力-应变曲线

在外力(或温度变化)作用下，物体内部各部分之间要产生相对运动。物体的这种运动形态称为变形[43]。在外力作用下，物体的变形主要由应变评价。煤岩组合体单轴压缩试验中可测得轴向应变及环向应变，体积应变可用 $(\varepsilon_1+2\varepsilon_3)$ 求得，其中，以压缩为正。不同煤岩组合体的峰值应变平均值如图 2.22 所示。单体煤的最大峰值轴向应变为 5.220，最小值为 1.959，平均值为 3.590，具有较强的离散性。煤体与岩体组合之后，峰值轴向应变有增大的趋势。RM 煤岩组合体最大峰值轴向应变为 RMR–0–2 试样，其值为 6.051，最小值为 4.053，平均值为 5.251，比单体煤的峰值轴向应变大了近 46.3%。从图中可以看出，M、RM、MR 这 3 种试样的峰值轴应变基本呈线性增大规律。MR 煤岩组合体的最大峰值应变为 8.241，最小为 7.288，平均值为 7.808，比单体煤的峰值轴向应变大了约 1.17 倍。RMR 煤岩组合体的峰值轴向应变比 MR 煤岩组合体小，其最大值为 7.528，最小值为 6.922，平均值为 7.280，比单体煤的峰值轴向应变大了约 1.03 倍。

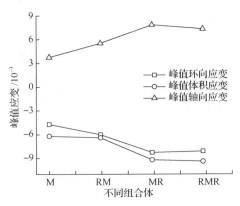

图 2.22　不同煤岩组合体峰值应变变化规律

弹性模量是工程材料重要的性能参数。从宏观角度来说，弹性模量是衡量物体抵抗弹性变形能力大小的尺度。图 2.23 给出不同煤岩组合体弹性模量的试验值及平均值变化规律。需要说明的是弹性模量是轴向应力-应变曲线上近似直线段的斜率。从图中可以看出，单体煤的弹性模量最小，而 RMR 煤岩组合体的弹性模量最大。RM 及 MR 煤岩组合体介于中间。单体煤的最大弹性模量分别为 2.860 GPa 及 2.643 GPa，两者相差仅为 0.217 MPa，平均值为 2.752 GPa。RM 煤岩组合体最大值为 11.46 GPa，最小为 5.793 GPa，平均值为 7.953 GPa，与单体煤相比，增幅为 5.201 GPa，增大了 1.89 倍。MR 煤岩组合体的弹性模量最大值为 7.694 GPa，最小值为 4.263 GPa，平均值为 5.761 GPa，与单体煤相比，增幅为 3.009 GPa，增大了 1.09 倍。RMR 煤岩组合体最大弹性模量为 8.972 GPa，最小值为 7.467 GPa，平均值为 8.319 GPa，与单体煤相比，增幅为 5.567 GPa，增大了 2.02 倍。RMR 煤岩组合体的弹性模量增幅最大，主要原因是 RMR 煤岩组合体上部及下部均为岩体，且煤体与岩体的尺寸均较短，由于尺寸效应，其弹性模量变大。

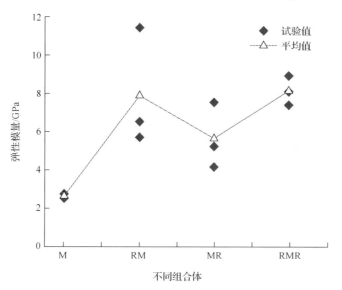

图 2.23　不同煤岩组合体弹性模量变化规律

所谓强度，是指材料在荷载作用下，所承受的最大单位面积上的力。由于荷载作用的形式不同，通常研究岩石的单轴抗压强度(无侧限压缩强度)、抗拉强度、剪切强度、三轴压缩强度等[44]。在岩体力学中，岩石的单轴抗压强度是研究最早、最完善的特性之一。本节主要研究单轴压缩下煤岩组合体的强度特征。煤岩体组合体与煤样单体的单轴抗压强度及平均值如图 2.24 所示。单体煤的最大单轴抗压强度为 22.18 MPa，最小为 10.37 MPa，平均值为 16.03 MPa。RM 煤岩组合体的

最大单轴抗压强度为 40.93 MPa，最小为 19.76 MPa，仅为最大值的 48.3%，可见
具有较强的离散性。三个 RM 煤岩组合体平均单轴抗压强度为 28.09 MPa，与单
体煤样相比，增幅为 12.06 MPa。MR 煤岩组合体的最大单轴抗压强度为 33.39
MPa，最小为 17.89 MPa，二者相差 15.5 MPa，同样具有较强的离散性。MR 煤岩
组合体的平均单轴抗压强度为 25.57 MPa，与单体煤样相比，增幅为 9.54 MPa。
RMR 煤岩组合体与 RM 及 MR 煤岩组合体的强度相比，具有较大的提高，其最大
值为 42.34 MPa，最小值为 34.60 MPa，两者相差仅 7.74 MPa，离散性较弱。RMR
煤岩组合体的平均单轴抗压强度平均值为 38.91 MPa，与单体煤样相比，增幅为
22.88 MPa。综上所述，单体煤与单体岩石组合之后，其单轴抗压强度均有不同程
度的提高。三种煤岩组合体 RM、MR、RMR 的单轴抗压强度分别提高了 83.36%、
66.91%、153.98%；

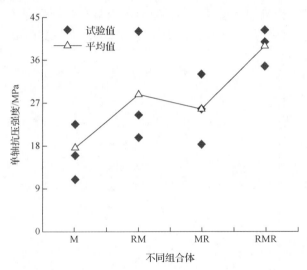

图 2.24　不同煤岩组合体单轴抗压强度试验值及平均值

　　图 2.25 为不同煤岩组合体破坏特征和裂纹素描示意图。对于 RM 组合体来说，
上部的岩石并未发生明显的破裂现象，其中 RM–0–1 多为劈裂破坏，在煤体部分出
现多个轴向裂纹；RM–0–2 试样大多为倾斜裂纹，可能与煤样的原生裂纹有关。

(a) RM煤岩组合体

(b) MR煤岩组合体

(c) RMR煤岩组合体

图 2.25　3 种煤岩组合体破坏形态

RM–0–3 试样出现了两个裂纹，贯穿了煤样。与三者之间的单轴抗压强度相比，RM–0–1 的强度最高，这与其产生的轴向劈裂裂纹有关，而其余两个试样的强度依次降低，可见产生两个贯穿煤样的裂纹对强度影响非常大。MR 组合体除 MR–0–2 试样岩石部分出现劈裂外，其余两个试样裂纹均产生在煤样部分。MR–0–1 与 MR–0–2 试样的顶端，均有少量煤体散落，煤体破坏严重。MR–0–2 试样的岩体部分产生裂纹，与上方煤体裂纹方向一致，但并未贯穿到岩体底部。主要原因是岩石强度比煤大，当煤达到承载强度时，而岩石还未达到。MR–0–3 试样煤体部分产生两条贯穿煤体的裂纹，对比三者单轴抗压强度，发现 MR–0–3 强度最低，而产生裂纹较少的 MR–0–1 强度最大，MR–0–2 裂纹虽然较多，但与 MR–0–3 相比，并未产生贯穿煤体的倾斜裂纹，因此强度次之。对于 RMR 煤岩组合体来说，三个试样中煤体部分均产生大量裂纹，且都呈现出不同程度的扩容现象，可能的原因是两端岩石对煤体的挤压作用。另外，三个试样的岩体部分均出现轴向劈裂裂纹，其中 RMR–0–1 试样为下部岩石，RMR–0–2 与 RMR–0–3 均为上部岩石。三者强度相差不大，RMR–0–1 试样强度最小，可能与下部岩石的承载能力降低有关。

综上所述，钱家营砂岩峰值强度离散性大，为 92～185MPa；砂岩的峰值强度、弹性模量和波速呈正比关系，即波速越大，峰值强度和弹性模量越大；砂岩的破坏存在剪切破坏、劈裂破坏及两者混合破坏模式。钱家营煤样以劈裂破坏机制为主，并且煤样的峰值强度与弹性模量、波速的关系不明显，这主要是由于煤样内部裂隙较多，影响了试验的测试精度。单轴荷载下岩石的破坏曲线存在I、II类曲线，II类曲线为应变非单调增加曲线。而煤及煤岩组合体中只存在I类曲线。

从试样破坏的模式来看，对于同种岩石要产生 II 类曲线，除了采用环向位移控制外，岩石必须要有一定的强度，且岩石的非均质程度低。而煤、煤岩组合体中由于煤体的低强度和强非均质性，其应力-应变曲线不产生 II 类曲线。组合煤岩体的单轴抗压强度及弹性模量均比煤样单体大，其变化规律为岩-煤-岩组合体最大，岩-煤组合体次之，煤-岩组合体第三，煤样单体最小。变形特点为岩-煤组合体与煤样单体相差较小；岩-煤-岩组合体变形最大，但与煤-岩组合体相差不大。

2.3　单轴压缩不同倾角深部煤岩组合体破坏力学特性

2.3.1　不同倾角煤岩组合体单轴压缩试验概况

试验所用煤岩样均采自湖西矿井巷道 31102 下顺槽探煤巷，分别在 M13 号导线点 26m 和 25 号点导线外 15m 处煤层，共取 6 组煤样，该处煤层属于 3 号煤层，煤层埋深为 800m 左右，煤层厚度 3.8～6.5m，平均 4.8m 左右，煤层有一定倾角；顶板岩石为中细砂岩，厚 15m，浅灰白色，以石英砂岩为主，长石次之[45]。煤样是在距顶板 1～3m 范围内采取的；顶板岩样是在距煤层 1～2m 范围内采取。先采用钻机对煤、岩体取心；取心机钻杆直径为 30mm，取完心后在岩石切割机上进行切割、打磨后，利用预先做好的角度模具，进行角度加工，再采用同向进行打磨。在长期的地质构成过程中，煤岩作为沉积岩具有一定的层状结构，通常煤层与上覆岩层存在一定夹角，这个夹角小到几度，大到 60°、70°不等。根据不同的沉积环境，制作了 4 组试件，分别把煤与岩石按 0°、15°、30°和 45°四个倾角组合起来，用于模拟不同沉积环境的煤岩组合体。煤、岩交界面采用黏合剂粘合，模型尺寸大小为 $\phi30$ mm×60mm，如图 2.26 所示。试件加工后的表面精度满足国际岩石力学工程学会的要求[41]。

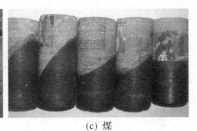

(a) 岩石　　　　　　　　　(b) 煤岩组合体　　　　　　　　(c) 煤

图 2.26　煤岩样及部分不同倾角煤岩组合体试样

2.3.2　不同倾角煤岩组合体单轴压缩破坏试验结果

对于倾角为 0°的煤岩组合体，其单轴抗压强度普遍较高，其中有两个试件名义极限抗压强度都大于 40MPa，一个试件的名义极限抗压强度 28MPa 左右，其名义抗压强度都比其他倾角煤岩组合体大，如图 2.27(a1)所示。从 0°倾角煤岩组合体的破坏状态来看，组合体中岩石几乎不发生破坏，而组合体中的煤岩部分呈现出 X 型剪切破坏特征，说明该部分煤岩破坏以压剪型破坏形式为主，煤岩组合体的破坏形式主要以脆性破坏机制为主，如图 2.27(a2) 所示。

　　从 15°倾角煤岩组合体的单轴压缩载荷试验结果来看，该倾角煤岩组合体的名义应力-应变曲线的极限载荷比 0°煤岩组合体低，名义极限强度在 35MPa 左右。从名义应变来看，其值比 0°倾角煤岩组合体大，但比其他两种倾角煤岩组合体都要小，如图 2.27(b1) 所示。说明该倾角煤岩组合体破坏主要还是受压剪切破坏为主，但也受到了煤岩交界面的影响，这可从图 2.27(b2) 中看出，在倾角煤样厚的地方破坏范围更大，也更彻底，而在煤样厚度较薄部分，则破坏较小。这主要是因为煤的弹性模量远远小于岩石的弹性模量，在压缩过程中，很容易达到极限破坏强度，因此其应变量也相对较大，所以该处的能量积蓄较多，很容易形成断裂破坏。

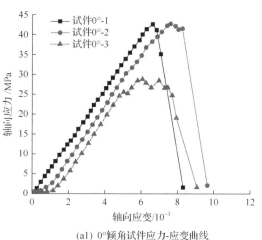

(a1) 0°倾角试件应力-应变曲线

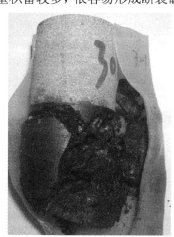

(a2) 0°倾角试件破坏形态

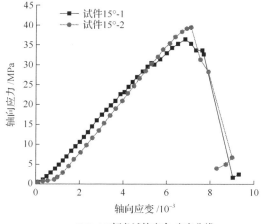

(b1) 15°倾角试件应力-应变曲线

(b2) 15°倾角试件破坏形态

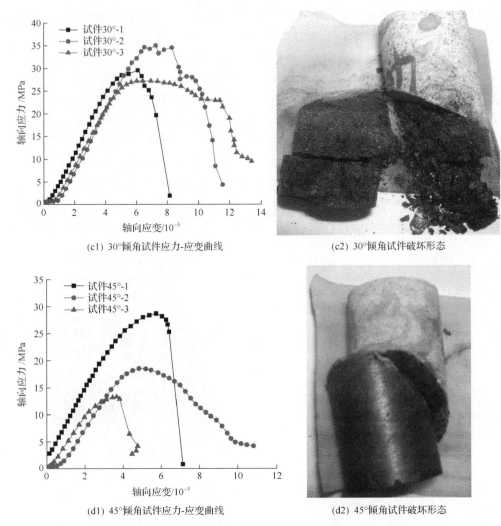

(c1) 30°倾角试件应力-应变曲线　　　　(c2) 30°倾角试件破坏形态

(d1) 45°倾角试件应力-应变曲线　　　　(d2) 45°倾角试件破坏形态

图 2.27　不同倾角煤岩组合体全应力-应变曲线及破坏模式

　　对于煤岩以 30°倾角进行组合的材料体，在单轴载荷压缩下煤岩组合体的名义极限破坏强度最大为 34MPa 左右，最小的只有 26MPa 左右，比 0°、15°两种倾角煤岩组合体的名义强度都要小，而其名义应变却比前两种倾角煤岩组合体都要大，最大变形达到 12mm，最小为 8mm，如图 2.27(c1)所示。从 30°倾角煤岩组合体的破坏形式来看，其煤岩的破碎程度比 0°、15°两种倾角煤岩组合体低，并且有压剪与滑移共同作用的痕迹，如图 2.27(c2)所示。说明此种煤岩组合体的破坏形式受煤、岩交界面的影响比前两种组合体都要大；从细观角度分析，该倾角煤岩组合体的破坏形式已经由脆性破坏机制为主开始逐渐向延性破坏机制转变。

　　对于煤与岩石交界面呈 45°倾角组合体，3 个试件中最大的极限破坏强度

26MPa 左右，最小的极限破坏强度仅 11MPa 左右，这比其他 3 组(0°、15°、30°)煤岩组合体的名义极限强度都要小。名义应变值比 0°、15°倾角煤岩组合体都要大，但比 30°倾角煤岩体的应变量小，如图 2.27(d1)所示。这主要是由于 45°的界面对煤岩体的破坏影响较大，该组合体中煤岩破坏主要是由滑移导致组合体体系的失效，从而承载力下降，如果要防止该条件下发生冲击失稳现象，应首先考虑以防止该类型的滑移破坏发生为主。从该组合体破坏的块度来看，如图 2.27(d2)所示，其煤岩部分在试件失稳后，与岩石部分一样并未破坏，这也说明了煤、岩的交界面对该倾角煤岩体的破坏起到了滑移的作用。

从上面的实验可看出，煤岩组合体在倾角为 0°时，名义极限强度 σ_c 最大，煤岩组合体倾角为 45°时，极限强度 σ_c 最小，其强度大小趋势是随着煤岩组合体倾角 θ 的增加其强度减小；煤岩组合体在倾角为 45°时的应力-应变曲线具有很大的离散性，并且表现出峰值前为曲线，而其煤岩组合体的切线模量表现出逐渐减小，说明该倾角煤岩组合体在逐渐劣化，该角度煤岩组合体的破坏不是组合体中的煤岩本身破坏，而是由于煤岩组合体交界面的破坏引起整个煤-岩系统的失稳而破坏，在煤岩组合体中的煤岩还未发生屈服时，由于煤岩间存在的交界面导致煤岩发生滑动使得试件破坏。随着煤岩倾角的增加，煤岩的破碎程度越来越低，这与煤岩组合体所积蓄的能量有关。单轴荷载作用条件下不同倾角煤岩组合体平均强度与倾角的关系如图 2.28 所示，并且可近似用下式来近似表达

$$\sigma(\theta) = a + b\cos(2\theta) \tag{2.24}$$

式中，$\sigma(\theta)$ 为煤岩组合体的单轴抗压强度；θ 为煤岩组合体的倾角；a 和 b 为拟合参数。

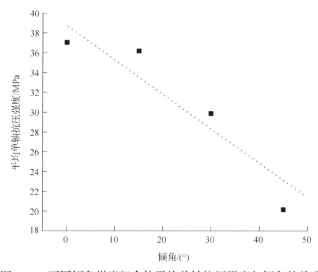

图 2.28　不同倾角煤岩组合体平均单轴抗压强度与倾角的关系

2.3.3　不同倾角深部煤岩组合体破坏的扩展有限元分析

由于加工煤样较为困难，要展开大规模的煤岩组合体实验也较为困难，因此采用一定的模拟手段来进行数值分析是很有必要的。扩展有限元法（XFEM）是近年来发展的一种用以解决以裂纹问题为代表的不连续力学问题有效方法。由于它既保留了常规有限元（CFEM）所有的优点，又克服了常规有限元需在应力集中区高密度划分单元所带来的困难，模拟裂纹生长时不用网格重划分，因此在模拟裂纹的扩展方面具有一定的优越性。XFEM 是 ABAQUS 新加入的一个只限于在Standard 模块中使用的功能，可用于任意路径裂纹扩展模拟研究，由此来评价材料/结构的性能。分析过程中，ABAQUS/standard 通过最大主应力或最大主应变准则来确定损伤起始的位置。由于单轴压缩下煤岩组合材料受拉受压情况均存在，所以本书所用的扩展有限元计算模型采用拉、压两种系列的参数分别对其进行计算。采用最大主应力准则作为损伤起始的判据。弹性模量和泊松比如表 2.10 所示，煤和岩石的单元采用平面应变四边形单元（CPE4R），但是当模型出现裂纹时，裂纹所在单元的算法则自动转为扩展有限元算法。

表 2.10　扩展有限元煤岩组合体模型力学参数

参数	弹性模量 / MPa	泊松比	内聚屈服应力 / MPa	内摩擦角 /(°)	剪胀角 /(°)
煤	10430	0.33	6.74	20.82	18.5
岩石	80000	0.30	26.32	25.60	23.0

目前我国的煤矿开采，煤层的倾角大多不超过 60°，因此模拟主要以 0°～60°的倾角为主。图 2.29 为不同角度模拟所对应的最终 Mises 应力分布图。0°时，由于煤岩组合体整体结构的对称性，应力变化从接触面两端开始变化，最终传递到整个组合材料，特别是由于煤体强度较低，在下部煤体呈现明显的 X 形剪切破坏。15°时，从接触面上开始向整个材料变化，由于接触面存在一定的倾角，界面应力远远高于其周边的应力，并且最终应力分布偏向倾斜面底端。整体而言，该倾角的最大应力比 0°倾角的最大应力降低 1 倍左右。30°时，应力从接触面底端开始向模型其他部位变化，此时已经不能传递到整个材料，但整体受力区域变化还不是太大；45°时，应力值变化主要是从接触面底部来展开（接触面底部先出现应力集中），最后蔓延到整个组合材料，最终的应力分布集中程度变化较大，主要体现在煤岩组合材料中部；60°时，应力值变化是从接触面底部开始沿接触面向上扩展，但是并未能蔓延到整个组合材料，此时的应力值变化主要围绕接触面变化，接触面附近的应力值集中程度很高。组合材料在 45°时应力分布与倾角较小情况相比，出现很大不同，接触面影响程度明显，60°时完全受接触面影响，应力分布变化主要围绕接触面展开。

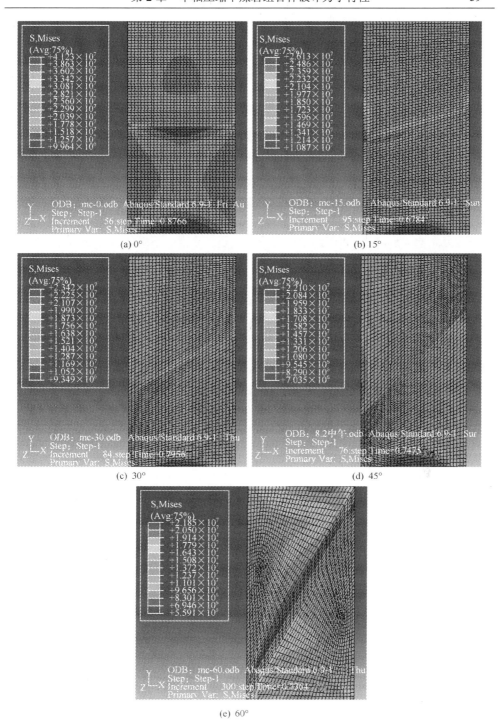

(a) 0°

(b) 15°

(c) 30°

(d) 45°

(e) 60°

图 2.29　不同倾角煤岩组合体 Mises 应力分布

接触面上方岩石所受应力均大于接触面下方的煤，0°～45°接触面附近的应力变化幅度越来越小，60°时变化幅度比 45°时有所增大；也就是说，随着接触面倾角的增大，煤岩组合材料接触面处应力变化幅度发生了由减小到略增的过程，接触面附近的岩石所受 Mises 应力在减小，所承受的压缩程度在减小。相比而言，倾角为 45°时，其应力变化最小。初始节点应力同样是 0°～45°越来越小，之后有所增加，0°～45°岩石部分的应力分布曲线同样呈下降趋势，到 60°时比 45°有所上升。随着接触面倾角的增大，组合材料中岩石部分受压所积累的能量在依次减小；应力突变点右侧部分应力分布曲线上(即接触面下方煤体)，0°～45°除两端应力变化较大外，基本没有太大的变化，60°时曲线整体下降，且应力分布明显变化，0°～45°组合材料上的煤体两端应力均大于中间部分，但 60°时节点从煤体上端依次向下，应力先增大后减小(即煤体中部所受应力要大于上、下两端)。以上分析说明了煤岩组合体中的煤与岩的接触面倾角越大，接触面附近岩石和煤破碎程度越小。

计算 0°～60°不同倾角煤岩组合体的屈服应力、外力功和弹性应变能，如图 2.30 所示。可以看出，这 3 个参数基本随着倾角的增大，计算数值在逐渐变小，45°～50°，它们将达到最小值。随着倾角的继续增加，外力功、屈服应力将与弹性应变能出现背离，即外部所做的功转化为弹性变形能在逐渐减少，更多的用于破坏煤岩界面的滑移所造成的摩擦耗能，尽管此时在界面出现很大的滑移位移，但并不是变形，而是煤岩组合界面的大位移，这是煤岩组合体的变形破坏机理由剪切变形机理逐渐转化为界面滑移破坏机理的标志。

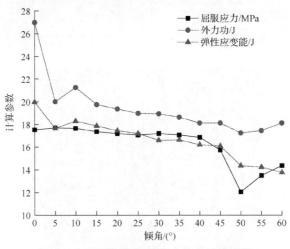

图 2.30　不同倾角煤岩组合体的计算参数

综上所述，对不同倾角煤岩组合体单轴压缩试验表明，随着倾角的增加，煤岩组合体的破坏强度先缓慢减小而后迅速减小，破坏机理由 0°倾角时发生在煤体内部的剪切变形破坏逐渐转变为 45°倾角时的界面滑移破坏；0°角的剪切破坏后的煤体破碎，而 45°角的滑移破坏主要发生在煤体和岩体界面之间，因此不同倾角的煤岩组合体变形破坏机理存在本质的差异。扩展有限元模拟结果表明，随着倾角由 0°增加到 60°，外力功、屈服应力和弹性应变能都在下降，当倾角超过 45°～50°时，外力功和屈服应力将与弹性应变能出现背离，这是煤岩组合体的变形破坏机理由剪切变形机理逐渐转化为界面滑移破坏机理的标志。

2.4　深部煤岩组合体相互作用分析

短板理论又称"木桶原理"或"水桶效应"，主要是指一只水桶能装多少水取决于它最短的那块木板。它已经广泛地应用于管理学及其他学科。比如，对于一个系统来说，决定其成败的不是最高级的那个因素，而是最弱最低级的那个因素。煤岩组合体中，煤、岩石组成一个系统，这个系统的性质是由煤决定的还是由二者共同决定的，这个问题需要探讨。同时，还会涉及一个问题，即尺寸效应。不同尺寸岩石的强度和变形特性存在着力学差异，也即试样的强度随着高径比的增大而降低[35,46]。与标准岩样相比，RM、MR 组合试样中的煤样及岩样高径比为 1。RMR 组合体中煤样单体及岩样单体高径比约为 0.67。因此，依据尺寸效应，其组合体中煤及岩石单体强度均比高径比为 2 时要大。因此，组合煤岩体强度的提高是源于尺寸效应还是煤岩组合体共同作用呢？

为了说明以上两个问题，我们还对 $\phi35$ mm×35 mm 及 $\phi35$ mm×23.3 mm 的煤样进行了单轴压缩试验。编号 M1 代表试样高度为 35 mm，编号 M2 代表高度为 23.3 mm。由于 M1-0-2 完整度太差，因此并未采取。试样实物如图 2.31 所示。由于 M1、M2 试样高度太短，因此，轴向引伸计不能测出轴向位移，但是轴向力是正确的。根据每个试样的横截面面积，可计算出每个试样的轴向应力。M1、M2 试样轴向应力与加载时间关系如图 2.32 所示。

(a) M1

(b) M2

图 2.31　煤样 M1、M2 实物图

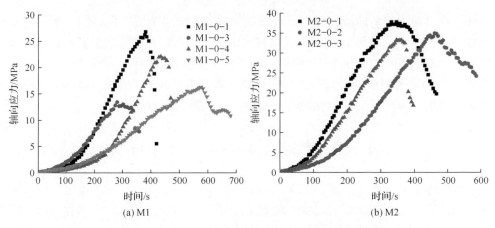

(a) M1　　　　　　　　　　　　　(b) M2

图 2.32　煤样 M1、M2 试样的时间与轴向应力的关系

表 2.11 所示为试样的强度值，σ_1 为单轴抗压强度。

表 2.11　M1 与 M2 单轴抗压强度

煤样编号	M1-0-1	M1-0-3	M1-0-4	M1-0-5	M2-0-1	M2-0-2	M2-0-3
σ_1 / MPa	26.45	13.73	22.47	16.53	37.82	35.21	33.46

　　在采矿工程中，地下开挖时产生的岩体和煤柱的单轴抗压强度是一个重要的参数，可供对巷道进行支护时参考。在单轴压缩状态下，实验室内完整岩石的尺寸效应及其数值模拟研究已经被验证[47~51]。根据实验数据，多个可以表征完整岩石尺寸效应的公式被提出来[11]。在研究过程中，同样发现煤样的尺寸效应，如图 2.33 所示。可以看出，随着高径比的增大，煤样的单轴抗压强度在逐渐减小。

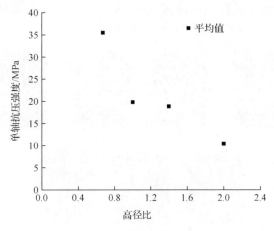

图 2.33　煤样的尺寸效应

　　不同煤样单轴抗压强度平均值如图 2.34 所示。其中，方框 a 内 M、M1、M2 高径比分别为 2、1、0.67，其强度差异可以用尺寸效应来解释。方框 b 内表示强度大小受到组合煤岩的影响，也是研究的重点。方框 c 内表示 M2 煤样单体与 RMR 组合煤岩体的关系。方框 d 内表示 M1 煤样单体与 RM、MR 组合煤岩体的关系。

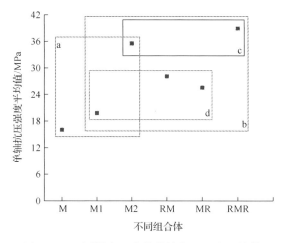

图 2.34　不同煤岩组合体单轴抗压强度平均值

　　煤样 M1 单轴抗压强度平均值为 19.80 MPa，RM、MR 组合体与其相比，强度分别提高了 8.29 MPa、5.77 MPa，但组合体整体尺寸增加，强度增大，说明岩石在组合体中起到了承载作用。煤样 M2 单轴抗压强度平均值为 35.52 MPa，RMR 组合体与其相比，强度仅仅提高了 3.41 MPa。但从破坏特征情况来看，RMR 组合体岩石表面均形成了裂纹，说明岩石已经发生破坏。也就是说，岩石起到承载作用。依据文献[36]，标准岩样单轴抗压强度平均值达到 136.52 MPa。从理论上来说，如果只考虑岩石的作用，依据尺寸效应，RMR 组合体强度应比 136.52 MPa 大，但其强度并未达到岩石强度就发生破坏。

　　因此，可以认为，煤岩组合体的强度比对应煤样单体强度高，比对应岩样单体强度低，与岩样单体强度相比，强度降低幅度较大；与煤样单体相比，强度提高幅度较小。煤岩组合体的强度受煤的影响大。煤样组合体强度的提高并不随试样尺寸的降低而增大，而是因煤岩相互作用而提高。MR-0-2 及 RMR 组合体中岩石破坏，但其强度未达到岩石强度，造成破坏的主要原因可能是煤样中积攒的弹性能在煤样达到峰值强度后，突然释放，造成岩石破坏。

　　综上所述，对于岩石部分发生破坏的煤岩组合体而言，破坏强度并未达到岩石的理论强度，其主要原因可能是煤体在发生破坏时瞬间释放的弹性能造成了岩石破坏。煤岩组合体的强度介于煤样单体与岩样单体强度之间。与岩样单体强度相比，组合体强度降低幅度较大；与煤样单体相比，组合体强度提高幅度较小。

故煤岩组合体的强度受煤的影响大。与煤样单体相比，煤岩组合体强度的提高并不随试样尺寸的降低而增大，而是因煤岩相互作用而提高。

参 考 文 献

[1] 钱七虎. 非线性岩石力学的新进展——深部岩体力学的若干问题// 谢和平, 钱鸣高, 古德生. 第八次全国岩石力学与工程学术大会论文集. 北京: 科学出版社, 2004: 10–17.

[2] 古德生. 金属矿床深部开采中的科学问题// 香山第175次科学会议论文集. 北京: 中国环境科学出版社, 2002: 192–201.

[3] 谢和平. 深部高应力下的资源开采——现状、基础科学问题与展望// 谢和平, 钱鸣高, 古德生. 香山第175次科学会议论文集. 北京: 中国环境科学出版社, 2002: 179–191.

[4] 冯夏庭. 深部大型地下工程开采与利用中的几个关键岩石力学问题// 谢和平, 钱鸣高, 古德生. 香山第175次科学会议论文集. 北京: 中国环境科学出版社, 2002: 202–211.

[5] 何满潮. 深部的概念体系及工程评价指标. 岩石力学与工程学报, 2005, 24(16): 2854–2858.

[6] Peng S P, Zhang J C. Engineering geology for underground rocks. Springer–Verlag Berlin Heidelberg: Springer, 2007.

[7] 黄润秋, 许强, 陶连金, 等. 地质灾害过程模拟和过程控制研究. 北京: 科学出版社, 2002.

[8] 秦四清, 张倬元, 王士天, 等. 非线性工程地质学导引. 成都: 西南交通大学出版社, 1993.

[9] 左宇军, 李夕兵, 张义平. 动静组合加载下的岩石破坏特性. 北京: 冶金工业出版社, 2008.

[10] Paterson M S, Wong T F. Experimental rock deformation—the brittle field. 2nd edition. New York: Spinger–Verlag, 2005.

[11] Jaeger J C, Cook N G W, Zimmerman R W. Fundamentals of rock mechanics. 4th edition. Oxford: Blackwell Publishing, 2007.

[12] Mogi K. Experimental rock mechanics. USA: CRC Press, 2007.

[13] 陈颙, 黄庭芳, 刘恩儒. 岩石物理学. 合肥: 中国科学技术大学出版社, 2009.

[14] 林鹏, 唐春安, 陈忠辉, 等. 二岩体系统破坏全过程的数值模拟和试验研究. 地震, 1999, 19(4): 413–418.

[15] 谢和平, 陈忠辉, 周宏伟, 等. 基于工程体与地质体相互作用的两体力学模型初探. 岩石力学与工程学报, 2005, 24(9): 1487–1464.

[16] 谢和平, 冯夏庭. 灾害环境下重大工程安全性的基础研究. 北京: 科学出版社, 2009.

[17] 窦林名, 田京城, 陆菜平, 等. 组合煤岩冲击破坏电磁辐射规律研究. 岩石力学与工程学报, 2005, 24(19): 3541–3544.

[18] 齐庆新. 层状煤岩体结构破坏的冲击矿压理论与实践研究. 北京: 煤炭科学研究总院北京开采研究所[博士学位论文], 1996.

[19] 李纪青, 齐庆新, 毛德兵, 等. 应用煤岩组合模型方法评价煤岩冲击倾向性探讨. 岩石力学与工程学报, 2005, 24(增1): 4805–4810.

[20] 刘波, 杨仁树, 郭东明, 等. 孙村煤矿——1100 m 水平深部煤岩冲击倾向性组合试验研究. 岩石力学与工程学报, 2004, 23(14): 2402–2408.

[21] 陈岩. 岩石冲击倾向性及其影响因素试验研究. 焦作: 河南理工大学[硕士学位论文], 2015.

[22] Bazant Z P, Chen E. 结构破坏的尺度率. 力学进展, 1999, 29(3): 383–433.

[23] 刘宝琛, 张家生, 杜奇中, 等. 岩石抗压强度的尺寸效应. 岩石力学与工程学报, 1998, 17(6): 611–614.

[24] 山口梅太郎, 西松裕一. 岩石力学基础. 1997. 黄世衡译. 北京: 冶金工业出版社, 1982: 104–105.

[25] 张有天. 岩石水力学与工程. 北京: 中国水力水电出版社, 2005.

[26] 汝乃华. 梅山连拱坝右坝座的错动及其原因分析. 水力学报, 1988, (9): 28–35.

[27] Louis C. Rock hydraulics rock mechanics. Springer–Verlag Wein: Springer Vienna,1972. 299-387.

[28] Hajash A, Archer P. An experimental seawater/basalt interaction: effect of cooling. Contrib Miner Petro, 1980, 75: 1–13.

[29] Heggheim T, Madland M V, Risnes R, et al. A chemical induced enhanced weakening of chalk by seawater. Journal of Petroleum Science and Engineering, 2005, 46(3): 171–184.

[30] Lajtai E Z, Schmidtke R H, Bielus L P. The effect of water on the time-dependent deformation and fracture of a granite. International Journal of Rock Mechanics and Mining Sciences, 1987, 24(4): 247–255.

[31] 茅献彪, 陈占清, 徐思鹏, 等. 煤层冲击倾向性与含水率关系的试验研究. 岩石力学与工程学报, 2001, 20(1): 49–52.

[32] 孟召平, 潘结南, 刘亮亮, 等. 含水量对沉积岩力学性质及其冲击倾向性的影响. 岩石力学与工程学报, 2009, 28(增 1): 2637–2643.

[33] 苏承东, 翟新献, 魏志向, 等. 饱水时间对千秋煤矿 2#煤层冲击倾向性指标的影响. 岩石力学与工程学报, 2014, 33(2): 235–242.

[34] 蔡美峰, 何满潮, 刘东燕. 岩石力学与工程. 北京: 科学出版社, 2013.

[35] 杨圣奇, 苏承东, 徐卫亚. 岩石材料尺寸效应的试验和理论研究. 工程力学, 2005, 22(4): 112–118.

[36] 左建平, 谢和平, 吴爱民, 等. 深部煤岩单体及组合体的破坏机制与力学特性研究. 岩石力学与工程学报, 2011, 30(1): 84–92.

[37] Zuo J P, Wang Z F, Zhou H W, et al. Failure behavior of a rock-coal-rock combined body with a weak coal interlayer. International Journal of Mining Science and Technology, 2013, 23(6): 907–912.

[38] 左建平, 谢和平, 孟冰冰, 等. 煤岩组合体分级加卸载特性的试验研究. 岩土力学, 2011, 32(5): 1287–1296.

[39] 左建平, 裴建良, 刘建锋, 等. 煤岩体破裂过程中声发射行为及时空演化机制. 岩石力学与工程学报, 2011, 30(8): 1564–1570.

[40] 钱家营矿地测科. 钱家营地质报告. 开滦: 钱家营矿地测科, 2008.

[41] Brown E T. Rock characterization, testing and monitoring: ISRM suggested methods. Oxford: Pergamon Press, 1981.

[42] 潘鹏志, 周辉, 冯夏庭. 岩石 I 类和 II 类曲线形成机制的弹塑性细胞自动机分析. 岩石力学与工程学报, 2006, 25(增 2): 3823–3829.

[43] 吴家龙. 弹性力学. 北京: 高等教育出版社, 2001.

[44] 沈明荣, 陈建峰. 岩体力学. 上海: 同济大学出版社, 2006.

[45] 郭东明, 左建平, 张毅, 等. 不同倾角组合煤岩体的强度与破坏机制研究. 岩土力学, 2011, 32(5): 1333–1339.

[46] 尤明庆, 邹友峰. 关于岩石非均质性与强度尺寸效应的讨论. 岩石力学与工程学报, 2000, 19(3): 391–395.

[47] Medhurst T P, Brown E T. A study of the mechanical behaviour of coal for pillar design. International Journal of Rock Mechanics and Mining Sciences, 1998, 35(8): 1087–1105.

[48] Ferro G. On dissipated energy density in compression for concrete. Engineering Fracture Mechanics, 2006, 73(11): 1510–1530.

[49] Carpinteri A, Paggi M. Size-scale effects on strength, friction and fracture energy of faults: a unified interpretation according to fractal geometry. Rock Mechanics and Rock Engineering, 2008, 41(5): 735–746.

[50] Yoshinaka R, Osada M, Park H, et al. Practical determination of mechanical design parameters of intact rock considering scale effect. Engineering Geology, 2008, 96(3): 173–186.

[51] Zhang Q, Zhu H H, Zhang L Y, et al. Study of scale effect on intact rock strength using particle flow modeling. International Journal of Rock Mechanics and Mining Sciences, 2011, 48(8): 1320–1328.

第3章　不同围压下深部煤岩组合体破坏力学特性

随着我国浅部资源的日益枯竭，煤炭资源开发正在向深部发展，且开采强度不断增强，造成了许多煤矿面临着深部应力状态，威胁着矿井生产的安全[1~3]。煤岩的破坏既取决于煤岩材料特性，又受到煤岩组合结构的影响[4]。在煤炭开采中，顶板、煤层、底板共同组成一个力学平衡体系，随着采掘的进行，煤岩体的受力状态不断发生变化[5]。另外，除了冲击地压等动力灾害，矿井底板突水灾害也一直是制约我国煤炭安全开采的重要隐患之一。主要是由于承压水上底板岩体发生破裂，逐渐形成裂隙网络，进而演化成导水通道。特别是随着开采深度的逐渐加深及下组煤大规模开发，底板突水危险性不断增大[6~8]。因此，为了探求深部资源的可采性，尽可能地对深部动力灾害及矿井突水进行防治，对三向应力状态下煤岩组合整体的破坏行为研究具有重要意义。

目前，国内外对三向应力状态下完整及含缺陷岩石、煤的变形与强度特征进行了深入的研究。Yang 等[9,10]对断续预制裂纹大理岩及红砂岩进行常规三轴压缩试验，分析了不同围压下断续预制裂纹大理岩的强度特征及红砂岩峰后轴向变形特性与围压的关系。Masri 等[11]对不同温度的 Tournemire 页岩进行三轴压缩试验，研究了不同层理方向、温度、围压作用下的强度及变形特性。Singh 等[12]对三种各向异性岩石进行三轴压缩试验，利用非线性强度准则对三种岩石的三轴强度进行估计。徐松林等[13]对大理岩进行等围压三轴压缩和峰前、峰后卸围压试验，得到三轴压缩全过程和峰前、峰后卸围压全过程，并对此过程中的强度和变形特性进行了较为系统的研究。尹光志等[14]对高温后粗砂岩进行常规三轴压缩试验，基于试验结果研究不同温度作用后常规三向压缩条件下粗砂岩的宏观力学特性。单仁亮等[15]利用冻三轴试验机研究了负温条件下红砂岩的力学特性与变形规律。地层中的岩石处于复杂的应力状态，极大部分都处于三向压缩应力作用下，因此，从实际受力及工程情况来说，在三向压缩应力作用下的强度及变形特性是岩石的本性反映。关于围压与冲击地压(岩爆)之间的关系，我国学者做了大量研究，主要集中在常规三轴压缩卸荷诱发岩爆的理论及试验研究。杨永杰等[16]、刘泉声等[17]分别对煤样进行低围压及高围压作用下的三轴压缩试验，研究了煤岩的变形、强度、参数及破坏特征。在岩体结构工程设计中，岩石的强度是一个重要的参数，这些结构的稳定性分析需要具有代表性的破坏准则[18]。目前，许多学者根据常规三轴压缩试验数据，发展了多种强度准则，比如 Fairhurst[19]、Hoek 和 Brown[20] Hoek 等[21]、You[22,23]、Zuo 等[24]、Peng 等[25]。这些强度准则均展示出良好的适用性，被广泛地应用于岩体结构的破坏中。

煤岩组合体力学模型如图 3.1 所示。

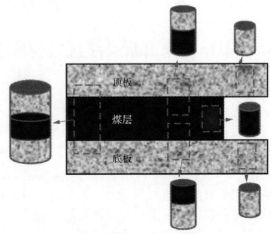

图 3.1 煤岩组合体力学模型

近年来,许多学者逐渐认识到煤矿灾害不仅是煤或岩石单体材料破坏,很多时候还是煤岩组合结构破坏。郭东明等[26]、窦林名等[27]、刘波等[28],对煤岩组合体进行单轴压缩试验,分析组合体的力学特性及冲击倾向性。近年来,左建平等[29~31]分别对岩样单体、煤样单体及不同煤岩组合体(顶板岩石和煤组合)进行单轴、分级加卸载试验及声发射测试,分析了不同煤岩组合体的变形及强度特征。以上研究多为对组合体进行单轴压缩试验,三轴压缩还较少。采矿工程中,组合体理论模型如图 3.1 所示。传统的煤矿开采设计及实验室实验中只考虑单体岩石的破坏或者单体煤的破坏,并未考虑三向应力状态下的煤岩组合体的破坏方式及强度特征。

本书采用煤岩组合体来进行煤及顶底板岩石组合状态下的三轴压缩力学破坏试验研究,并利用 CT 扫描识别岩石内部裂隙演化,为深井煤炭开采中的顶底板岩体的破坏行为及裂隙演化研究提供一定的理论依据。

3.1 单体岩石三轴压缩破坏

3.1.1 试验方案

1. 试验目的

研究不同围压作用下的脆性岩石力学性质。

2. 试验研究内容

(1)岩样基本物理力学参数测试;
(2)不同围压作用下岩石变形及强度特征。

3. 主要试验方法

为了对不同围压下的脆性岩石力学性质及冲击倾向性变化进行研究，分别对花岗岩、灰岩、砂岩和大理岩(图 3.2) 进行常规三轴压缩试验。设定的不同围压为 5MPa、7.5MPa、10MPa、12.5MPa 和 15MPa。四种岩石编号分别为 G13～G17、L13～L17、S13～S17 和 M13～M17。采用 RMT-150B 型岩石力学刚性伺服试验机对 4 种试样进行常规三轴压缩试验(图 3.3)，采用位移控制，轴向加载速率为 0.002mm/s，围压加载速率为 0.5MPa/s，采用 5mm 位移传感器测量轴向位移，采用 1000kN 力传感器测量轴向荷载。

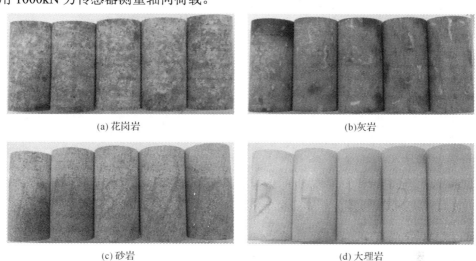

(a) 花岗岩　　　　　　　　　　　　(b)灰岩

(c) 砂岩　　　　　　　　　　　　(d) 大理岩

图 3.2　4 种完整岩样

图 3.3　完整岩石三轴压缩试验

3.1.2 试验结果

试样的常规三轴压缩力学结果见表 3.1[32]。其中，σ_3 为围压；E_0 为变形模量；E_{ave} 为弹性模量；σ_1 为峰值强度；ε_p 为峰值应变；c 为内聚力；φ 为内摩擦角。花岗岩、灰岩、砂岩和大理岩采用了 5 种围压，分别为 5MPa、7.5MPa、10MPa、12.5MPa 和 15MPa。砂岩多做了一个围压，为 20MPa 的试样。

表 3.1 完整岩样三轴轴压缩试验机结果

岩样编号	σ_3/MPa	E_0/GPa	E_{ave}/GPa	σ_1/MPa	$\varepsilon_p/10^{-3}$	c	φ
G13	5	13.208	20.515	166.21	11.232		
G14	7.5	26.204	51.557	225.53	7.355		
G15	10	31.891	49.631	257.73	7.250	46.10	53.89
G16	12.5	47.723	68.974	324.51	6.101		
G17	15	20.608	23.742	339.41	17.760		
L13	5	33.057	84.080	201.40	4.229		
L14	7.5	39.123	55.938	200.63	4.766		
L15	10	25.826	35.732	210.79	5.668	37.14	41.7
L16	12.5	41.052	62.810	230.17	6.141		
L17	15	44.288	57.633	254.23	6.350		
S13	5	18.358	31.079	140.52	7.381		
S14	7.5	20.719	31.423	149.71	7.531		
S15	10	23.987	35.722	179.22	7.911	21.45	46.0
S16	12.5	24.774	34.180	163.27	8.023		
S17	15	26.617	35.342	216.96	10.187		
S20	20	26.091	31.966	213.60	9.663		
M13	5	36.294	37.310	73.914	3.315		
M14	7.5	23.709	26.864	82.306	4.880		
M15	10	23.754	29.201	80.968	4.549	13.69	34.6
M16	12.5	28.605	29.227	96.061	6.341		
M17	15	35.147	41.163	110.28	7.343		

3.1.3 变形特征

图 3.4 所示为常规三轴压缩全程应力-应变曲线。可以看出，4 种岩石的变形特征不尽相同。

(1)花岗岩在低围压作用下试样的压密阶段相对较长，峰后应力跌落较快。随着围压的升高(5 MPa、7.5 MPa、10 MPa、12.5MPa)，压密阶段逐渐减小，而峰值应变也在逐渐减小；弹性模量也在逐渐升高。在 15MPa 围压作用下，花岗岩压密阶段相对较长，屈服阶段并不明显，峰值应力后迅速跌落。观察花岗岩应力-应变全程曲线，见图 3.4(a)，可以发现，花岗岩在 5 种围压作用下并没有出现明显的屈服阶段，且随着围压的升高其变形模量及弹性模量均出现逐渐增大，而后降低的趋势；峰值应变逐渐降低，而后增大。出现这种特殊的现象与试样本身内部缺陷及试样加工的精密度有很大关系。

（2）从灰岩的应力-应变全程曲线可以看出，在 5MPa 围压下，灰岩并未显示出明显的屈服阶段，随着围压的增大，屈服阶段比较明显。在围压的作用下，灰岩的弹性模量与围压并没有显示出明显的线性关系，见图 3.4(b)，呈现出先减小后增大再减小的趋势；变形模量除了在 10MPa 较为离散外，其余 4 个均呈现增大趋势。而峰值应变与围压相关关系良好，呈线性增加趋势。

（3）砂岩常规三轴试验设置为 6 种围压。从图 3.4(c) 中应力-应变曲线可以明显看出，经过严密阶段之后，进入弹性阶段，而后出现明显的屈服阶段。变形模量随着围压的增加而增加，围压为 20MPa 时，变形模量稍微降低；弹性模量与围压呈正相关关系，随着围压的增大，弹性模量增加的速率减小。砂岩峰值应变与围压近似呈线性关系，随着围压的增大而增大。

（4）从图 3.4(d) 中大理岩全程应力-应变曲线可以看出，大理岩经过压缩阶段、弹性阶段之后，屈服阶段比较明显，而且达到峰值强度后，并未出现应力跌落的现象，而是出现一个应力平台。大理岩弹性模量及变形模量在围压为 5MPa 时比较高，逐渐增大，呈现出先减小后增大的趋势。

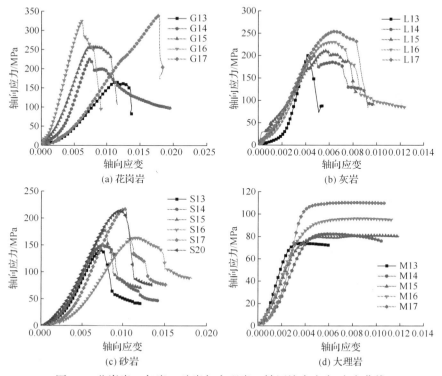

图 3.4　花岗岩、灰岩、砂岩与大理岩三轴压缩全应力-应变曲线

　　综上所述，花岗岩变形模量及弹性模量均有较大的离散性，而其峰值应变逐渐降低之后又升高。灰岩弹性模量具有较大的离散性，而变形模量除10MPa之外，基本呈正比关系，而峰值应变呈线性增加关系。砂岩变形模量及弹性模量在高围压下均有稍许降低，增加速率也逐渐减小。大理岩除 5MPa 围压外，其余关系良好，基本呈正比关系，峰值应变除 10MPa 外，也都呈正比关系，其关系如图 3.5 所示。总的来说，4 种岩样的变形模量、弹性模量及峰值应变均有一定的离散性。其根本原因在于试样内部存在的大量微裂隙，而每个试样内部微裂隙的数量及位置均不同。在三向压缩应力作用下，微裂隙闭合后，发生剪切滑移，使各个试样的变形模量及弹性模量、峰值应变表现出一定的离散性。但是其大致规律还是不变的。

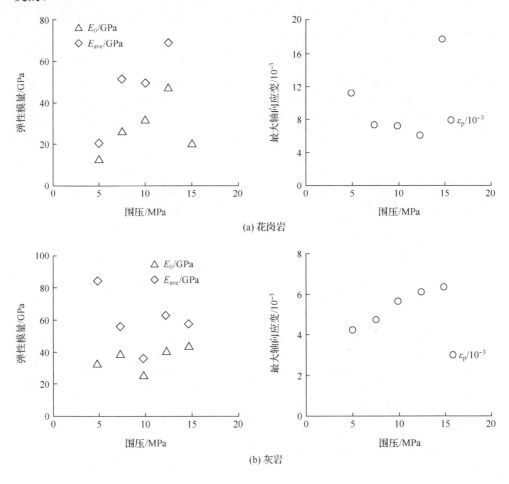

(a) 花岗岩

(b) 灰岩

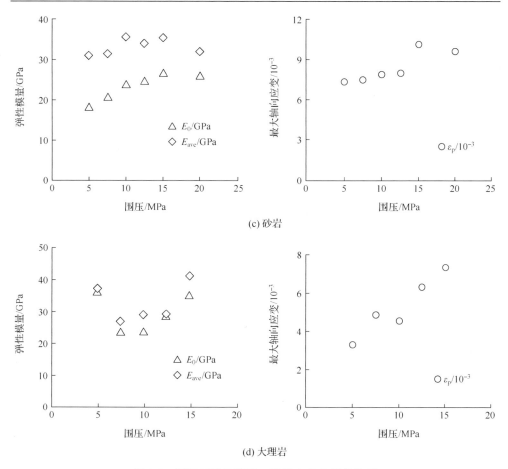

图 3.5　围压与弹性模量、峰值应变之间的关系

3.1.4　强度特征

研究表明[33,34]：岩样的承载强度随着围压的增大而增大。从图 3.6 可以看出：①花岗岩[图 3.6(a)]峰值强度与围压呈正比关系，拟合 R^2 为 0.973，围压作用下，强度增加速率逐渐减小；②从灰岩峰值强度与围压关系[图 3.6(b)]可以看出，5MPa 时灰岩强度稍大于围压为 7.5MPa 时的强度，而后基本呈线性增加，拟合 R^2 为 0.879；③砂岩[图 3.6(c)]强度与围压关系基本良好，除了 12.5MPa 围压下的砂岩强度稍低于 10MPa 围压下的强度及 20MPa 围压下强度稍低于 15MPa 围压下强度外，拟合后的 R^2 为 0.8014；④大理岩[图 3.6(d)]在 10MPa 围压的强度小于围压为 7.5MPa 下的强度，其余试样与围压关系良好，基本呈正相关关系，拟合 R^2 为 0.8914。

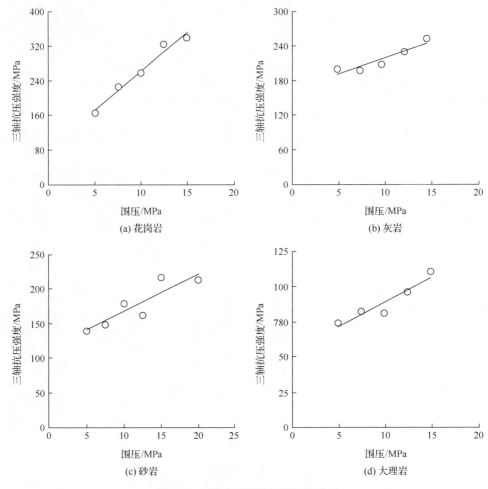

图 3.6　三轴抗压强度与围压的关系

　　综上所述，岩石试样的承载强度与围压呈正相关关系，即随着围压的增大，试样的承载强度也逐渐增大。但是，除花岗岩外，灰岩、砂岩、大理岩均出现个别离散数据。3.2.4 节中，试样的变形模量及弹性模量同样也具有离散性。出现这种现象的根本原因是，岩石是一种非均质性、各向异性的材料，岩石内部含有大量孔隙及微裂隙。

1. 五种强度准则简介

　　本书主要采用 Mohr-Coulomb 强度准则、Hoek-Brown 强度准则、广义 Hoek-Brown 强度准则、指数强度准则及 ROCKER 强度准则，对岩石的变形和强度特征进行分析研究。

1)Mohr-Coulomb 强度准则[35]

该准则主要应用于地下采矿工程、边坡工程、隧道工程及其他工程领域中，是岩石力学中应用广泛的强度理论之一，简称 M-C 准则。认为岩石材料的破坏失稳是由剪切作用引起的，岩石中的某一破坏面发生剪切破坏时，作用于破坏面上的剪应力 τ 与该破坏面上的正应力 σ 的关系为

$$\tau = c + \sigma \tan \varphi \tag{3.1}$$

式中，τ 为剪应力；σ 为正应力；c 为内聚力，MPa；φ 为内摩擦角，(°)。

此外，采用统计分析的方法处理岩石力学三轴试验的数据，以最大主应力 σ_1 为纵坐标，最小主应力 σ_3 为横坐标，则其表达式为

$$\sigma_1 = m\sigma_3 + \sigma_c \tag{3.2}$$

式中，σ_c 为理论上单轴抗压强度值；m 为围压对三轴强度的影响系数。

2)Hoek-Brown 强度准则

1980 年，Hoek 和 Brown 根据岩石的性质及工程实践，提出了岩石破坏经验判据，即 Hoek-Brown 强度准则，简称 H-B 准则[20]。其表达式为

$$\sigma_1 = \sigma_3 + \sqrt{m\sigma_c\sigma_3 + s\sigma_c^2} = \sigma_3 + \sigma_c (m\frac{\sigma_3}{\sigma_c} + 1)^{\frac{1}{2}} \tag{3.3}$$

式中，σ_1 为试样破坏时的最大主应力；σ_3 为作用在试样上的最小主应力；σ_c 为完整岩石试样的单轴抗压强度；m、s 为根据岩石性质确定的常数，对于完整岩石，$s=1$。

Hoek-Brown 强度准则综合考虑了多种因素对强度的影响，包括低应力区、拉应力区和围压。因此，H-B 准则多应用于地下采矿、硐室开挖、大型边坡等岩体工程设计中。

3)广义 Hoek-Brown 强度准则

1992 年 Hoek 等对 H-B 强度准则进行了改进，并于 2002 年再次提出，使 H-B 准则同时应用于岩石与岩体，称为广义 H-B 岩体强度准则，简称 GH-B 强度准则[21]。其表达式为

$$\sigma_1 = \sigma_3 + \sigma_c \left(m\frac{\sigma_3}{\sigma_c} + s \right)^a \tag{3.4}$$

4）指数强度准则

2009 年，You[22,23]通过对试验数据的拟合分析效果，提出了指数强度准则，简称 EXP 准则。它应用于试验数据对强度准则的评价中[36,37]。其表达式为

$$\sigma_1 - \sigma_3 = Q_\infty - (Q_\infty - \sigma_c)\exp\left[-\frac{(m-1)\sigma_3}{Q_\infty - \sigma_c}\right] \tag{3.5}$$

式中，Q_∞ 为极限主应力差；σ_c 为岩石的单轴抗压强度；m 为相关参数。

指数强度准基于岩石材料的非均质性及黏结力、摩擦力在局部不能同时存在的观点，认为随着最小主应力的增大，岩石内最大剪切力或主应力差将趋于常数。

5）ROCKER 强度准则

1991 年，Carter 等[38]提出 ROCKER 强度准则。其表达式为

$$\sigma_1 = \sigma_c(1+\frac{\sigma_3}{T})^m \tag{3.6}$$

式中，T 为岩石的单轴抗拉强度，为正值；σ_c 为为岩石的单轴抗压强度；m 的取值范围为 0.3～1。

由于 4 种岩石较多，分析比较困难，因此，本节只选用砂岩作为目标岩石进行强度准则拟合。选用 Mohr-Coulomb 强度准则、Hoek-Brown 强度准则、广义 Hoek-Brown 强度准则、指数强度准则、ROCKER 强度准则对砂岩进行常规三轴压缩试验得到的等值强度及围压关系进行拟合，探讨各个强度准则对脆性岩石的适用性。方法为以围压为 x，常规三轴峰值应力为 y。拟合方法为最小二乘法。围压范围为 0 MPa、5 MPa、7.5 MPa、10 MPa、12.5 MPa、15 MPa、20MPa。围压为 0 MPa 时，取峰值强度的平均值进行拟合。当 σ_3 趋于 0 MPa 时，可得岩样的预测单轴抗压强度；当 σ_1 趋于 0 MPa 时，可得预测岩样的抗拉强度 σ_t。

2. 试验数据分析

1）Mohr-Coulomb 强度准则

Mohr-Coulomb 强度准则对砂岩常规三轴压缩数据进行拟合。得出砂岩拟合后表达式为

$$\begin{aligned} \sigma_1 &= 6.722\sigma_3 + 95.93 \\ R^2 &= 0.8777 \end{aligned} \tag{3.7}$$

预测单轴抗压强度为 95.93MPa，预测抗拉强度为 14.27MPa。

2) Hoek-Brown 强度准则

Hoek-Brown 强度准则及广义 Hoek-Brown 强度准则均含有参数 m。对于同种岩石来说，用上述两个准则进行拟合时，m 值应相同。故根据已有研究[39,40]，取砂岩 $m=17$。所用试样均为完整岩石，故取 $s=1$。则拟合后表达式为

$$
\begin{aligned}
\sigma_1 &= \sigma_3 + \left(17 \times 93.35\sigma_3 + 93.35^2\right)^{\frac{1}{2}} \\
&= \sigma_3 + 93.35\left(0.1821\sigma_3 + 1\right)^{\frac{1}{2}} \\
R^2 &= 0.9109
\end{aligned}
\tag{3.8}
$$

则预测单轴抗压强度为 93.35MPa，预测抗拉强度为 5.473MPa。

3) 广义 Hoek-Brown 强度准则

广义 Hoek-Brown 强度准则对砂岩常规三轴压缩数据进行拟合。同样取 $m=17$，$s=1$。得出砂岩拟合后的表达式为

$$
\begin{aligned}
\sigma_1 &= \sigma_3 + 88.51\left(17 \times \frac{\sigma_3}{88.51} + 1\right)^{0.5328} \\
&= \sigma_3 + 88.51\left(0.1921\sigma_3 + 1\right)^{0.5328} \\
R^2 &= 0.9101
\end{aligned}
\tag{3.9}
$$

则预测单轴抗压强度为 88.51MPa，预测抗拉强度为 5.187MPa。

4) 指数强度准则

指数强度准则对砂岩常规三轴压缩数据进行拟合。得出砂岩拟合后的表达式为

$$
\begin{aligned}
\sigma_1 &= \sigma_3 + 222.79 - \left(222.79 - 79.95\right)\exp\left[\frac{-(13.17-1)\sigma_3}{222.79 - 79.95}\right] \\
&= \sigma_3 + 222.79 - 142.84\exp\left(-0.0852\sigma_3\right) \\
R^2 &= 0.9254
\end{aligned}
\tag{3.10}
$$

则预测单轴抗压强度为 79.95MPa，$m=13.17$，预测抗拉强度为 4.953MPa。

5) ROCKER 强度准则

ROCKER 强度准则对砂岩常规三轴压缩数据进行拟合。得出砂岩拟合后的表达式为

$$
\begin{aligned}
\sigma_1 &= 78.93\left(1 + \frac{\sigma_3}{1.632}\right)^{0.3935} \\
R^2 &= 0.9264
\end{aligned}
\tag{3.11}
$$

则预测单轴抗压强度为 78.93MPa，预测抗拉强度为 1.632MPa，m=0.3935。

6) 各个强度准则讨论分析

(1) Mohr-Coulomb 强度准则预测的砂岩单轴抗压强度为 95.93MPa，比试验平均值 78.76MPa 多了 17.17MPa，偏高近 21.80%，且其拟合 R^2 值也相对偏小。虽然 M-C 强度准则被很多工程采用，适用于常规应力场的岩石力学行为计算，但是其对砂岩拟合结果并不理想。

(2) 对于 Hoek-Brown 强度准则和广义 Hoek-Brown 强度准则，如果把 m 设置为未知参数，通过拟合得出 m 值，此时 m 值可能出现差异。本书认为，对于同种岩石，其 m 值是相同的，这样也有利于通过拟合结果对 H-B 强度准则和 GH-B 强度准则进行评价。可以看出，H-B 强度准则预测的砂岩单轴抗压强度为 93.35MPa，比试验平均值多了 14.59MPa，偏高近 18.52%。

(3) 广义 Hoek-Brown 强度准则预测的砂岩单轴抗压强度为 88.51MPa，比试验平均值多了 9.75MPa，偏高近 12.38%，拟合 R^2 值与 H-B 强度准则 R^2 仅差 0.0008，几乎无差别。Hoek 和 Brown 认为岩石破坏判据不仅要与试验结果(岩石强度实际值)相吻合，而且其数学解析式应尽可能简单。除岩石破坏判据能够适用于结构完整(连续介质)且各向同性的均质岩石材料之外，还可以适用于碎裂岩体(节理化岩体)及各向异性而非平均值岩体等。

(4) 指数强度准则预测的砂岩单轴抗压强度为 79.95MPa，比试验平均值仅多了 1.19MPa，偏高近 1.51%，拟合 R^2 值达到 92%，拟合效果良好。

(5) ROCKE 强度准则预测的砂岩单轴抗压强度为 78.93MPa，与试验平均值非常接近，仅仅多了 0.17MPa，偏高近 0.216%，拟合 R^2 值达到 0.92，拟合效果良好。本次试验并未测定砂岩的抗拉强度，因此，采用文献[41]所得的粗砂岩抗拉强度作为真实抗拉强度，为 3.76MPa，理由是试样均是由同一试验室加工、且取自同一块岩石。

各强度准则拟合曲线如图 3.7 所示。对比分析各种准则拟合的预测抗拉强度，可以发现，M-C 强度准则预测抗拉强度达到 14.27 MPa，比 3.76 MPa 多了 10.51 MPa，偏高近 2.795 倍。而 ROCKER 强度准则预测抗拉强度为 1.632 MPa，比 3.76MPa 少了 2.128 MPa，偏小近 56.59%。H-B、GH-B、EXP 强度准则预测抗拉强度比较接近，分别偏大了 45.56%、37.95%、31.73%。各强度准则拟合参数如表 3.2 所示，其中 σ_{cy} 为预测单轴抗压强度；σ_{ty} 为预测抗拉强度；$\Delta\sigma_c$ 为预测单轴抗压强度与实际抗压强度之差的绝对值，α 为 $\Delta\sigma_c$ 与实际抗压强度之比；β 为 $\Delta\sigma_c$ 与实际抗拉强度之比。

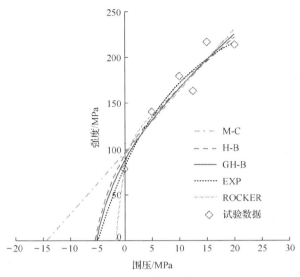

图 3.7　砂岩强度准则拟合曲线

表 3.2　拟合参数

强度准则	σ_{cy}/MPa	$\Delta\sigma_c$/MPa	α/%	σ_{ty}/MPa	β/%	R^2	m
M-C	95.93	17.17	21.80	14.27	279.5	0.8777	6.722
H-B	93.35	14.59	18.52	5.473	45.56	0.9109	17
GH-B	88.51	9.75	12.38	5.187	37.95	0.9101	17
EXP	79.95	1.19	1.51	4.953	31.73	0.9254	13.17
ROCKER	78.93	0.17	0.216	1.632	56.59	0.9264	0.3935

　　可以看出，Mohr-Coulomb 强度准则虽然适用性很广，但是其 α、β 却在 5 种准则中是最高的，分别达到 21.80%和 279.5%。很明显，M-C 准则预测的单轴抗拉强度与抗拉强度均比实际值偏差很多。广义 Hoek-Brown 强度准则的 α、β 均比 Hoek-Brown 强度准则稍低。指数强度准则及 ROCKER 强度准则的 α 值最小，分别为 1.51%、0.216%，几乎相等，而 β 值却有明显差异，分别为 31.73%、56.59%。5 种强度准则拟合的 R^2 值除 M-C 准则较小之外，其余 4 种几乎相等。总的来说，5 种强度准则的 α 值依次降低，β 值先降低再升高，而 R^2 依次升高，但升高幅度不大。

　　综上所述，通过试验发现，4 种岩石试样的弹性模量及变形模量均有一定的离散性，除去这些离散数据，4 种岩石的弹性模量及变形模量均具有随围压的增大而增大的趋势。除花岗岩外，峰值应变与围压关系良好，近似呈线性关系。围压与试样的强度相关关系良好，基本呈正相关关系。而后利用 5 种强度准则对砂岩强度进行拟合分析，发现 ROCKER 强度准则预测的单轴抗压强度最接近实际单轴抗压强度平均值。综合分析了 α、β 及 R^2 后，得出指数强度准则对试验数据的拟合效果更好，更符合真实数据。

3.2　深部煤岩组合体三轴压缩破坏试验

本章采用的煤岩组合体试样均采自开滦钱家营矿 2071 工作面下顺槽,埋深 850 m,且试样的矿物成分、工程地质情况与第 2 章的煤岩组合体相同,在此不再赘述。对煤岩组合体进行编号:MR、RM、RMR。对试样进行编号:MR–B–C,MR–B–C、RMR–B–C。B 代表围压,C 代表该围压下第几个试样。举例说明:MR–5–1 即为煤上岩下、围压为 5 MPa、第一个试样[29]。加工完成的试样及示意图如图 3.8 所示。

图 3.8　三种煤岩组合体尺寸及实物图

煤-岩组合体的三轴压缩力学试验是在四川大学 MTS815 电液伺服岩石力学试验系统上完成的(图 2.15)。该试验机的基本规格已在第 2 章详细介绍。三轴压缩试验中围压加载速率为 3 MPa/min,轴向加载采用位移控制,破坏前加载速率为 0.001 mm/s,破坏后加载速率为 0.1 mm/min。试样安装完毕后见图 3.9。

图 3.9　试样安装图

3.3　深部煤-岩组合体三轴压缩破坏力学特性

3.3.1　试验结果

表 3.3 给出了不同煤岩组合体单轴及三轴压缩试验结果。表中 D、H 分别为直径、高度；m_c、m_r 分别为组合体中煤样质量及岩样质量；ρ 为组合体的密度；E 为弹性模量(应力-应变线弹性阶段的斜率)，σ_1、σ_r 分别为峰值强度、围压和残余强度；ε_1、ε_3、ε_v 分别为峰值轴向应变、峰值环向应变、峰值体积应变。由于 MR–5–1 与 MR–15–1 试样安设轴向位移计的位置出现了开裂,造成轴向引伸计位移所测数据不准确,因此未采取。MR–20–1 试样的环向引伸计测量数据有误,故未采取,但三者的应力是准确的。

表 3.3　煤-岩组合体基本物理力学性质

试样编号	$D×H$	m_c/g	m_r/g	ρ/(g/m³)	E/GPa	σ_1/MPa	σ_r/MPa	ε_1/10^{-3}	ε_3/10^{-3}	ε_v/10^{-3}
MR–0–1	34.75mm×69.81mm	47.19	83.78	1.979	7.69	33.39	4.98	6.72	−2.10	2.53
MR–0–2	34.83mm×70.35mm	45.62	83.65	1.929	5.33	25.44	3.42	8.24	−6.32	−4.41
MR–0–3	34.69mm×70.14mm	44.25	85.30	1.954	4.26	17.89	4.53	7.32	−9.43	−11.58
MR–5–1	34.43mm×66.87mm	42.75	84.70	2.048	8.71	35.67	29.31	—	—	—
MR–5–2	34.76mm×66.36mm	43.56	84.84	1.952	8.44	34.70	20.00	3.82	−4.54	−5.25
MR–5–3	34.74mm×69.75mm	53.41	85.31	1.949	8.52	35.38	25.07	4.56	−3.99	−3.39
MR–10–1	34.73mm×70.42mm	45.37	84.95	1.955	10.42	45.29	33.33	4.55	−4.03	−3.51
MR–10–2	34.74mm×70.34mm	46.03	85.93	1.980	14.41	77.42	46.42	6.45	−4.71	−2.97
MR–10–3	34.63mm×69.97mm	44.63	85.68	1.978	12.51	52.38	40.82	4.14	−4.85	−5.57
MR–15–1	34.28mm×69.17mm	50.10	85.18	2.121	17.82	70.08	60.31	—	—	—
MR–15–2	34.91mm×69.45mm	46.96	82.94	1.955	13.20	97.95	58.95	8.18	−8.01	−7.83
MR–20–1	34.59mm×71.08mm	48.21	87.13	2.027	17.15	71.90	58.96	5.07		
MR–20–2	34.75mm×68.06mm	44.17	84.78	1.999	13.56	102.8	82.91	9.28	−8.85	−8.42

注：“—”表示未测到试验值。

3.3.2　变形特征

不同围压条件下典型应力-应变曲线如图 3.10 所示,围压为 0 MPa 时的数据取自文献[29]。从图 3.10 可看出,单轴压缩状态下,应力-应变曲线存在一个明显的压密阶段。随着围压的增大,压密阶段逐渐不明显,但出现明显的弹性阶段、屈服阶段及峰后软化阶段。在峰后软化阶段,单轴条件下,出现明显的应力跌落阶段,残余强度几乎为零。随着围压的升高,出现明显的延性破坏特征。因此,围压使煤岩组合体由脆性破坏转向了延性破坏,并且较小的围压就导致出现脆-延转变。通常,对于岩石而言,要出现脆-延转变需要较大的围压,文献[42]中的这个围压达到 70 MPa 以上,而针对煤岩组合体,5 MPa 的围压就出现了脆延特征,其主要原因可能是煤强度较低,较低的围压就能使得煤的强度得到提高,并且出现延性特征,这时煤岩破坏受到煤、岩石材料及其内部、组合结构的影响。

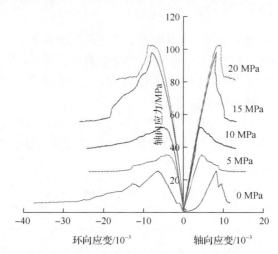

图 3.10　煤-岩组合体三轴压缩全应力-应变曲线

不同煤岩组合体平均弹性模量与围压的关系如图 3.11 所示。在低围压阶段,即围压小于 15 MPa 时,弹性模量与围压具有正相关关系,即随着围压的增大,弹性模量具有增大的趋势,但是围压超过 15 MPa 后,弹性模量基本保持不变。可见,不同围压影响下,煤岩组合体的弹性模量的增加速率不同,且不是线性关系,并且体现出了在较低围压下,弹性模量对围压具有较强敏感性的特点。

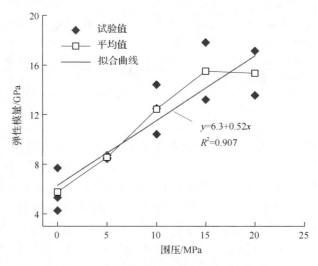

图 3.11　不同围压作用下弹性模量变化规律

　　从表 3.3 可看出，在单轴压缩状态下，组合体的峰值应变最大；造成单轴压缩时峰值应变最大的主要原因是首先要压密煤、岩组合体的界面，因此压密阶段过长。三轴压缩时，在静水压力阶段，已经把煤、岩的界面压密，所以测出的应变变小。因此，单轴压缩试样计算峰值应变时，应该减去压密煤岩样界面产生的应变。修正后的峰值应变与围压关系如图 3.12 所示。可以看出，随着围压的增大，轴向应变逐渐增大，环向应变与体积应变逐渐减小。但是，与 10 MPa 时相比，三者均在 15 MPa 围压时有突增、突减现象。但超过 15 MPa 后，变化速率趋于平缓。可见，10～15 MPa 是煤岩组合体变形突然变化的临界区间。

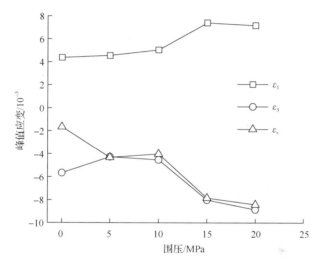

图 3.12　不同围压作用下峰值应变变化规律

　　从变形特点来看，文献[17]中的峰值轴向、环向、体积应变均与围压具有良好的相关性。本试验研究所得是围压不为 0 MPa 时，应变与围压关系良好。其主要原因可能是单轴压缩时，煤岩组合体具有较长的压密阶段，压密煤、岩组合体的界面，造成应变的增大。三轴压缩时，在静水压力阶段，已经把煤、岩的界面压密，所以测出的应变变小。

3.3.3　破坏模式

　　不同煤岩组合体典型破坏形态如图 3.13 所示，同时给出了破断角(其中 MR–5–2 试样并未采集到照片，因此其破断角无法测得，计算所得角度为破裂面与轴向的夹角。

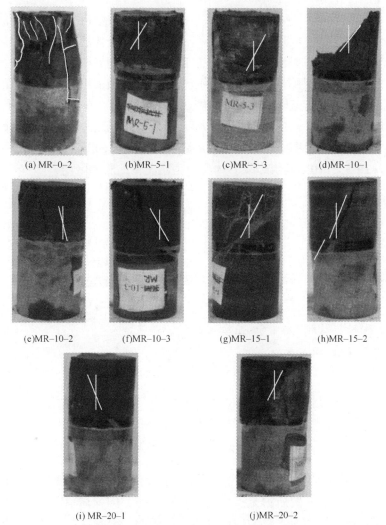

(a) MR-0-2　　　(b)MR-5-1　　　(c)MR-5-3　　　(d)MR-10-1

(e)MR-10-2　　　(f)MR-10-3　　　(g)MR-15-1　　　(h)MR-15-2

(i) MR-20-1　　　　　　(j)MR-20-2

图 3.13　不同围压下部分典型试样破裂形态

　　从图 3.13 可看出，在单轴压缩状态下，煤样破坏非常严重，表面布满了轴向裂纹，表现出脆性劈裂破坏特征，因此认为破断角随机分布在 0°～90°范围内。在三轴压缩状态下，从图 3.13(b)～(j)可以看出，煤发生破坏时裂纹的角度分布逐渐缩小，并且出现以某一单一破坏的剪切面为主。可见，在围压作用下，试样的破坏区域单一，并不具有单轴状态下复杂的破坏特征。通过测量得出的破断角如图 3.14 所示。可以看出，试样的实际破断角为 14.1°～38.8°，平均值为 26.84°。煤岩组合体不是完整的岩石，而是具有节理面的煤岩体。由于煤本身存在大量节理、裂隙、弱面，在三轴压缩过程中，在节理、弱面处首先发生失稳，导致算出的破断角具有一定的离散性。尤其是围压为 10 MPa 时，破断角离散性最大。

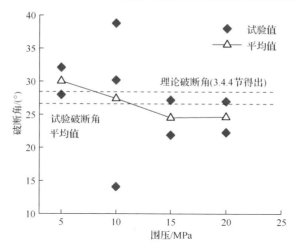

图 3.14　不同围压下煤岩组合体的破断角试验值及平均值

CT（computerized tomography）技术（即计算机断层扫描技术）逐渐被用于识别破坏后岩石内部的裂隙演化状况，并且可以探测不同受载条件下岩石内部裂纹的变化。上文已经描述了宏观状态下的试样表面裂纹，但是三轴压缩下，煤及岩石内部的裂纹无法仅凭肉眼识别。图 3.15 为单轴压缩下 MR–0–2 组合体 CT 扫描图。扫描方法为等间距扫描 21 层，(a) 为高度 46 mm 时的扫描图像，(b) 为高度 33 mm 的图像。可以看出，煤中裂隙错综复杂，而岩石裂纹较少，左侧形成与煤一致的剪切裂纹，而右侧形成与煤一致的劈裂裂纹。

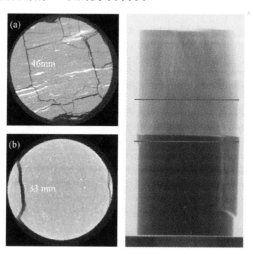

图 3.15　MR–0–2 CT 扫描图像

图 3.16 为 MR–5–3 组合体试样的主裂纹演化的 CT 扫描图像。岩石的裂纹从第 9 层开始出现，并延伸到第 10 层。第 11～21 层为煤，可以看出，主裂纹随着

扫描层数的增加而逐渐向左下偏移。而后，统计了其余围压下组合体中岩石裂纹出现的层数，发现 MR–15–2 中岩石裂纹最早出现，为第 7 层。

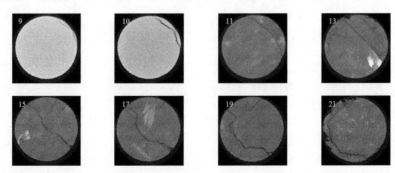

图 3.16　MR–5–3 主裂纹演化

综合图 3.15、图 3.16 可以看出，单轴压缩下岩石比较容易破坏，且形成的裂纹比较复杂。三轴压缩下，岩石的破坏基本与煤一致，为统一的剪切裂纹。

完整度比较好的岩石，破断角应该是一定的。对于煤岩组合体来说，既非宏观均质，又不是宏观各向同性，且煤样本身存在大量节理、弱面，因此，得出的破断角具有一定的离散性。从 CT 扫描图像可以看出，岩石与煤具有同一个剪切面，且岩石破坏面与界面距离较近。

3.3.4　强度特征

1. 残余强度

随着变形的继续增加，试样内部形成了宏观断裂，断裂面之间的黏聚力基本丧失，承载力完全由破裂面之间的摩擦力提供，并维持一个稳定值，即残余强度。从理论上来说，残余强度为应力-应变曲线峰后出现应力平台时的强度[43]。但严格意义上的应力平台较难取得，因此，求出的大部分试样的破坏后峰后应力-应变曲线的切线斜率近似为 0 时的残余强度。处于高应力区的地下巷道、硐室等的稳定性与岩体破坏后的残余强度具有十分紧密的联系[44]。从不同围压下煤岩组合体的应力-应变曲线可看出，每个试样均存在一个残余强度。残余强度与围压的关系如图 3.17 所示。可见，残余强度与围压呈近似正比关系。

彭俊等[45]根据岩石的三轴压缩力学性质，提出了一个表征试样峰后强度衰减行为的力学指标——岩石强度衰减系数。该指标可以反映岩石的脆性程度。岩石强度衰减系数具体算法为

$$D_{\mathrm{s}} = \frac{\sigma_1 - \sigma_{\mathrm{r}}}{\sigma_1} = \frac{\Delta\sigma}{\sigma_1} \tag{3.12}$$

式中，D_s 为强度衰减系数，取值范围为 0~1；σ_1、σ_r 分别为三轴压缩峰值强度及残余强度；$\Delta\sigma$ 为强度衰减值，等于峰值强度与残余强度之差。

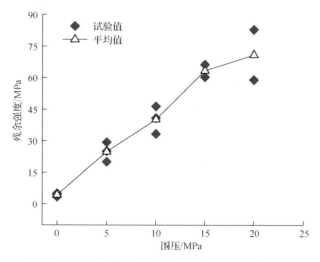

图 3.17　不同围压下煤岩组合体的残余强度试验值及平均值

由式 (3.12) 所计算的强度衰减系数及其平均值如图 3.18 所示。当围压为 0 MPa 时，强度衰减系数平均值为 0.821；当围压为 20 MPa 时，强度衰减系数为 0.187，减小到原来的 22.7%。当围压为 0~5 MPa 时，试样的强度衰减系数降幅最大，体现了其对围压的敏感性较强，并表明了煤岩组合体在单轴压缩时具有较强的脆性特征。当围压大于 5 MPa 时，围压与强度衰减系数近似呈线性减小关系，强度衰

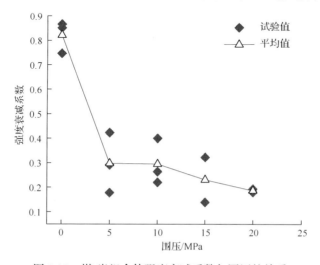

图 3.18　煤-岩组合体强度衰减系数与围压的关系

减系数降幅减小，对围压的敏感性降低。强度衰减系数也能间接反映残余强度衰减的离散性，即强度衰减系数越小，离散性越低。可见，围压增大，残余强度衰减值相应增大，但其离散性降低。

2. Coulomb 强度准则

Coulomb 强度准则[35]破坏机理为在正应力作用下，材料出现剪切破坏形态，其承载的最大剪切应力 τ_m 由内聚力及内摩擦角确定，可表示为

$$\tau_m = C + \sigma\tan\varphi \tag{3.13}$$

式中，C 为内聚力；σ 为剪切破坏面上的正应力；φ 为内摩擦角。

当以主应力表示时，Coulomb 强度准则为

$$\sigma_1 = b + k\sigma_3 \tag{3.14}$$

式中，k 为围压对轴向承载能力的影响系数；b 为单轴压缩下，试样剪切破坏时对应的强度。

根据三轴压缩极限应力圆，可得

$$\sigma_1 = \frac{2C\cos\varphi}{1-\sin\varphi} + \frac{1+\sin\varphi}{1-\sin\varphi}\sigma_3 \tag{3.15}$$

将式(3.14)与式(3.15)对应，则

$$\begin{cases} b = \dfrac{2C\cos\varphi}{1-\sin\varphi} \\ k = \dfrac{1+\sin\varphi}{1-\sin\varphi} \end{cases} \tag{3.16}$$

$$\begin{cases} \varphi = \arcsin\dfrac{k-1}{k+1} \\ C = b\dfrac{1-\sin\varphi}{2\cos\varphi} \end{cases} \tag{3.17}$$

根据式(3.17)可以求得此煤岩组合体的内聚力及内摩擦角。利用 Coulomb 强度准则对煤-岩组合体三轴压缩试验数据进行拟合，拟合方法为最小二乘法，得出其拟合公式为

$$\sigma_1 = 23.65 + 3.446\sigma_3 \tag{3.18}$$

则 b=23.65，k=3.446，根据式 (3.17)，可求得内摩擦角 φ=33.38°，内聚力 C=6.369 MPa。根据 Coulomb 强度准则，破断角 α 为破裂面与最大主应力方向 (轴向) 的夹角[17]。

$$\alpha = 45° - \frac{\varphi}{2} \tag{3.19}$$

计算可得 α=28.31°。不同试样的实际破断角平均值为 26.84°，与 α 相差不大。

3. Hoek-Brown 强度准则

利用 Hoek-Brown 强度准则对煤-岩组合体三轴压缩试验数据进行拟合，得出其拟合公式为

$$\sigma_1 = \sigma_3 + 25.57\sqrt{0.324\sigma_3 + 0.738}$$
$$R^2 = 0.9445 \tag{3.20}$$

则，拟合得出 $m_i = 8.305$，$s = 0.738$。

4. 广义 Hoek-Brwon 强度准则

利用广义 Hoek-Brwon 强度准则对煤-岩组合体三轴压缩试验数据进行拟合，得出拟合公式为

$$\sigma_1 = \sigma_3 + 25.57(0.123\sigma_3 + 0.887)^{0.858}$$
$$R^2 = 0.9561 \tag{3.21}$$

则，拟合得出 m_b=3.145，s=0.887，a=0.858。

三种强度准则拟合曲线见图 3.19。拟合参数如表 3.4 所示，其中 σ_{yt} 为预测抗拉强度。从图 3.19 可以看出，MR 组合体的峰值强度除围压为 5 MPa 外，均具有较强的离散性，其中，围压为 10 MPa、15 MPa、20 MPa 时的峰值强度最大值与最小值之差分别达到 32.13 MPa、27.87 MPa、30.90 MPa。Coulomb 强度准则预测抗拉强度为 6.86 MPa，在三者中最大。H-B 准则预测抗拉强度最小为 2.25 MPa。H-B 准则与 GH-B 准则中的参数 m、s 具有相同的意义。对于 s 来说，等于 1 时为完整试样，小于 1 时为具有缺陷试样。煤岩组合体并不能简单称为完整试样，两体组合后，并非完整。因此对于这两种强度准则来说，s 的拟合值是合理的。对于参数 m 来说，两个强度准则拟合值相差达到 5.26，差别较大。根据文献[39]，完整砂岩的 m_i 取值为 17±4，虽然没有明确给出煤的 m_i 取值，但是根据黏土岩及页岩的 m_i 值可以推断，煤的取值应为 5±2。拟合出的煤岩组合体的 m 介于单体

煤和单体岩石的 m 之间，这说明了试验结果的可靠性。

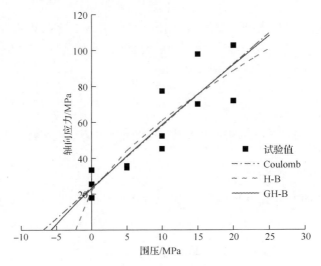

图 3.19　不同强度准则拟合曲线及强度试验值

表 3.4　拟合参数

强度准则	k	b	m	s	σ_{yt}/MPa	R^2
Coulomb	3.446	23.65	—	—	6.86	0.9556
H-B	—	—	8.305	0.738	2.25	0.9445
GH-B	—	—	3.145	0.887	5.78	0.9561

因此，根据拟合抗拉强度及拟合参数，结合图 3.19 中 3 种强度准则拟合曲线，Hoek-Brown 强度准则更适合描述煤岩组合体三轴压缩强度特征。因为 H-B 准则不仅可以反映完整岩石的力学性质，还能够很好地表征具有缺陷岩体的非线性力学特征和节理、裂隙等结构面及应力状态对岩体强度的影响，也适用于对各向异性岩体的描述。

从图 3.19 可以看出，当围压达到 15 MPa 时，煤岩组合体的破坏强度与单轴时候相比，具有明显的提升；但超过 15～20 MPa 后，煤岩组合体的整体破坏强度的增大速率具有变小的趋势。

对 m 取不同值，s=0.813 时的 H-B 准则拟合曲线如图 3.20 所示。可以看出，m 值越小，拟合抗拉强度越大。在低围压为 5 MPa 时，m 越小，拟合值越接近试验值。而从整体来看，m=8，s=0.813 时，拟合曲线与大多试验平均值吻合。

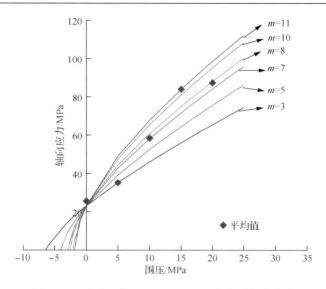

图 3.20　不同 m 值 Hoek-Brown 强度准则拟合曲线

综上所述，与煤-岩组合体单轴压缩试验相比，围压作用下煤-岩组合体压密阶段较短，线弹性阶段较长，屈服阶段明显，且随着围压的增大，峰后延性特征明显。从峰值应变、弹性模量、破断角、强度的变化规律可以看出，10~15 MPa 围压是组合体变形减缓的临界区间。三轴压缩下，煤样破坏主要以单斜面剪切破坏为主，并且个别岩样部分产生与煤样一致的剪切面。通过测量得到破断角平均值为 26.84°，利用 Coulomb 强度准则计算出的破断角为 28.31°。围压越大，残余强度越高，二者呈正相关关系。岩石强度衰减系数随着围压的升高而降低。围压 0~5 MPa，强度衰减系数降幅最大，表现出对围压的敏感性，随后围压继续升高，强度衰减系数降低速率基本不变。利用不同强度准则对煤-岩组合体三轴压缩试验数据进行拟合，发现 3 种强度准则的拟合 R^2 值均在 0.95 左右，拟合效果较好。H-B 准则拟合后，m_i=8.305、s=0.738；GH-B 准则拟合后，m_b=3.145，s=0.887。仅就二者而言，s 相差不大，参数 m 相差较大。组合之前，砂岩及煤均为一个完整试样，组合后的试样都不是完整试样，二者拟合出来的值均在合理范围内。

3.4　深部岩-煤组合体三轴压缩破坏力学特性

3.4.1　试验结果

多数矿井灾害不是岩体和煤体的单体破坏，更多的是煤岩组合体的整体破坏。为了更能与实际结合，采用煤岩组合体试验来获得其整体破坏强度。将煤岩组合体编号为 RM–A–B，RM 表示煤岩组合体，A 表示围压，根据该矿的地应力特征，分别做了 5 组试验，围压分别为 0 MPa、5 MPa、10 MPa、15 MPa 和 20 MPa；B 表示第 $i(i=1，2，3)$ 个试样。例如 RM–15–2 表示煤岩在 15 MPa 时的第 2 个试验。岩-煤组合体三轴压缩基本物理力学参数如表 3.5 所示。对于岩上煤下组合体试样，煤样与岩样的尺寸也都设计成高径比为 1∶1，组合之后组合体试样高径比为 2∶1。表 3.5 中 D、H 分别表示为直径、高度；E 为弹性模量(应力-应变线弹性阶段的斜率)；μ 为泊松比；σ_1、σ_r 分别为峰值强度、残余强度；V 为波速。

表 3.5　三轴压缩岩-煤组合体基本物理力学性质

试样编号	种类	D/mm	H/mm	E/GPa	μ	σ_1/MPa	σ_r/MPa	V/(m/s)
RM–5–1	岩	33.59	35.44	8.729387	0.404137	56.74899	33.50	—
	煤	34.54	35.25					
RM–5–2	岩	34.53	35.67	8.630329	0.426039	43.84137	29.86	—
	煤	34.55	35.84					
RM–5–3	岩	34.93	34.14	7.459328	0.4338	45.85608	29.42	—
	煤	34.36	34.92					
RM–10–1	岩	34.70	34.01	9.621109	0.424678	56.88984	40.28	1957.4275
	煤	34.61	35.05					
RM–10–2	岩	34.87	33.82	8.117272	0.450199	49.70008	38.12	581.0025
	煤	34.43	34.33					
RM–10–3	岩	34.65	35.25	9.007099	0.451359	51.80931	34.01	2898.1770
	煤	34.48	34.43					
RM–15–1	岩	34.41	34.93	11.53517	0.398132	72.55012	58.00	1236.7698
	煤	34.58	34.83					
RM–15–2	岩	34.90	35.19	7.253118	0.457453	67.4373	50.63	799.8078
	煤	34.62	34.71					
RM–15–3	岩	34.55	34.60	9.112695	0.439708	58.25673	48.83	1293.0308
	煤	34.51	35.43					
RM–20–1	岩	34.91	34.91	12.15628	0.389985	75.65226	52.93	1996.0816
	煤	34.61	34.37					
RM–20–2	岩	34.71	35.11	13.34105	0.407192	80.53912	63.76	2724.9158
	煤	34.41	35.31					

注：“—”表示未测到试验值。

3.4.2　变形特征

从第 2 章得知，单轴荷载下煤岩组合体的全应力–应变曲线具有较大的分散性。这是由于煤岩体内，特别是煤体内存在大量的随机微裂纹，导致了其强度的离散性。但随着围压的升高，这种离散性逐渐减少，即随着围压的升高，煤岩组合体的全应力–应变曲线在逐渐靠近，并表现出相似的破坏特性。不同围压下岩-煤组合体差应力-应变曲线如图 3.21 所示。在单轴压缩过程中，可以看出应力-应变曲线有一个压密阶段；而在有围压的试验中，没有这个压密阶段。这主要是由于初始围压的作用，而应力差要大于 0 才能起作用，这相当于轴向压力最小要达到 5 MPa 时，才开始加载，而这个阶段很可能是压密阶段，但试验系统却没有记录下来。这是三轴压缩试验应力-应变曲线的特点之一。压密阶段后，煤岩组合体要经历一个弹性阶段。随着轴向荷载的增加，岩-煤组合体试样进入弹性阶段。从差应力-应变曲线可以看出，此时差应力随着应变的增大呈线性增加。在弹性阶段，岩-煤组合体的弹性模量(杨氏模量)可以根据直线段的斜率求得。弹性阶段结束之后，随着轴向荷载的持续增加。在 90%～100%的峰值荷载处，全应力-应变曲线

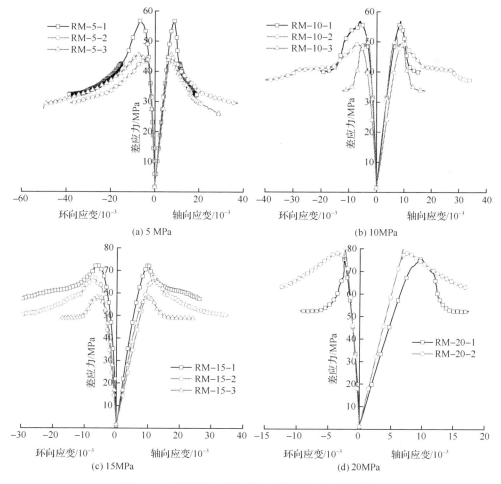

图 3.21　不同围压下岩-煤组合体差应力-应变曲线

开始出现非线性段，即塑性屈服阶段。在此阶段，岩-煤组合体内部的原生裂纹开始扩展演化，并在正应力的作用下形成新的裂纹，发生了不可逆变形，期间伴随着能量耗散。到达峰值点时，岩-煤组合体内部的裂纹形成主裂纹，且无法继续承受外界压力，发生破坏。峰值点后，岩-煤组合体体进入峰后阶段。由于试验机刚度足够，因此可以采集到峰后跌落的差应力-应变曲线。随着轴向应变的增加，轴向应力变化并不大，出现了明显的残余强度阶段。

不同围压作用下，岩-煤组合体的弹性模量试验值与平均值如图 3.22 所示。岩-煤组合体的单轴压缩弹性模量从第 2 章得知。从图中可以看出，在围压为 0 MPa 时，岩-煤组合体的弹性模量具有较强的离散性，最大值与最小值之差为 5.89 GPa。随着围压的逐渐增大，弹性模量离散性逐渐减小。围压为 15 MPa 时，离散性又稍大。从表 3.5 和图 3.22 可看出，岩-煤组合体的平均弹性模量均大于完整煤样的弹性模量。这主要是由于岩-煤组合体的力学特性不仅受到煤的影响，更受到岩石的影响。由于煤样内部具有大量的裂隙，岩石内部较少，当组合体内煤样发生破坏时，岩石还处于弹性阶段，同样造成了弹性模量的增大。此外，从表 3.5 和图 3.22 可看出，在围压超过 15 MPa 后，弹性模量具有一个较大的提升。围压 0～15 MPa 时，弹性模量基本呈线性增加。由此可见，虽然弹性模量是材料的固有属性，但是在不同的应力环境下，会出现不同弹性模量值。在深部煤炭开采中，高应力环境下的煤岩体材料弹性模量比处于浅部的煤岩体的弹性模量大，且积累的弹性能比浅部大。因此，当受到采动影响时，深部煤岩体易发生冲击地压、煤与瓦斯突出等矿井动力灾害，造成人员伤亡和巷道破损。

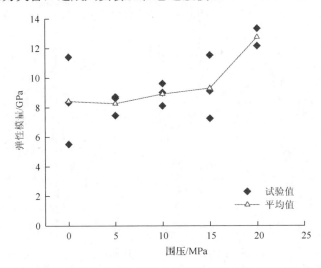

图 3.22　不同围压下岩-煤组合体弹性模量试验值及平均值

3.4.3 破坏模式

在单轴荷载条件下，煤岩组合体的破坏主要发生在煤体里面，煤体侧面和端面都有大量的裂隙生成，并且较均匀地分布在煤样各个区域，煤体以劈裂破坏机制为主。当荷载达到峰值荷载，试样整体破坏时，在煤体和岩体界面的裂纹有可能贯通到岩体里面。尽管岩块强度远远高于煤块强度(这里的岩块强度是煤块强度的 5～10 倍左右)，但当煤体内部裂纹快速扩展时，裂纹扩展释放出大量的能量，有可能导致上部局部岩石的破坏。

为了模拟不同深度下煤岩组合体的破坏，根据地应力情况通过改变围压来模拟地下工况。试验表明，不同围压下煤岩组合体的破坏同样主要发生在煤体内。总体而言，随着围压的升高，煤体内部产生的微裂纹数量在减少，这主要是围压的升高抑制了微裂纹扩展；并且围压越高，这种抑制作用越明显。试验表明，只要有围压的作用，煤体的破坏机制不再以劈裂破坏机制为主，而是以剪切破坏机制为主(图 3.23)。大多破坏面倾角基本为 40°～60°，但由于煤体的强非均质性，破坏面倾角随着围压的变化关系并不明显。也正是这种煤体的强非均质性和低强度特性，使得单轴和三轴荷载下煤岩组合体的破坏都是Ⅰ类破坏，不会发生Ⅱ类破坏。

图 3.23　不同围压下岩-煤组合体典型破坏模式

3.4.4 强度特征

1. 残余强度

不同围压下残余强度试验值与平均值如图 3.24 所示。从图中可以看出，随着围压的增大，残余强度基本呈线性增加。围压为 0 MPa 时，即单轴压缩状态下，岩-煤组合体的残余强度最大为 2.59 MPa，最小为 1.32 MPa，平均值为 1.90 MPa。围压为 5 MPa 时，岩-煤组合体残余强度最大为 32.92 MPa，最小为 29.67 MPa，平均值为 29.52 MPa，与单轴压缩试验相比，平均残余强度增幅为 27.62 MPa，增大了约 14.5 倍。围压为 10 MPa 时，岩-煤组合体的残余强度最大为 40.93 MPa，最小为 33.94 MPa，平均值为 37.60 MPa，与单轴压缩试验相比，平均残余强度增幅为 35.70 MPa，增大了约 18.8 倍。围压为 15 MPa 时，岩-煤组合体的残余强度最大为 57.90 MPa，最小为 48.97 MPa，平均值为 52.61 MPa，与单轴压缩试验相比，平均残余强度增幅为 50.71 MPa，增大了约 26.7 倍。围压为 20 MPa 时，岩-煤组合体的残余强度最大值为 63.57 MPa，最小值为 52.80 MPa，平均值为 58.19，与单轴压缩试验相比，平均残余强度增幅为 56.29 MPa，增大了约 29.6 倍。总体而言，残余强度随围压的增大而增大，但其增大速率不一。围压为 0~5 MPa，残余强度的增大速率最大，这体现出了残余强度对围压的敏感性。另外，单轴压缩时，残余强度最小是因为在无侧限的条件下，岩-煤组合体达到峰值强度后，突然发生脆性破坏，峰后迅速跌落至残余强度。而后在有围压的情况下，残余强度提高是因为围压对岩-煤组合体具有一定的约束，导致当岩-煤组合体发生破坏后，同样具有一定的承载能力。

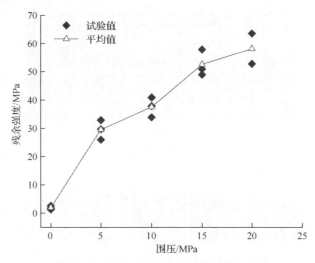

图 3.24　不同围压作用下岩-煤组合体残余强度试验值及平均值

不同围压下岩-煤合体的强度衰减系数如图 3.25 所示。从图中可以看出，随着围压的增大，强度衰减系数逐渐递减，但是超过 15 MPa 后，有了稍微的提高。围压为 0 MPa 时，即单轴压缩状态下，强度衰减系数最大为 0.956，最小为 0.890，平均值为 0.926。可见，在单轴压缩时，强度跌落较强。围压为 5 MPa 时，强度衰减系数最大为 0.434，最小为 0.323，平均值为 0.392，与单轴压缩试验相比，强度衰减系数降幅为 0.534，降低了约 57.7%。围压为 10 MPa 时，强度衰减系数最大为 0.345，最小值为 0.281，平均值为 0.287，与单轴压缩试验相比，强度衰减系数降幅为 0.639，降低了约 69.0%。围压为 15 MPa 时，强度衰减系数最大值为 0.245，最小值为 0.159，平均值为 0.202，强度衰减系数降幅为 0.724，降低了约 78.2%。

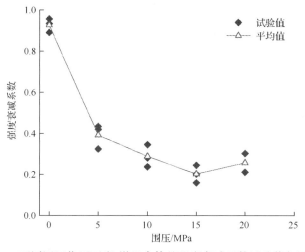

图 3.25　不同围压作用下岩-煤组合体的强度衰减系数试验值与平均值

2. 峰值强度

在不同围压作用下，岩-煤组合体的峰值强度与围压的关系如图 3.26 所示。从图中可以看出，峰值强度与围压基本呈线性关系，相关系数 R^2 值达到 0.96。另外，

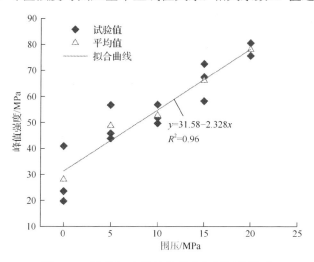

图 3.26　岩-煤组合体峰值强度与围压的关系

从每个围压下试样强度的最大值与最小值可以看出，围压为 0 MPa 时，离散性最大。围压为 20 MPa 时，最大值与最小值较为接近，离散性较小。出现这种现象的主要原因是煤与岩石均为复杂的地质体，内部含有大量的微裂隙或缺陷。单轴压缩时，这种缺陷被放大，从而造成较强的离散性。常规三轴压缩试验，在围压的作用下，岩石及煤体内部的微裂隙首先被压密，从而使试样更加致密，离散性较小。

综上所述，对于岩-煤组合体的试验，不论单轴还是三轴作用，破坏主要发生在煤体内部。单轴荷载下，岩-煤组合体的破坏以劈裂破坏为主，而煤体的破坏由于裂纹的高速扩展有可能贯通到岩石内部去；而三轴试验中，破坏以剪切破坏为主。在围压的作用下，岩-煤组合体的破坏由单轴时的脆性破坏机制为主转变为延性变形破坏机制，单轴荷载作用下岩-煤组合体破坏后就几乎全部丧失承载能力，而三轴荷载下煤岩-煤组合体破坏后试样并不完全丧失承载能力，破坏后还留有一定的残余强度。并且三轴荷载下煤岩组合体只发生 I 类破坏，没有产生 II 类破坏。可见，围压对岩-煤组合体的破坏模式的影响起了非常重要的作用。随着围压的增加，岩-煤组合体的弹性模量总体趋势是上升的，但在初始阶段缓慢增加；当围压超过 15 MPa 时，弹性模量迅速增加；随着围压的增加，岩-煤组合体的峰值强度几乎呈线性增加。

3.5　深部岩-煤-岩组合体三轴压缩破坏力学特性

3.5.1　试验结果

为了揭示煤矿顶板冒落、煤岩突出等灾害发生机理，对典型煤巷中含软弱夹层煤的岩-煤-岩组合体整体破坏进行了试验研究，揭示三者不同的破坏机理和强度特性。煤岩样取自河北开滦某矿 2071 工作面，埋深约-850m，煤层厚度平均 3.5m。总体而言，煤层松软破碎，这导致在高地应力和构造应力作用下，巷道围岩出现大变形、两帮煤体收缩量大和底臌严重等现象，并伴有煤体突出现象。由于煤体较为软弱破碎，把煤样加工为 $\phi 35mm \times 23.5mm$ 的小试样，再由两个岩样夹住一个煤样组合成一个约 $\phi 35mm \times 70.5mm$ 的煤岩组合试件，近似满足国际岩石力学试验建议的试件高径比为 2：1 的要求。为了进一步满足测试要求，首先在磨平机上将岩样和煤样两端打磨磨平，保证试样端面的平行度，并确保不平行度小于 0.01mm，两端面直径偏差小于 0.02 mm。将煤岩组合体编号为 RM–A–B，RM 表示煤岩组合体，A 表示围压，根据该矿的地应力特征，分别做了 5 组试验，围压分别为 0 Mpa、5 Mpa、10 Mpa、15 MPa 和 20 MPa；B 表示第 $i(i=1,2,3)$ 个试样。例如 RMR–10–1 表示煤岩在 10MPa 时的第 1 个试验。岩-煤-岩组合体三轴压缩基本物理力学参数如表 3.6 所示，其中 D、H 分别为直径、高度；E 为弹性模量(应力-应变线弹性阶段的斜率)；μ 为泊松比；σ_1、σ_r 分别为峰值强度、残余强度；V 为波速。

表 3.6　岩-煤-岩组合体三轴压缩基本物理力学参数

试样编号	种类	D /mm	H /mm	E /GPa	μ	σ_1 /MPa	σ_r /MPa	V / (m/s)
RMR–5–1	岩	34.90	23.73					
	煤	34.79	23.83	9.330667	0.407667	72.43493	33.33	1327.8677
	岩	34.84	24.35					
RMR–5–2	岩	34.85	23.57					
	煤	34.82	23.75	8.206638	0.427589	69.4812	38.07	1298.0021
	岩	34.78	23.56					
RMR–5–3	岩	34.73	23.94					
	煤	34.48	23.38	9.87347	0.47694	50.74946	28.74	1321.9590
	岩	34.63	24.27					
RMR–10–1	岩	34.97	23.83					
	煤	34.78	23.19	10.22807	0.427756	86.70815	60.35	1409.5094
	岩	34.85	23.61					
RMR–10–2	岩	34.81	23.54					
	煤	34.68	23.22	11.17452	0.409306	93.64627	62.71	1375.0605
	岩	34.83	24.31					
RMR–10–3	岩	34.54	23.20					
	煤	34.63	23.87	10.67823	0.499431	60.2135	38.37	598.9874
	岩	34.50	24.27					
RMR–15–1	岩	34.93	23.75					
	煤	34.84	23.26	11.86291	0.439825	106.19809	71.49	715.1626
	岩	34.77	23.87					
RMR–15–2	岩	34.91	23.53					
	煤	34.57	24.35	8.013938	0.474579	51.42236	46.35	884.2235
	岩	34.85	24.65					
RMR–20–1	岩	34.78	24.03					
	煤	34.70	23.81	10.63099	0.477872	74.47479	58.63	—
	岩	34.88	24.25					
RMR–20–2	岩	34.86	23.51					
	煤	34.68	23.98	12.39705	0.457807	105.2938	73.59	—
	岩	34.79	23.54					
RMR–20–3	岩	34.20	24.21					
	煤	34.59	23.05	11.52835	0.45715	77.56996	50.67	—
	岩	34.13	23.70					

注："—"表示未测到试验值。

3.5.2　5 MPa 围压下 RMR 组试样压缩试验

对于试件 RMR–5–1，组合体的最大荷载约为 62.09 kN，残余荷载为 31.4 kN。下部岩石发生破裂，产生两条竖向裂纹，并在底部贯通(图 3.27)。同时，煤块中分布有很多细小的裂纹。可以看出，下部岩石的破坏与煤体的裂纹联系在一起，同样是由于中部煤块内部裂纹的高速扩展导致了硬岩的破坏，这同单轴煤岩组合体破坏是相似的。由于围压的作用，此时峰值应力值及其所对应的应变值都有所提高。

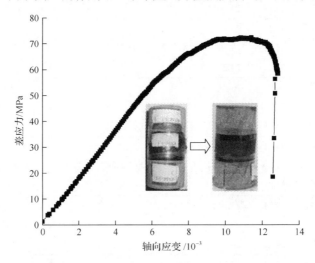

图 3.27　RMR–5–1 组合体试样三轴压缩全应力-应变曲线与破坏形态

总体而言，从 5MPa 的应力-应变曲线可看出(如图 3.28 所示)，试件仍以脆性破坏为主，比单轴试验微破裂有所减少，且微裂纹分布初步有一定规律性，大致与竖轴有 0°～10°夹角的近似竖向平行裂纹，并且也有部分与平行组裂纹交叉的裂纹。

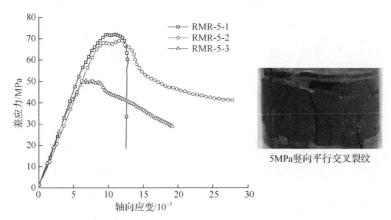

图 3.28　5 MPa 围压时轴向应力-应变曲线及组合体中煤样的破坏裂纹

3.5.3　10 MPa 围压下 RMR 组试样压缩试验

对于试件 RMR–10–3，组合体的最大荷载约为 56.69kN，试件整体发生了较大侧向变形，煤块与竖直方向大致呈 20°角破裂，除了明显的大裂纹之外，煤块中还有部分细小斜裂纹，岩石基本没有发生破坏，如图 3.29 所示。

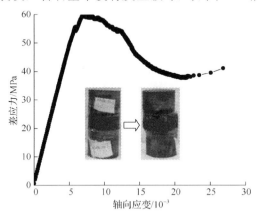

图 3.29　RMR–10–3 组合体差应力-应变曲线及破坏形态

从该组 3 个试件的全程应力-应变曲线来看，它们的峰值强度比单轴和 5MPa围压的峰值强度要高，并且展现出一定的延性破坏特性。由于围压的抑制作用，裂纹由混合交叉裂纹向平行裂纹转变，并且与竖直方向有一定夹角，这表明随着围压的升高，破坏机理在由脆性劈裂破坏向剪切破坏转变，如图3.30 所示。

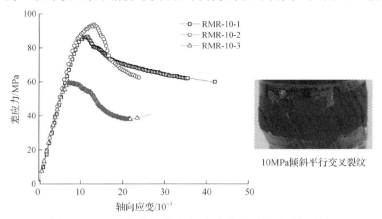

图 3.30　RMR 组合体差应力-应变曲线及煤样破坏形态

3.5.4　15 MPa 围压下 RMR 组试样压缩试验

对于试件 RMR–15–1，组合体的最大荷载约为 101.19kN，残余荷载大致为

68.21kN。破坏主要发生在煤块上，煤块有少量的扩容，但相比低围压情况，扩容明显受到抑制。煤岩体界面的岩石发生局部破坏，但整体性保持完好，如图 3.31 所示。

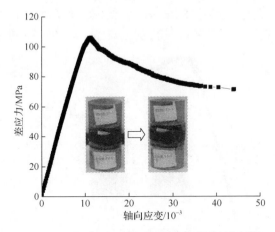

图 3.31　RNR–15–1 差应力-应变曲线及破坏形态

另一个试件 RMR–15–2，由于原生裂隙较多，最终破坏荷载较低，仅为 49.2 kN，并且破坏主要发生在煤体上，煤中有较多平行倾斜裂纹，有一条很大的水平贯穿裂纹，岩石基本保持完好。但在高围压作用下，该试件展示出较好的延性特性，如图 3.32 所示。

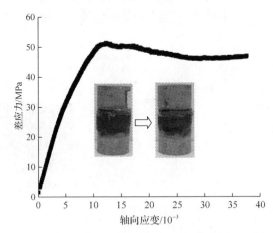

图 3.32　RMR–15–2 差应力-应变曲线及破坏形态

从该组试件的全程应力-应变曲线来看，试件破坏展现出明显的延性特征。由于高围压抑制作用，煤块中裂纹数量明显减少，以少量的平行裂纹或者煤岩整体整体失稳为主，如图 3.33 所示。

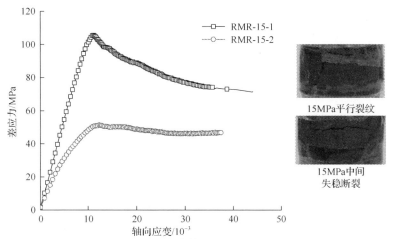

图 3.33　15 MPa 围压下 RMR 组合体应力-应变曲线及煤样破坏形态

3.5.5　20 MPa 围压下试样压缩试验

对于试件 RMR–20–1，由于该试件初始下部岩石严重不平，因此由 RMR–15–3 的试件代替。组合体的最大荷载约为 70.39 kN，残余荷载约为 60 kN。破坏主要发生在煤块上，且中部煤块一分为二，完全分为两部分。煤块中还有一条竖向大裂纹，若干条小的倾斜裂纹，如图 3.34 所示。

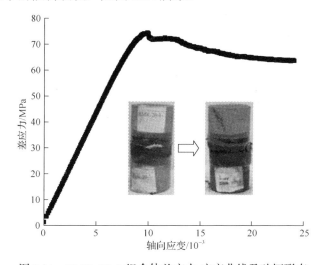

图 3.34　RMR–20–1 组合体差应力-应变曲线及破坏形态

对于试件 RMR–20–3，组合体的最大荷载约为 72.86 kN，残余荷载为 46.6 kN。该试件发出两次巨响，载荷曲线对应发生了两次猛烈的下降段。煤块内部发生了一条 45°的剪切裂纹，并且该裂纹贯通到岩石内部，导致岩石中也发生了一条近似 45°的平行裂纹。并且下部岩石有一个三角形的破坏带，如图 3.35 所示。

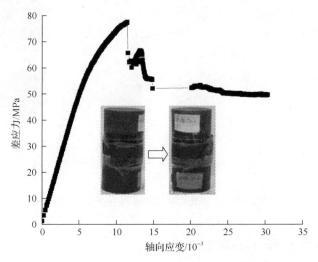

图 3.35　RMR–20–3 差应力-应变曲线及破坏形态

从该组试件的全程应力-应变曲线来看，试件破坏同样表现出良好的延性特征。煤岩的破坏机理有一部分是由于高围压抑制作用导致的整体失稳破坏，另一部分是由于高围压导致的剪切破坏，如图 3.36 所示。

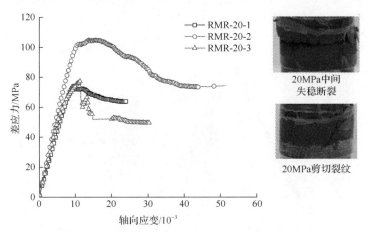

图 3.36　RMR 组合体差应力-应变曲线及煤样破坏形态

对于全部 RMR 单轴和三轴破坏试验，计算了其物理力学参数，如表 3.6 所示。波速的测试主要用于评价煤岩整体的完整性，并且通常是波速越低，说明煤岩体内部裂隙越多；波速越高，内部裂隙越少。随着围压的升高，组合体内部的裂隙逐渐减少，这主要是由于围压抑制了煤块中裂隙的产生。计算试件的弹性模量表明，随着围压的升高，组合体的整体弹性模量有升高的趋势，并且围压从 0 MPa 升高到 10MPa 的过程，弹性模量增长较快；而从 10MPa 升高到 20MPa，弹性模量增长较为缓慢。对于 RMR 组合体的泊松比，随着围压的增加，泊松比变化不大，基本都在 0.45 左右。对于 RMR 组合体的破坏强度，随着围压的升高，组合体的整体破坏强度有升高的趋势，并且围压从 0 MPa 升高到 10MPa 的过程，破坏强度增长较快；而从 10MPa 升高到 20MPa，破坏强度增长较为缓慢，这主要是由于煤块的强度较低，当围压升高到一定时，煤块发生的是材料破坏；而低围压时，煤岩体发生的是结构破坏。

作为对比，参考了文献[29]中标准煤样和岩样的峰值强度，目的是为了比较含软弱煤夹层的岩-煤-岩组合体的破坏强度与单体煤和单体岩的破坏行为和强度特性的差异，如图 3.37 所示。可以看出，煤岩组合体的强度介于单体煤和单体岩石之间。但由单轴和三轴试验结果，含软弱煤夹层的煤岩组合体的变形破坏特性表明，由于夹层煤软弱，自身很容易发生脆性变形破坏，进而影响煤巷的稳定性，并且随着围压的变化，其破坏模式也在发生变化。

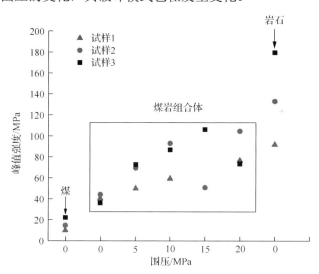

图 3.37　煤、煤岩组合体和岩石的峰值强度比较

综上所述，随着围压的增加，含软弱煤夹层的岩-煤-岩组合体的整体破坏强度有升高的趋势，并且夹层煤的破坏机理也在发生变化，从低围压的交叉裂纹破坏，到中围压的平行裂纹破坏，再到高围压的单条剪切裂纹破坏或者整体横断面破坏，这说明围压抑制了煤体微裂隙的发生。含软弱煤夹层的岩-煤-岩组合体的变形破坏特性表明，由于夹层煤软弱，自身很容易发生脆性变形破坏而影响煤巷

的稳定性, 即软弱夹层煤会使得煤岩整体破坏形式发生改变, 从而降低其整体稳定性。对于大采高厚煤层煤巷, 在设计和施工时应重视这个问题。

3.6　三种煤岩组合体强度比较

在围压作用下, 不同的煤岩组合体具有不同的强度特征。采用莫尔-库仑强度准则分析围压对三种煤岩组合体峰值强度的分析, 如图 3.38 所示。可以看出, 三种煤岩组合体的峰值强度随着围压的增大具有升高的趋势, 且利用莫尔-库仑强度准则预测的单轴压缩下的三种煤岩组合体的强度分别为 23.65 MPa、31.38 MPa 和 47.92 MPa。在采矿工程中, 破裂围岩的强度及支护是科研工作者经常遇到的难题。在试验室研究中, 轴向压力使完整岩石试块形成宏观裂纹, 且裂纹表面的内聚力完全丧失。裂纹表面之间的摩擦力提供承载能力, 如残余强度。在 3.4.4 节已经详细叙述了煤-岩组合体的残余强度与围压之间的关系。为了便于比较, 将三种煤岩组合体的残余强度及强度衰减系数汇总, 如图 3.39 所示。从图 3.39(a) 可以看出, 三种煤岩组合体的残余强度随着围压的升高呈现出明显的非线性特征。围压达到 10 MPa 前, 残余强度的增长速率基本保持不变。然而达到 15 MPa 后, 残余强度的增长速率逐渐轻微的变缓。从强度衰减系数与围压关系可以看出, 在单轴压缩下, 除去 RMR 组的两个试样, 强度衰减系数的范围为 0.7～0.9。施加围压后, 强度衰减系数开始降低, 且降低速率随着围压的增大而减小。

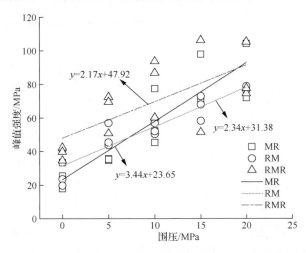

图 3.38　三种煤岩组合体的峰值强度及莫尔-库仑强度准则

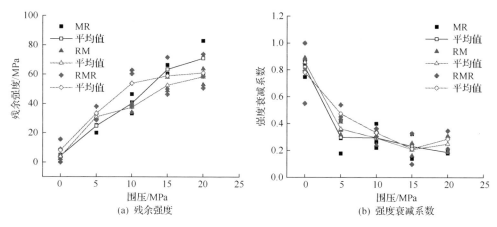

图 3.39 三种煤岩组合体的残余强度及强度衰减系数

参 考 文 献

[1] 谢和平, 周宏伟, 薛东杰, 等. 煤炭深部开采与极限开采深度的研究与思考. 煤炭学报, 2012, 37(4): 535–542.

[2] 谢和平, 高峰, 鞠杨. 深部岩体力学研究与探索. 岩石力学与工程学报, 2015, 34(11): 2161–2178.

[3] 姜耀东, 潘一山, 姜福兴, 等. 我国煤炭开采中的冲击地压机理和防治. 煤炭学报, 2014, 39(2): 205–213.

[4] Liu C L, Tan Z X, Deng K Z, et al. Synergistic instability of coal pillar and roof system and filling method based on plate model. International Journal of Mining Science and Technology, 2013, 23(1): 145–149.

[5] 李纪青, 齐庆新, 毛德兵, 等. 应用煤岩组合模型方法评价煤岩冲击倾向性探讨. 岩石力学与工程学报, 2005, 24(增 1): 4805–4810.

[6] 孟召平, 易武, 兰华, 等. 开滦范各庄井田突水特征及煤层底板突水地质条件分析. 岩石力学与工程学报, 2009, 28(2): 228–237.

[7] 曹胜根, 李国富, 姚强岭, 等. 煤层底板突水水量预测及注浆改造技术. 岩石力学与工程学报, 2009, 28(2): 312–318.

[8] 武强, 李博, 刘守强, 等. 基于分区变权模型的煤层底板突水脆弱性评价——以开滦蔚州典型矿区为例. 煤炭学报, 2013, 38(9): 1516–1521.

[9] Yang S Q, Jiang Y Z, Xu W Y, et al. Experimental investigation on strength and failure behavior of pre–cracked marble under conventional triaxial compression. International Journal of Solids and Structures, 2008, 45(17): 4796–4819.

[10] Yang S Q, Jing H W, Wang S Y. Experimental investigation on the strength, deformability, failure behavior and acoustic emission locations of red sandstone under triaxial compression. Rock Mechanics and Rock Engineering, 2012, 45(4): 583–606.

[11] Masri M, Sibai M, Shao J F, et al. Experimental investigation of the effect of temperature on the mechanical behavior of Tournemire shale. International Journal of Rock Mechanics and Mining Sciences, 2014, 70: 185–191.

[12] Singh M, Samadhiya N K, Kumar A, et al. A nonlinear criterion for triaxial strength of inherently anisotropic rocks. Rock Mechanics and Rock Engineering, 2015, 48(4): 1387–1405.

[13] 徐松林, 吴文, 王广印, 等. 大理岩等围压三轴压缩全过程研究 I: 三轴压缩全过程和峰前、峰后卸围压全过程实验. 岩石力学与工程学报, 2001, 20(6): 763–767.

[14] 尹光志, 李小双, 赵洪宝, 等. 高温后粗砂岩常规三轴压缩条件下力学特性试验研究. 岩石力学与工程学报, 2009, 28(3): 598–604.

[15] 单仁亮, 宋立伟, 李东阳, 等. 负温条件下梅林庙矿红砂岩强度特性及变形规律研究. 采矿与安全工程学报, 2014, 3(2): 299–303.

[16] 杨永杰, 宋扬, 陈绍杰. 三轴压缩煤岩强度及变形特征的试验研究. 煤炭学报, 2006, 31(2): 150–153.

[17] 刘泉声, 刘恺德, 朱杰兵, 等. 高应力下原煤三轴压缩力学特性研究. 岩石力学与工程学报, 2014, 33(1): 24–34.

[18] Raflai H. New empirical polyaxial criterion for rock strength. International Journal of Rock Mechanics and Mining Sciences, 2011, 48(6): 922–931.

[19] Fairhurst C. On the validity of the 'Brazilian' test for brittle materials. International Journal of Rock Mechanics and Mining Sciences & Geomechanics Abstracts, 1964, 1(4): 535–546.

[20] Hoek E, Brown E T. Empirical strength criterion for rock masses. Journal of Geotechnical and Geoenvironmental Engineering, ASCE, 1980, 106(9): 1013–1035.

[21] Hoek E, Wood D, Shah S. A modified Hoek–Brown failure criterion for jointed rock masses// Proceedings of the Rock Characterization, Symposium of ISRM. London: British Geotechnical Society, 1992: 209–214.

[22] You M Q. True–triaxial strength criteria for rock. International Journal of Rock Mechanics and Mining Sciences, 2009, 46(1): 115–127.

[23] You M Q. Mechanical characteristics of the exponential strength criterion under conventional triaxial stresses. International Journal of Rock Mechanics and Mining Sciences, 2010, 47(2): 195–204.

[24] Zuo J P, Li H T, Xie H P, et al. A nonlinear strength criterion for rock–like materials based on fracture mechanics. International Journal of Rock Mechanics and Mining Sciences, 2008, 45(4): 594–599.

[25] Peng J, Rong G, Cai M, et al. An empirical failure criterion for intact rocks. Rock Mechanics and Rock Engineering, 2014, 47(2): 347–356.

[26] 郭东明, 左建平, 张毅, 等. 不同倾角组合煤岩体的强度与破坏机制研究. 岩土力学, 2011, 32(5): 1333–1339.

[27] 窦林名, 田京城, 陆菜平, 等. 组合煤岩冲击破坏电磁辐射规律研究. 岩石力学与工程学报, 2005, 24(19): 3541–3544.

[28] 刘波, 杨仁树, 郭东明, 等. 孙村煤矿–1100m 水平深部煤岩冲击倾向性组合试验研究. 岩石力学与工程学报, 2004, 23(14): 2402–2408.

[29] 左建平, 谢和平, 吴爱民, 等. 深部煤岩单体及组合体的破坏机制与力学特性研究. 岩石力学与工程学报, 2011, 30(1): 84–92.

[30] 左建平, 谢和平, 孟冰冰, 等. 煤岩组合体分级加卸载特性的试验研究. 岩土力学, 2011, 32(5): 1287–1296.

[31] 左建平, 裴建良, 刘建锋. 煤岩体破裂过程中声发射行为及时空演化机制. 岩石力学与工程学报, 2011, 30(8): 1564–1570.

[32] 陈岩. 岩石冲击倾向性及其影响因素试验研究. 焦作: 河南理工大学硕士学位论文, 2015.

[33] 尹光志, 李小双, 赵洪宝. 高温后粗砂岩常规三轴压缩条件下力学特性试验研究. 岩石力学与工程学报, 2009, 28(3): 598–604.

[34] 杨圣奇, 苏承东, 徐卫亚. 大理岩常规三轴压缩下强度和变形特性的试验研究. 岩土力学, 2005, 26(3): 475–478.

[35] 沈明荣, 陈建峰. 岩体力学. 上海: 同济大学出版社, 2005.

[36] 尤明庆. 岩石指数强度准则在主应力空间的特征. 岩石力学与工程学报, 2009, 28(8): 1541–1551.

[37] 尤明庆. 岩石强度准则的数学形式和参数确定的研究. 岩石力学与工程学报, 2010, 29(11): 2172–2183.

[38] Carter B J, Duncan S E J, Lajtai E Z. Fitting strength criteria to intact rock. Geotechnical and Geological Engineering, 1991, 9(1): 73–81.

[39] Hoek E, Brown E T. Practical estimates of rock mass strength. International Journal of Rock Mechanics and Mining Sciences, 1997, 34(8): 1165–1186.

[40] Marinos P, Hoek E. Estimating the geotechnical properties of heterogeneous rock masses such as flysch. Bulletin of Engineering Geology and Environment, 2001, 60(2): 85–92.

[41] 陈向雷. 干燥及饱水状态下岩石力学特性的试验研究. 焦作: 河南理工大学, 2011.

[42] Paterson M S, Wong T F. Experimental rock deformation–the brittle field. Springer Science & Business Media, 2005.

[43] 曹文贵, 赵衡, 李翔, 等. 基于残余强度变形阶段特征的岩石变形全过程统计损伤模拟方法. 土木工程学报, 2012, 45(6): 139–145.

[44] 王宇, 李晓, 李守定, 等. 一种确定节理岩体残余强度参数方法的探讨. 岩石力学与工程学报, 2013, 32(8): 1701–1713.

[45] 彭俊, 荣冠, 蔡明, 等. 基于一种脆性指标确定岩石残余强度. 岩土力学, 2015, 36(2): 403–408.

第4章　煤岩体破坏冲击倾向性研究

　　确保深部能源和矿产资源的安全及充分开发是我国能源战略安全所关注的重要问题之一，也是我国国民经济不断发展的保障。由于目前国内外对能源的需求日益增加，且开采强度不断增强，浅部资源日益减少，造成许多矿山均处于深部开采的状态。由于矿山开采深度不断增加，因而造成的灾害也日趋增多，例如冲击地压、煤与瓦斯突出等，从而对深部资源进行高效开采造成重重困难。深部资源开采过程中所产生的岩石力学问题已成为国内外专家研究的重点[1]。深部是指随着开采深度增加，工程岩体开始出现非线性力学现象的深度及其以下的深度区间，把位于该深度区间的工程称为深部工程[2]。高地应力引起的冲击灾害是造成深部开采工程不能有效进行的重要原因之一。冲击地压或岩爆(rock burst)是地下工程中的一种特殊现象，具有围岩突然、猛烈地向开挖空间弹射、抛掷、喷出的特征[3~5]。

　　冲击地压是一个世界性的现象。无论是煤矿、金属矿山、交通隧道、地下水电站、地下国防工程、地下储油库，还是地下核废料处理工程，都存在不同程度的冲击问题[6]。在采矿方面，印度的 Kolar 金矿于 1900 年首次观察到冲击；随后世界上约有 23 个国家和地区在开采时发生冲击现象[7]。据统计，波兰在 1949～1982 年共发生破坏性冲击地压 3097 次，造成 401 人死亡，12 万米井巷被破坏；德国鲁尔煤矿 1910～1978 年发生破坏性冲击地压 283 次，冲击深度 590～1100m[8]。我国抚顺胜利矿于 1933 年最早发现冲击地压，在 1933～1996 年的 60 多年间，共有 36 座矿井累计发生过 4000 余次破坏性的冲击地压，造成人员伤亡、巷道破坏和经济损失。1999 年，17 处大中型煤矿就发生 1377 次，震级最大达里氏 4 级。在我国山西大同主产煤区，许多矿发生不同程度煤爆现象[9](冲击地压)。我国金属矿山的冲击地压主要集中在铜矿，例如抚顺红透山铜矿、安徽铜陵冬瓜山铜矿等。抚顺红透山矿自 1976 年起已发生轻微冲击，但由于不断地进行开采，1999 年发生比较强烈的冲击，距地表约 900 m[10]。冬瓜山矿的围岩主要为大理岩、粉砂岩、石英闪长岩等，在–790～–830m 发生冲击破坏[11]。随着我国对矿产开采深度的增加，冲击地压(岩爆)次数越来越频繁，灾害日趋严重[12]，破坏现象如图 4.1 所示。

(a) 岩爆　　　　　　　　　　　　　　　(b) 冲击地压

图 4.1　冲击地压(岩爆)现象

岩石的冲击性与脆性是紧密相连的。关于脆性岩石的定义,目前还没有统一、标准的定义及测定方法。Ramsey[13]认为岩石材料发生脆性破坏的原因是岩石内黏聚力缺失。Obert 和 Duvall[14]定义脆性为:像铸铁和多数岩石材料达到或超过屈服强度而破坏的性质。有的学者认为脆性是指在材料破坏前表现出的极小或没有塑性变形的特征[15]。王宇等[16]认为岩石的脆性是材料的综合特性,受内外因素共同控制,内因是岩石材料的非均质性,主要指组成岩石的矿物颗粒、结构及构造;外因是岩石在特定加载条件下产生内部非均匀应力,并导致局部破坏,进而形成多维破裂面的能力,主要表现为以下几个方面:①岩石的脆性不同于像弹性模量、泊松比这样的单一力学参数,它受多个因素共同制约,想要表征脆性需建立特定的脆性指标;②脆性受内外因素共同作用;③脆性破坏是在非均匀应力作用下,产生局部断裂并形成多维破裂面的过程。岩石的脆性与力学性质有关,已有许多学者做了大量研究。Altindag 和 Guney[17]研究了脆性指标与岩石强度的关系,发现岩石的脆性指标B5与抗拉强度具有良好的相关性,并建立了函数表达式。Hucka 和 Das[18]分析了岩石脆性与单轴抗压、抗拉强度的关系,并提出了脆性指标的 4 种表达式,认为高脆性岩石易形成内部微裂纹,脆性断裂易发生。还有其他因素对冲击倾向性的影响,比如温度、波速、岩石成分等。张志镇等[19]为了研究温度对岩石冲击倾向性的影响,在不同高温条件下对花岗岩进行单轴压缩试验,结果表明,在实时高温下,岩石冲击倾向性随温度的升高存在 2 个阈值温度,在第一阈值温度,冲击倾向性指标随温度的升高而大幅增大;在第一阈值到第二阈值温度冲击倾向性指标稍微下降,表现为极强冲击倾向性;在第二阈值温度到试验终温,冲击倾向性指标大幅急剧下降,表现为弱冲击倾向或无冲击倾向。张志镇等[20]为了研究岩样在加载过程中波速的变化规律与冲击倾向性的关系,采用花岗岩、石灰岩及砂岩进行试验,研究表明:对与高冲击倾向性的岩石,当荷载达到约峰值强度的 90%时,波速急剧下降;对于低冲击倾向性的岩石,从加载开始,波速基本呈线性降低。

4.1　冲击倾向性指标

4.1.1　冲击能量指数 K_E

在单轴压缩状态下，岩样的全应力-应变曲线峰前所积蓄的变形能 E_s 与峰后所消耗的变形能 E_x 的比值(图 4.2)称为冲击能量指数。它包含试样应力-应变全部变化过程，能直观、全面地反映储能、耗能的全过程，显示冲击倾向的物理本质[21]。

$$K_E = \frac{E_s}{E_x} = \frac{\int_0^{\varepsilon_1} \sigma \mathrm{d}\varepsilon}{\int_{\varepsilon_1}^{\varepsilon_2} \sigma \mathrm{d}\varepsilon} \tag{4.1}$$

式中，E_s 为峰值前积蓄的总应变能 $(\mathrm{kJ/m^3})$；E_x 为峰值后耗散的应变能 $(\mathrm{kJ/m^3})$；ε_1 为峰值荷载对应的应变值；ε_2 为峰值后完全破坏时对应的应变值；σ 为应力；ε 为应变。

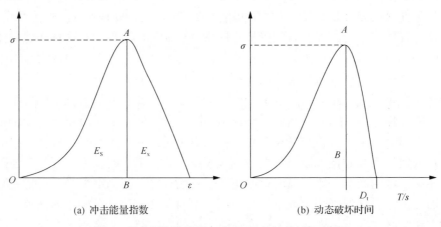

(a) 冲击能量指数　　　　　　　　　(b) 动态破坏时间

图 4.2　冲击能量指数、动态破坏时间计算示意图

冲击能量指数 $K_E < 1.5$ 时，无冲击，$1.5 < K_E < 5.0$ 时，弱冲击，$K_E \geqslant 5.0$ 时，强冲击。

4.1.2　动态破坏时间 D_t

在单轴压缩试验条件下，动态破坏时间是指试样从极限荷载到完全失去承载能力所经历的时间。动态破坏时间越短，说明释放能量的速度越快，冲击倾向性越大，冲击地压或岩爆所造成的危害也就越大；反之，释放能量的速度越慢，冲击倾向性越小，造成的危害也就越小。动态破坏时间 D_t 的评价标准是：$D_t \leqslant 50$ms 时，强冲击；$50\,\text{ms} < D_t \leqslant 500\text{ms}$ 时，弱冲击；$D_t > 500\text{ms}$ 时，无冲击[21]。

4.1.3　脆性指标修正值（BIM）

　　Aubertin 等[22]提出的脆性指标修正值（brittle index modified value，BIM）将加卸载转换应力点确定为应力-应变曲线峰值点，将卸载曲线简化为以弹性模量 E 为斜率并通过峰值点的直线，因此，脆性指标修正值（BIM）处于峰前，且更容易求得。

　　BIM 的具体算法是：以图 4.3 所示峰前曲线与横坐标所夹的面积为 A_2，表示试样受单轴压缩时试样内储存的全部能量；以线弹性阶段平均弹性模量 E 为斜率并通过峰值点的直线与横坐标所夹面积为 A_1，表示试样内储存的弹性能。则 BIM 值可表示为

$$\text{BIM} = \frac{A_2}{A_1} \geqslant 1.0 \tag{4.2}$$

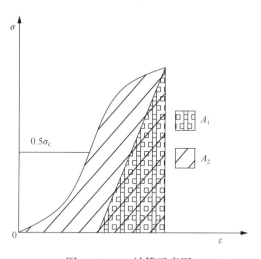

图 4.3　BIM 计算示意图

　　岩石试样的屈服阶段越短，A_1 就越接近 A_2，当弹性能逼近为全部能量时，BIM 的值接近 1。此时所有外力对试样的做功均以弹性能形式储存，若峰后瞬间释放，则会发生冲击地压或岩爆。故可以认为，BIM 值越小，试样的冲击倾向性越高。Aubertin 根据 BIM 大小对冲击倾向性的划分如表 4.1 所示。

表 4.1 基于 BIM 的冲击倾向性评价

BIM	冲击倾向性
1.00～1.20	高
1.20～1.50	中
>1.50	底

4.2 单体岩石试验结果分析

4.2.1 单体岩石单轴压缩试验结果

为了分析煤系岩石的力学性质及冲击倾向性参数,作者分析了大量试验数据,得出砂岩、石灰岩和泥岩三种岩石的基本物理力学性质及冲击倾向性参数(表 4.2~表 4.4)[23],其中 D、H 分别为直径、高度;E 为弹性模量(应力-应变线弹性阶段的斜率);σ_c 为单轴抗压强度;BIM 为脆性指标修正值;K_E 为冲击能量指数;D_t 为动态破坏时间。从表 4.2~表 4.4 可以得出单轴压缩下砂岩的平均单轴抗压强度为 129.73MPa,平均弹性模量为 31.08GPa;石灰岩的平均单轴抗压强度为 59.52MPa,平均弹性模量为 20.37GPa;泥岩的平均单轴抗压强度为 50.18MPa,平均弹性模量为 14.52GPa。

表 4.2 砂岩单轴压缩力学参数及冲击倾向性参数

编号	D/mm	H/mm	E/GPa	σ_c/MPa	BIM	K_E	D_t/ms
S–1	49.42	98.38	32.33	160.71	1.2052	1.8670	2135
S–2	49.96	100.86	35.95	158.63	1.2529	1.8173	1568
S–3	49.98	99.18	35.44	175.08	1.1108	1.7455	952
S–4	49.96	98.84	21.11	90.35	3.1686	3.1686	4698
S–5	49.98	98.45	23.13	107.46	1.1276	2.3289	2628
S–6	49.95	99.62	32.79	151.08	1.1981	2.1010	618
S–7	49.90	102.16	35.23	160.62	1.7958	1.7958	960
S–8	49.91	100.22	30.45	124.72	1.1353	1.6199	7212
S–9	49.92	100.21	29.81	127.80	1.2009	2.0500	4114
S–10	49.94	100.46	33.99	137.49	1.1378	1.2441	15622
S–11	49.86	100.10	27.10	121.22	1.1307	2.2936	2483
S–12	49.86	100.38	29.11	92.15	1.0873	0.7594	1845
S–13	50.12	97.34	27.59	120.73	1.1524	1.6840	9378
S–14	49.94	100.22	35.70	141.06	1.3925	1.9124	1676
S–15	49.94	99.22	33.80	131.30	1.4675	2.0742	2537
S–16	49.92	99.30	22.85	100.63	1.2705	2.8291	2521
S–17	49.92	99.28	35.49	131.33	1.1692	1.4971	4057
S–18	49.42	101.00	34.26	116.79	1.0872	1.2753	5748
S–19	49.92	100.32	34.41	115.82	1.0754	1.3486	4819

表 4.3　石灰岩单轴压缩力学参数及冲击倾向性参数

编号	D/mm	H/mm	E/GPa	σ_c/MPa	BIM	K_E	D_t/ms
A1	49.88	100.54	14.13	50.00	1.0776	2.5787	4381
A2	49.88	97.08	18.19	52.24	1.4579	2.8481	4860
A3	49.90	97.08	18.04	57.19	1.1233	2.8254	1870
A4	49.94	98.00	18.34	63.17	1.0657	2.7396	1762
A5	49.98	97.54	30.84	83.15	1.1236	1.5886	2842
A6	49.94	92.50	22.21	63.12	1.7733	3.6722	2489
A7	49.96	99.56	20.76	58.93	1.2003	2.1580	5099
A8	49.98	98.70	22.32	66.44	1.1319	1.4733	7954
A9	49.98	99.48	11.86	29.97	2.5005	2.2214	17319
A10	50.00	99.72	26.94	71.01	1.2516	1.4556	9162

表 4.4　泥岩单轴压缩力学参数及冲击倾向性参数

编号	D/mm	H/mm	E/GPa	σ_c/MPa	BIM	K_E	D_t/ms
B1	48.40	97.30	16.91	36.36	1.3529	7.5868	2823
B2	49.10	96.44	4.18	10.96	1.3359	2.6774	4700
B3	49.44	100.90	13.84	91.62	1.6767	9.2956	2128
B4	49.45	98.21	15.62	65.59	1.2369	5.7665	5827
B5	49.51	102.49	16.81	65.19	1.5160	7.4379	4823
B6	49.39	102.18	17.21	56.42	1.3253	10.226	3227
B7	49.49	100.98	16.83	84.20	1.4512	25.037	721
B8	48.41	97.03	12.52	22.82	1.2414	3.8522	4200
B9	48.51	100.02	11.36	18.47	1.3107	7.2316	4410

图 4.4 所示为砂岩、石灰岩及泥岩的单轴抗压强度与弹性模量、峰前积蓄能量之间的关系。试验发现，砂岩和石灰岩岩样单轴抗压强度与弹性模量基本呈正相关关系，而泥岩具有一定的离散性。三种岩石单轴抗压强度与峰前积蓄能量相关性良好，大致呈线性关系。

图 4.5 所示为三种岩石冲击能量指数与单轴抗压强度、BIM 的关系。从图中可以看出，单轴抗压强度与冲击能量指数呈正比关系。砂岩中只有两个数据较为离散，其余数据均较为良好；BIM 与冲击能量指数也呈正比关系。

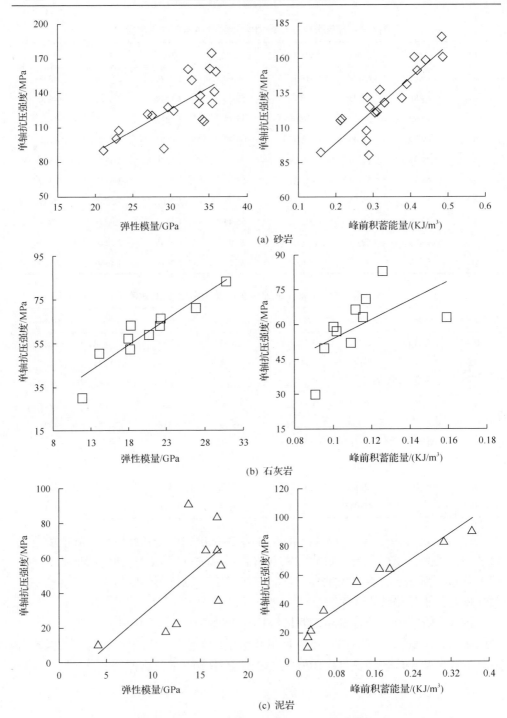

(a) 砂岩

(b) 石灰岩

(c) 泥岩

图 4.4　三种岩样单轴抗压强度与弹性模量、峰前积蓄能量之间的关系

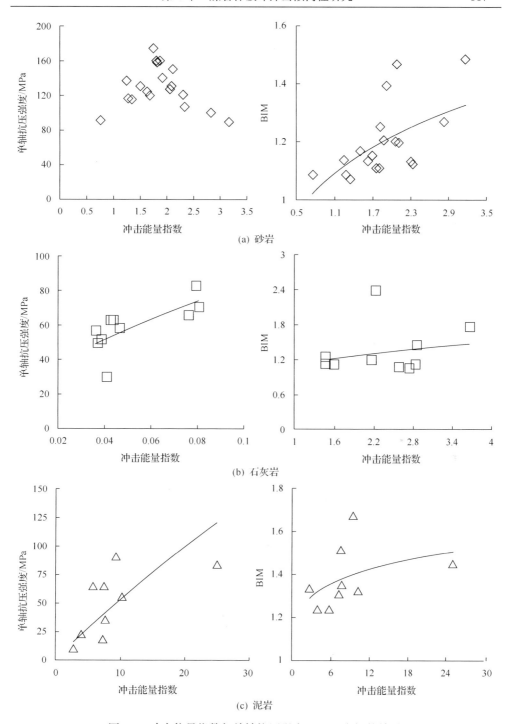

图 4.5　冲击能量指数与单轴抗压强度、BIM 之间的关系

4.2.2　单体岩石冲击倾向性分析

作为评价煤岩冲击倾向性的指标之一,砂岩、石灰岩、泥岩的冲击能量指数分布如图 4.6 所示。由此可见,大部分的砂岩及石灰岩的冲击能量指数为 1.0～3.0,其中砂岩平均冲击能量指数为 1.86,具有弱冲击倾向性;石灰岩平均冲击能量指数为 2.36,具有高冲击倾向性。而泥岩的冲击能量指数大部分大于 2.0,平均值为 8.79,具有严重冲击倾向性。试验发现,泥岩在达到峰值强度后,迅速跌落至残余强度,表现出明显的脆性。砂岩和石灰岩达到峰值强度后,通过峰后软化阶段,缓慢降低至残余强度。

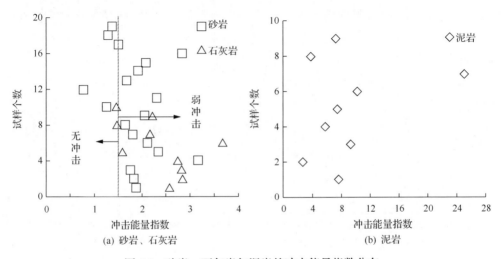

图 4.6　砂岩、石灰岩与泥岩的冲击能量指数分布

三种岩石动态破坏时间与单轴抗压强度关系见图 4.7。可以看出,动态破坏时间与单轴抗压强度呈负相关关系,即随着动态破坏时间的增加,单轴抗压强度也出现降低趋势。三种岩石动态破坏时间分布见图 4.8。可以看出,三种岩石的动态破坏时间均大于 500ms。根据动态破坏时间 D_t 评价冲击倾向标准,此三种岩石均不具有冲击倾向性。这与冲击能量指数得出的结论相矛盾。因此有学者[24]提出,当动态破坏时间 D_t、弹性能指数 W_{et}、冲击能量指数 K_E、单轴抗压强度 σ_c 的测定值发生矛盾时,其分类可采用模糊综合评判的方法进行,这 4 个值的权重分别为 0.3、0.2、0.2、0.3。

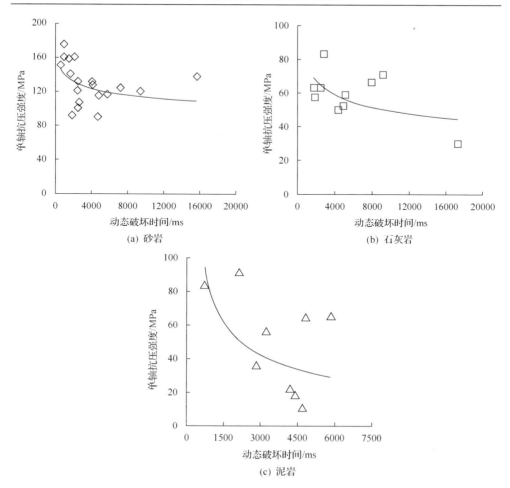

图 4.7　砂岩、石灰岩与泥岩的单轴抗压强度与动态破坏时间的关系

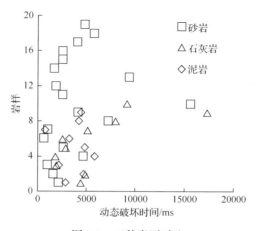

图 4.8　三种岩石对比

综上所述；单轴抗压强度与弹性模量、峰前积蓄能量、冲击能量指数大致呈正比关系，与动态破坏时间呈反比关系；BIM 与冲击能量指数呈正比关系。以此可以对岩石冲击倾向性进行分类。

4.3　泡水对岩石冲击倾向性的影响

4.3.1　泡水岩石的冲击倾向性

茅献彪等[25]对煤样进行不同含水率的单轴压缩试验，测定其冲击倾向性参数，试验结果表明，煤层的冲击倾向性与煤层含水率呈反比关系，用注水方法可有效地防治冲击矿压。孟召平等[26]通过试验和统计分析研究了不同含水条件下煤系沉积岩石力学性质及其冲击倾向性，建立岩石力学性质及其冲击倾向性与含水量之间的相关关系和模型。试验结果表明，岩石单轴抗压强度和弹性模量随含水量的增加而降低，不同岩性岩石单轴抗压强度和弹性模量受含水量的影响程度不同，在自然或较少含水量情况下，岩石破坏表现为脆性和剪切破坏，随着含水量的增加，弹性变形能指数减小，岩石冲击倾向性随含水量的增加而显著降低。苏承东等[27]利用 RMT-150B 岩石力学试验系统对不同泡水时间煤样进行冲击倾向性指标测定，结果表明煤样的抗压强度与弹性模量、峰前积蓄能量和冲击能量指数均呈正相关，泡水煤样的抗压强度、弹性模量、冲击能量指数及峰前积蓄能量均有所降低，即泡水降低了煤样的冲击倾向性。

煤岩体的冲击倾向性是煤岩体本身发生冲击式破坏的固有属性。实际开采的煤岩体能否发生冲击地压等动力灾害，不仅与开采过程中煤岩体的应力条件直接相关，同时取决于煤岩体自身是否具有一定的冲击倾向性。4 种岩石的冲击倾向性参数见表 4.5 及图 4.9，其中图 4.9a 横坐标为岩样个数；图 4.9b、c 横坐标 1、2、3、4 分别代表花岗岩、灰岩、砂岩、大理岩；图 4.9b 横坐标和图 4.9c 纵坐标表示岩样个数。分析得出：

(1)花岗岩平均 BIM 为 1.139,具有高冲击倾向性；平均冲击能量指数为 4.273,具有高冲击倾向性；平均动态破坏时间为 1841ms，无冲击，可以判定花岗岩具有高冲击倾向性；泡水后的花岗岩 BIM 平均值为 1.116，降低了 0.023；K_E 平均值为 3.843，降低了 0.43；平均动态破坏时间为 12 923ms，升高了 11 082ms。可以看出，泡水后，除了 BIM 降低，增强其冲击倾向性外，其余指标均在一定程度上降低了花岗岩的冲击倾向性，但是泡水后的花岗岩还是具有冲击倾向性。

(2)自然灰岩 BIM 平均值为 1.123，具有高冲击倾向性；K_E 平均值为 8.433，具有高冲击倾向性；平均 D_t 为 2753ms,无冲击。泡水后的灰岩 BIM 平均值为 1.145，升高了 0.022；K_E 平均值为 5.887，降低了 2.546；平均 D_t 为 3397ms，升高了 644ms。

可见，灰岩在泡水作用下，灰岩仍具有高冲击倾向性，但各个指标值均呈现出冲击倾向性降低的趋势。

(3) 自然砂岩 BIM 平均值为 1.223，具有中等冲击倾向性；K_E 平均值为 3.201，具有高冲击倾向性；平均 D_t 为 47 804 ms，无冲击。泡水后砂岩 BIM 平均值为 1.215，降低了 0.007；K_E 平均值为 16.748，升高了 13.547；平均 D_t 为 22 380 ms，降低了 25 424 ms。可以看出，泡水后的砂岩各指标冲击倾向性反而升高。从图 2.5(c) 可以看出，泡水砂岩峰后迅速跌落，表现出明显的脆性，而不同于自然砂岩的应力-应变曲线(图 2.4c)。

(4) 自然大理岩 BIM 平均值为 1.503，具有低冲击倾向性；K_E 平均值为 0.5821，无冲击；D_t 平均值为 135 000 ms，无冲击。可见，自然大理岩无冲击或具有低冲击倾向性。泡水大理岩 BIM 平均值为 1.539，升高了 0.033；K_E 平均值为 0.4733，降低了 0.1088；平均 D_t 为 144666ms，升高了 9666ms；通过泡水作用，大理岩各指标值的冲击倾向性均有所降低。

表 4.5　岩石试样的冲击倾向性参数

编号	BIM	K_E	D_t/ms	编号	BIM	K_E	D_t/ms
G1	1.146	5.559	513	S1	1.245	1.944	72000
G2	1.217	3.828	4162	S2	1.220	5.283	27500
G3	1.055	3.433	850	S3	1.152	0.2193	69500
G4	0.9772	7.317	260	S4	1.163	1.849	53000
G5	1.263	1.356	5765	S5	1.206	40.91	3213
G6	1.107	2.857	32746	S6	1.277	7.485	10929
L2	1.201	2.021	1842	S18	1.273	5.358	22217
L3	1.067	17.86	988	M1	1.437	0.7949	84000
L4	1.184	3.042	763	M2	1.576	0.4604	149500
L5	1.151	4.220	3928	M3	1.495	0.4911	171500
L6	1.099	10.40	5500	M4	1.629	0.5860	80500
L18	1.102	5.417	5429	M5	1.340	0.2662	223500
				M6	1.649	0.5676	130000

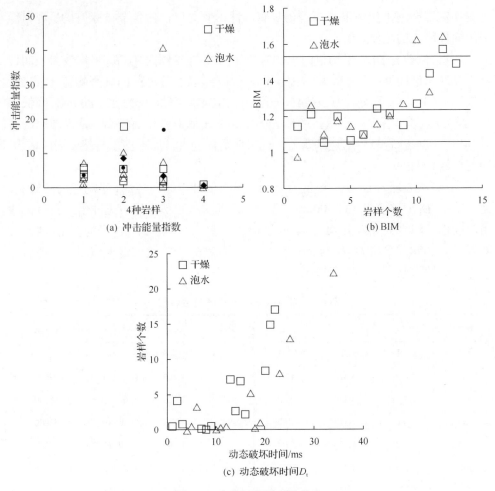

图 4.9　冲击倾向性参数分布

4.3.2　岩石冲击倾向性分类

上小节分析了各个冲击倾向性参数数据，本小节用上述数据对 4 种岩石进行冲击倾向性分类。本次冲击倾向性分类为高冲击倾向性、中冲击倾向性、低冲击倾向性和无冲击(表 4.6)。通过数据分析，可以看出，4 种岩石的冲击倾向性大小依次为：花岗岩>灰岩>砂岩>大理岩。泡水并没有明显降低 4 种岩石的冲击倾向性，这可能与各个试样的含水率有关。下次试验可进行含水率的测定，对泡水岩样与非泡水岩样进行试验。通过泡水作用，花岗岩、灰岩、大理岩的冲击倾向性指标值变化规律为 BIM 升高，K_E 降低。因此泡水可以降低岩石的冲击倾向性。而砂岩在泡水作用下，其冲击倾向性反而升高，可能与水对砂岩内部矿物质的弱化作用或试样内部应力的均匀分布、试验机的刚性和加载控制方式有关。在单轴压缩过程中迅速破坏，而导致峰后曲线迅速跌落。BIM、冲击能量指数均可以有效地评价岩石的冲击倾向性，但动态破坏时间并不能有效地对其进行评价，因此需谨慎使用动态破坏时间来进行评价。

表 4.6　岩石冲击倾向性分类

岩石	K_E	D_t
自然花岗岩	高	无
泡水花岗岩	高	无
自然灰岩	高	无
泡水灰岩	高	无
自然砂岩	高	无
泡水砂岩	高	无
自然大理岩	无	无
泡水大理岩	无	无

4.4　不同高径比对冲击倾向性的影响

4.4.1　不同高径比岩石冲击倾向性

不同岩石试样的力学性质表现出来的差异性，即为尺寸效应[28]。几十年来，对岩石尺寸效应的研究已引起广泛的关注[29]。Hudson 和 Crouch[30]通过对不同尺寸大理岩进行静态单轴压缩试验，认为等直径岩石试样的抗压强度随长径比的增大而降低。尤明庆和苏承东[31]对细晶大理岩进行单轴压缩试验，认为强度随试样长度变化很大，长径比为 1 时，强度是标准试样的 130%，而长径比为 0.6 时，增大到 150%以上。郭志[32]通过对不同高径比的绢英岩进行单轴压缩试验，发现绢英岩强度及变形模量的离散性较大，与高度没有明显关系，但随着高度的增加，强度和变形模量呈下降趋势。潘一山和魏建明[33]采用同直径、不同高度的砂岩试件进行岩石全程应力-应变试验，发现砂岩的应变软化尺寸效应，随着高度增加，岩石脆性增大。

石永奎等[34]对高径比相同、直径分布为 25～75mm 的细砂岩试样进行单轴压缩试验，认为小尺寸的试样抗压强度低，声发射产生时间早，峰前积蓄能量小；峰后表现为塑性失稳，能量释放慢，冲击倾向性较弱；大尺寸试样抗压强度高，声发射事件少，峰前积蓄能量大；峰后表现为脆性破坏，能量释放快，具有较强的冲击倾向性。

尤明庆和华安增[35]认为岩石的尺寸效应根源于岩石材料的非均质性，选用相同尺寸和形状的矿柱来均匀承载，大矿柱比小矿柱有较高的强度，而且能够承受顶板沉降位移，从而减少岩爆的发生，因此应优先选用大尺寸矿柱。

目前我国多数煤矿处于深部开采状态，因此地应力的增大带来了巨大的开采困难，比如冲击地压、煤与瓦斯突出等，造成了大量的经济损失。深度越深，煤柱所受到的地应力作用越大，因而煤柱的所受到的承载强度越大，但其基本抗压强度不变，采深越大，煤柱受压力越大，从而发生失稳冲击破坏的可能性越大。已有学者建议使用小尺寸的矿柱来避免岩爆发生[36,37]。本节主要对脆性岩石冲击倾向性参数进行分析，来建立各参数与高径比之间的关系。

表 4.7 所示为计算得出的花岗岩的冲击性参数。从表中可以看出，高径比为 0.6 时，BIM 平均值为 1.346，峰前积蓄能量平均值为 0.865 kJ/m^3，冲击能量指数平均值为 1.496；高径比为 1.8 时，BIM 平均值为 1.137，峰前积蓄能量平均值为 0.284 kJ/m^3，冲击能量指数平均值为 4.873。

表 4.7　花岗岩不同高径比冲击倾向性参数

编号	BIM	K_E	$E_s / (kJ/m^3)$
G24	1.456	1.767	0.913
G26	1.237	1.224	0.816
G27	1.256	3.303	0.428
G30	1.134	4.351	0.248
G32	1.140	5.396	0.319
G33	1.111	5.414	0.191
G34	1.055	5.593	0.151
G35	1.090	5.046	0.166
G36	1.123	4.692	0.151
G38	1.145	5.896	0.147

高径比为 2.4 时，BIM 平均值为 1.085，峰前积蓄能量平均值为 0.169 kJ/m^3，冲击能量指数平均值为 5.351；高径比为 2.9 时，BIM 平均值为 1.134，峰前积蓄能量平均值为 0.149 kJ/m^3，冲击能量指数平均值为 5.294。

砂岩冲击倾向性参数如表 4.8 所示。从表中可以看出，高径比为 0.6 时，试样 S21 的各个参数均最大，且与试样 S22 相差较大，通过计算两个试样的平均值得出，BIM 平均值为 1.437，峰前积蓄能量平均值为 0.994kJ/m^3，冲击能量指数平均值为 1.157；高径比为 1.2 时，各个冲击倾向性参数均相差不大，其中 BIM 平均值为 1.680，峰前积蓄能量平均值为 0.332kJ/m^3，冲击能量指数平均值为 1.624；高径比为 1.8 时，BIM 平均值为 1.208，峰前积蓄能量平均值为 0.168kJ/m^3，冲击能量指数平均值为 1.359；高径比为 2.4 时，各冲击倾向性参数均未表现出明显的离散性，其中，BIM 平均值为 1.220，峰前积蓄能量平均值为 0.137kJ/m^3，冲击能量指数平均值为 4.637；高径比为 2.8 时，两个试样也相差不大，其中，BIM 平均值为 1.274，峰前积蓄能量平均值为 0.122kJ/m³，冲击能量指数平均值为 5.715。

表 4.8　砂岩不同高径比冲击倾向性参数

编号	BIM	K_E	$E_s /(kJ/m^3)$
S21	2.296	1.473	1.155
S22	2.016	0.842	0.832
S24	1.097	1.197	0.189
S25	1.214	0.698	0.225
S26	1.110	1.402	0.222
S27	1.169	1.320	0.132
S29	1.247	1.398	0.203
S30	1.220	4.686	0.138
S31	1.190	6.175	0.142
S32	1.250	3.249	0.130
S33	1.287	6.178	0.131
S34	1.261	5.251	0.112

4.4.2　岩石高径比与 BIM 的关系

花岗岩与砂岩 BIM 与高径比的关系如图 4.10 所示。可以看出，花岗岩与砂岩均呈现出随着高径比的增大，BIM 逐渐降低的趋势，最后趋于平缓，而降低速率也逐渐减小。对花岗岩而言，仅有一个试样的 BIM 值大于 1.2，其余均小于或等于 1.2，体现了花岗岩的在小高径比的情况下的高冲击倾向性。对砂岩而言，当高径比大于 1.2 时，砂岩 BIM 值均在 1.2 左右，仅有微小浮动；高径比大于 1.2 时，砂岩 BIM 值均大于 1.5，为低冲击倾向性。为了深入探讨高径比与 BIM 的关系，可利用 1stOpt 软件进行拟合，方法为最小二乘法。则拟合得到的花岗岩公式为

$$\mathrm{BIM} = 1.085 + 0.573 \exp\left(-1.229 \frac{H}{D}\right) \tag{4.3}$$

砂岩的拟合公式为

$$\mathrm{BIM} = 1.123 + 2.472 \exp\left(-1.375 \frac{H}{D}\right) \tag{4.4}$$

花岗岩及砂岩拟合后的 R^2 值分别为 0.7367、0.9182。预测高径比无穷大时，花岗岩 BIM 值为 1.085，砂岩 BIM 值为 1.123。总的来说，花岗岩 BIM 均大于砂岩 BIM，可见花岗岩冲击倾向性及脆性均大于砂岩。

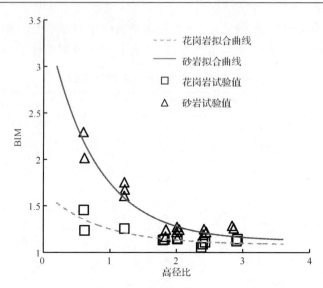

图 4.10　花岗岩与砂岩的高径比与 BIM 的关系

4.4.3　高径比与峰前积蓄能量、冲击能量指数的关系

图 4.11(a) 所示为花岗岩与砂岩峰前积蓄能量 E_s 的试验值与高径比之间的关系。其拟合曲线分别由式(4.5)和式(4.6)计算得出。可以看出，随着高径比的增大，峰前积蓄能量 E_s 逐渐降低，高径比小于 1.2 时，降低幅度最为剧烈，而后趋于平缓。因此可以认为，高径比越小的岩样，在峰前所受到的功越多，越能抵抗外界的作用；而高径比越大，峰前积蓄能量较少，外界仅仅对其做少部分功，就可以引起其失稳冲击破坏。

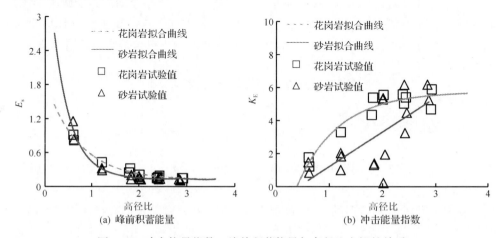

图 4.11　冲击能量指数、峰前积蓄能量与高径比之间的关系

花岗岩拟合公式为

$$E_s = 0.114 + 1.755\exp\left(-1.375\frac{H}{D}\right)$$

$$R^2 = 0.9876 \tag{4.5}$$

砂岩的拟合公式为

$$E_s = 0.131 + 4.362\exp\left(-2.631\frac{H}{D}\right)$$

$$R^2 = 0.9638 \tag{4.6}$$

高径比与冲击能量指数的关系如图 4.11(b)所示。试验发现，冲击能量指数 K_E 随着高径比的增大而增大，呈正相关关系，但增加速率逐渐减缓。花岗岩冲击能量指数拟合公式为

$$K_E = 5.75 - 9.456\exp\left(-1.274\frac{H}{D}\right)$$

$$R^2 = 0.9151 \tag{4.7}$$

对砂岩的冲击能量指数拟合时，从砂岩数据点图可以看出，冲击能量指数 K_E 在整体上随着高径比的增大而升高，但是其升高的速率并没有表现出一定的规律性，时高时低，表现出较大的离散性。且由于试样有限，并未做高径比大于 2.8 的试样，数据量较少，因此无法进行拟合。

根据冲击能量指数冲击倾向性评价，花岗岩只有在高径比为 0.6 时，K_E 才小于 2，表现出弱冲击倾向性；当高径比大于 1.2 时，花岗岩冲击能量指数大于 3，表现出高冲击倾向性。对砂岩而言，冲击能量指数表现出一定的离散性，比如高径比为 2.0 时，K_E 最大为 5.35，最小为 0.219，相差 24 倍。砂岩高径比大于 2.4 时，其冲击能量指数均大于 3，表现出高冲击倾向性；高径比小于 1.8 时，冲击能量指数小于 2，表现出弱冲击倾向性。

综上所述，通过对不同高径比下的花岗岩和砂岩进行单轴压缩试验，得出两种岩样的基本力学及冲击倾向性参数，并对两种岩石的尺寸效应进行了研究。分析高径比与冲击倾向性参数之间的关系，发现峰前积蓄能量、BIM、高径比呈反比关系，随着高径比的逐渐升高，冲击倾向性增大。冲击能量指数也具有明显的尺寸效应，随着高径比的增大而增大。因此为了减少矿柱岩爆现象，设计小高径比的矿柱。对各个参数与高径比的关系表达式还需大量试验数据进行验证。

4.5　围压对冲击倾向性的影响

4.5.1　不同围压下岩石的冲击倾向性

地层中的岩石处于复杂的应力状态，绝大部分都处于三向压缩应力作用下。因此，从实际受力及工程情况来说，在三向压缩应力作用下的强度及变形特性是岩石的本性反映。关于围压与冲击地压(岩爆)之间的关系，我国学者做了大量研究，主要集中在常规三轴压缩卸荷诱发岩爆的理论及试验研究。

王贤能和黄润秋[38]采用秦岭深埋花岗岩及攀枝花灰岩进行常规三轴卸荷试验。探讨了两种卸围压速率的变形破坏特征，以及与岩爆的关系。认为在地下硐室开挖过程中，围岩应力重新分布，并且形成一系列平行与硐壁的裂隙，随着快速卸荷，裂隙发育，硐室突然崩决破坏，进而岩爆发生。

徐林生等[39]利用常规三轴加、卸载试验，进行室内岩爆试验。得出了在不同应力状态下岩石破坏形式和岩爆的对应关系等。对粉砂岩和灰岩进行常规三轴加卸载试验，认为在三轴压缩试验中，岩样易发生剪切破坏，一定围压下卸荷破坏与中等岩爆现象相似；随着围压的增大，卸荷破坏的破裂角逐渐增大，与强烈岩爆现象相似。

张黎明等[40]对粉砂岩试样进行保持轴向变形不变的卸围压试验。研究表明，随着卸荷初始围压值的增加，卸荷破坏状态逐渐从中等岩爆过渡到强烈以上岩爆；三轴应力状态下的岩体如果某一方向的应力突然降低，造成其在较低应力状态下破坏，进而引发岩爆。

陈卫忠等[41]对脆性花岗岩进行常规三轴、不同卸载速率条件下峰前、峰后三轴卸围压试验。试验结果表明，高地应力下花岗岩表现明显的脆性破坏特征，峰前卸围压时岩样表现出脆性比峰后卸围压更为强烈，卸载速率越快，岩石脆性破坏越强，发生冲击的可能性越大。

何满潮等[42]利用自行设计的深部岩爆过程实验系统，对深部高应力条件下的花岗岩岩爆过程进行试验研究。对加载至三向不同应力状态下的板状花岗岩试样，快速卸载一个方向的水平应力，保持其他两向应力不变或保持其中一向应力不变，增加另外一向应力，取得了良好的研究成果。

张晓君[43]针对岩爆形成机理的研究不足，利用常规三轴及真三轴加载、卸载试验，对卸荷状态下的岩爆进行分析。研究结果表明：随着应力的增加，冲击倾向性围压具有一段平静期，其时间长短与围岩卸荷前后的应力水平有关，围岩卸荷后，应力水平越高，含剪切成分越大，岩爆越强烈。

冲击倾向性参数如表4.9所示。

表 4.9　不同围压下冲击倾向性参数

编号	BIM	K_E	编号	BIM	K_E	编号	BIM	K_E
G13	1.139	1.860	L13	1.027	1.742	S13	1.341	1.680
G14	1.271	0.528	L14	1.236	0.589	S14	1.382	1.104
G15	1.242	1.062	L15	1.030	1.338	S15	1.242	1.406
G16	1.169	1.294	L16	1.705	1.096	S16	1.529	0.980
G17	1.053	31.60	L17	1.528	1.364	S17	1.288	1.492
						S20	1.374	1.784

在 4.3 和 4.4 节的论述中，动态破坏时间 D_t 并不能有效地评价岩石的冲击倾向性，因此，本节并未对其进行分析。从大理岩常规三轴压缩全程应力-应变曲线 [图 3.4(d)] 可以看出，大理岩试样达到峰值后并未出现明显的峰后跌落现象，而是首先出现一个较长的应力平台，呈现出脆性向延性的转变，因而在围压作用下，大理岩并不具备冲击倾向性，故并未分析大理岩的冲击倾向性参数。从花岗岩、灰岩、砂岩的常规三轴压缩全程应力-应变曲线可以看出，三者均表现出明显的脆性特征。

4.5.2　围压对脆性指标修正值及冲击能量指数的影响

脆性指标修正值 BIM 与围压的关系见图 4.12(a)。围压为 0 MPa 时的 BIM 平均值见 4.3 节。分析可得：①花岗岩围压为 0 MPa 时的评价 BIM 为 1.146；随着围压的升高，BIM 先升高后降低。在围压为 7.5MPa 时，BIM 最大为 1.271，为中等冲击倾向性；围压为 15MPa 时，BIM 最小为 1.053，为高冲击倾向性；②灰岩在 0 MPa 围压下的平均 BIM 为 1.123；随着围压的升高，BIM 呈波浪形逐渐升高，其中围压为 5MPa 时最小为 1.027MPa，为高冲击倾向性；围压为 12.5 MPa 时，

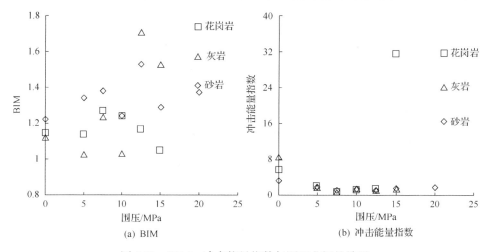

(a) BIM　　　　　　　　　　　(b) 冲击能量指数

图 4.12　BIM、冲击能量指数与围压之间的关系

BIM 达到最大（为 1.705），为低冲击倾向性。③在围压为 0 MPa 时，砂岩 BIM 平均值为 1.223，具有中等冲击倾向性；随着围压的增大，BIM 逐渐增加，但增加幅度不同；围压为 12.5MPa 时，BIM 为 1.529，具有低冲击倾向性。由此可见，从理论上来说，随着围压的升高，试样的屈服阶段逐渐变大，塑性变形增大，积攒的弹性能量减少，BIM 应有增大趋势。从本次试验数据来看，BIM 与围压并不具有明显的线性关系，但除花岗岩外，均具有增大趋势。

花岗岩在 7.5 MPa 之后，BIM 逐渐降低，主要原因是作为脆性岩石，花岗岩试样在三向荷载作用下，试样内的弱面首先发生破坏失稳，导致其应力-应变曲线未能达到其真实的承载强度，这一点从其全程应力-应变曲线可以看出[图 3.4(a)]。

冲击能量指数 K_E 与围压的关系见图 4.12(b)。在围压作用下，除去 15MPa 离散点外，花岗岩 K_E 最大为 1.860，最小为 0.528，均处于弱冲击倾向性或无冲击倾向性；灰岩 K_E 最大为 1.742，最小为 0.589，同样具有弱冲击倾向性或无冲击倾向性；砂岩 K_E 最大为 1.784，最小为 0.980。可以看出，随着围压的增大，冲击能量指数逐渐降低，具有弱冲击倾向性或无冲击倾向性。

综上所述，分别计算出各个试样的冲击倾向性参数，花岗岩、灰岩及砂岩 BIM 与围压关系表现出较强的离散性，但是基本都呈正比关系，因此冲击倾向性降低。冲击能量指数 K_E 与围压呈负相关关系，冲击倾向性降低。但是各个参数与围压关系函数表达式，还有待大量数据研究。

4.6　煤岩组合体峰后破坏脆性特征

第 2 章已介绍煤岩组合体峰后应力-应变曲线形态，利用其可以表征煤岩组合体峰后破坏的脆性特征。岩石的脆性强弱与峰后应力-应变曲线的斜率及残余强度有关，也就是岩石破坏后承载能力减弱到残余强度的快慢程度[44]。峰后应力-应变曲线斜率的绝对值越大，即曲线越陡，表明岩石峰后破坏脆性越强；反之，则表明岩石峰后破坏脆性越弱。

由以上分析可知，岩石的脆性强弱与峰后应力-应变曲线的斜率密切相关。故笔者建议采用无量纲化的峰后应力软化系数 S_s 来评价煤岩组合体峰后脆性特征，该方法基于峰后应力-应变曲线形态，应用简单、直观。应力软化系数 S_s 的表达式为

$$S_s = \frac{\sigma_p - \sigma_r}{(\varepsilon_r - \varepsilon_p)E} \tag{4.8}$$

式中：σ_p、σ_r 分别为峰值强度和残余强度，ε_p、ε_r 分别为峰值应变和残余应变；E 为杨氏模量。

由式(4.8)可知，对于理想塑性材料(即 $\sigma_p = \sigma_r$)，其应力软化系数 $S_s = 0$；对于理想脆性材料(即 $\varepsilon_p = \varepsilon_r$)，其应力软化系数趋于无穷大；对于峰后应变软化材料，其应力软化系数越小，表明其延性较强，应力软化系数越大，表明其脆性较强。可见，通过比较应力软化系数的大小可以评价煤岩组合体峰后脆性强弱。

对试验数据进行整理，由式(4.8)计算所得的应力软化系数列于表 4.10。

表 4.10　煤岩组合体峰后应力软化系数

编号	软化系数	软化系数平均值	编号	软化系数	软化系数平均值
MR-0-1	0.989		MR-10-1	0.632	
MR-0-2	1.037	1.042	MR-10-2	0.443	0.407
MR-0-3	1.100		MR-10-3	0.147	
MR-5-1	0.051		MR-15-1	0.260	0.590
MR-5-2	0.167	0.118	MR-15-2	0.920	
MR-5-3	0.137		MR-20-1	0.298	0.228
			MR-20-2	0.158	

为进一步验证应力软化系数的适用性，利用作者提出的能量跌落系数也对各试样的脆性进行评价[45]。由于本试验中环向应变仪安装在煤体上，所测的环向应变为煤体的，无法得到煤岩组合体的泊松比。根据文献[45]的讨论，泊松比对能量跌落系数的影响不明显，也不影响其随围压的变化趋势。若取损伤变量 $D = 0$，泊松比 $\nu = 0.3$，能量跌落系数的计算结果列于表 4.11。能量跌落系数随围压的变化见图 4.13。

表 4.11　能量跌落系数的计算

编号	割线模量 /GPa	$\int_{\varepsilon_p}^{\varepsilon_r} \sigma_1 d\varepsilon_1$ /(kJ/m³)	$\dfrac{\sigma_p^2}{2E_p} - \dfrac{\sigma_r^2}{2E_r}$ /(kJ/m³)	$2\nu(\varepsilon_r - \varepsilon_p)\sigma_3$ /(kJ/m³)	能量跌落系数	能量跌落系数平均值
MR-0-1	7.694	64.45	70.84	0	0.910	
MR-0-2	5.325	47.44	59.68	0	0.795	0.804
MR-0-3	4.263	24.86	35.12	0	0.708	
MR-5-1	8.7141	428.62	22.03	39.61	17.662	
MR-5-2	8.4376	242.72	46.85	30.63	4.527	9.409
MR-5-3	8.5182	253.52	37.51	27.00	6.039	
MR-10-1	10.421	62.69	43.44	10.42	1.203	
MR-10-2	14.408	261.35	130.80	28.42	1.781	2.939
MR-10-3	12.505	288.92	43.06	37.77	5.833	
MR-15-1	17.822	145.30	36.66	19.50	3.432	2.106
MR-15-2	13.201	203.36	235.84	19.42	0.780	
MR-20-1	17.145	169.71	51.88	32.07	2.653	3.670
MR-20-2	13.555	1306.16	233.52	211.75	4.687	

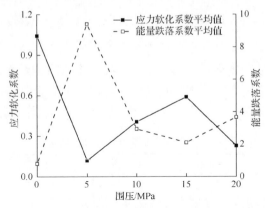

图 4.13　应力软化系数及能量跌落系数平均值与围压的关系

　　由本章和文献[45]的分析可知，应力软化系数越大，或者能量跌落系数越小，表明脆性破坏越明显、越突然。由图 4.13 可以看出两者表示的煤岩组合体峰后脆性特征随围压的变化趋势是相同的，说明应力软化系数具有较好的适用性，可为评价煤岩组合体峰后脆性强弱提供参考价值。

　　从图 4.13 可以看出，煤岩组合体在单轴加载时的应力软化系数是最大的，说明单轴加载时煤岩组合体的脆性最强。围压由 0 增大到 5 MPa 时，应力软化系数迅速降低并在 5 MPa 时达到最小值，软化系数平均值降低了 88.7%，说明在此阶段煤岩组合体的脆性对围压的敏感性较强，其主要原因可能是煤体强度较低，故受低围压影响较大。围压由 5 MPa 增大到 15 MPa 时，应力软化系数随围压增大而增大，15 MPa 时的软化系数平均值增大到了 0 MPa 时软化系数平均值的 56.6%。此后，应力软化系数随围压增大而又小幅度减小。由表 4.10 可看出，围压为 15 MPa 时应力软化系数的离散性较大，通过分析其应力-应变曲线可知，MR-15-2 试样应力达到峰值强度后，峰后应力-应变曲线呈现为 Ⅱ 类曲线，表明该试样峰后破坏不稳定，应力跌落比较突然，故表现为较强的脆性。

　　通过以上分析可知，煤岩组合体在单轴压缩时表现出较强的脆性，有围压存在时其脆性程度减弱。围压由 0 增大到 5 MPa 时，脆性对围压的敏感性较强，由 5 MPa 增大到 20 MPa 时，脆性程度随围压增大呈现非单调变化，但变化幅度不大。究其原因，主要是煤岩组合体试样中煤体部分含有较多的原生裂缝、孔洞等缺陷，致使其弹性模量较低，是组合体中软的部分；岩体部分含有的原生缺陷少，结构较为均匀，是组合体中硬的部分。煤岩组合体试样软、硬成分的组合使其结构具有特殊性，并且煤体与岩体所占的比例不同也会影响其整体的性质。故煤岩组合体结构的特殊性使其初始强度较低，较小的围压就使其含有的裂缝、孔隙等完全闭合，虽然抗压强度有所提高，但在峰后破坏阶段，由于煤体部分强度低，侧向约束可明显抑制其变形的速度，导致其脆性程度迅速减弱。当施加高围压时，煤岩组合体含有的缺陷早已闭合，虽然围压抑制了其峰后变形的速度，但其抗压强度也在同步提高，两者的相互作用导致其脆性程度随围压变化不明显。可见，煤岩组合体试样较强的结构非均质性导致其与单纯岩石试样表现出的脆性性质不同。由于试验数据有限，要确定煤岩组合体在高围压时脆性程度变化规律，还需要增加试样数目，做进一步的研究。

4.7　煤岩组合体破坏冲击倾向性特征

目前，关于煤岩组合体冲击倾向性，姜福兴等[46]、潘俊锋等[47]对冲击地压进行了大量的研究，并取得了研究成果。窦林名等[48]研究了组合煤岩体试样的变形破裂规律及冲击倾向性。赵毅鑫等[49]研究了煤岩组合体失稳破坏过程中红外热像、声发射能谱及组合体不同部位应变的变化规律。基于此，本章主要对比分析了煤-岩组合、岩-煤组合、岩-煤-岩组合方式下试样的强度及变形，特别是对不同组合方式的冲击倾向性进行了对比分析，进而为开滦矿区钱家营矿采矿工程设计及冲击地压防范提供一定的理论支持。

4.7.1　煤岩组合体的峰前积蓄能量与峰后耗散能量

在深部高应力状态下，冲击地压是矿井开采中的主要灾害之一[50,24]。煤矿冲击地压发生时，往往会造成煤岩体的共同破坏。据相关资料统计[51]，开滦矿区唐山矿及赵各庄矿均发生数十次的冲击地压事故。钱家营矿是一座设计能力 400 万 t/a 的特大型矿井，且在规划从–850 m 扩大到第三生产水平–1050 m，冲击地压问题也越来越严重。因此，研究钱家营矿煤岩组合体的力学性质及其冲击倾向性具有十分重要的现实意义。煤矿开采过程中，在高应力状态下积聚有大量弹性能的煤或岩体，在一定的条件下突然发生破坏、冒落或抛出，使能量突然释放，呈现声响、振动以及气浪等明显的动力效应，这些现象统称为煤矿动压现象。煤矿动压现象具有突然爆发的特点，其效果有的如同大量炸药爆破，有的能形成强烈暴风，如冲击地压、煤与瓦斯突出等灾害[21]。

冲击地压是聚集在矿井巷道和采场周围煤岩体中的能量突然释放，在井巷发生爆炸性事故，产生的动力将煤岩体抛向巷道，同时发生强烈声响，造成煤岩体振动和破坏、支架与设备损坏、人员伤亡、部分巷道垮落破坏等[21]。近年来，根据现场经验以及实验室内岩石力学测试，发现在一定的围岩与压力条件下，任何煤层中的巷道或采场均有可能发生冲击地压。另外，煤的强度越高，引发冲击地所要求的应力越小，反之，煤的强度越小，要引发冲击地压，就需要比硬煤高得多的应力。煤的冲击倾向性是评价煤层冲击性的特征参数之一[21]。对煤的冲击倾向性评价，主要采用冲击能量指数、弹性能量指数及动态破坏时间。本章注重研究冲击能量指数。不同煤岩组合体峰前积蓄能量及峰后耗散能量及冲击能量指数如表 4.12 所示。

表 4.12　不同煤岩组合体峰前积蓄能量、峰后耗散能量及冲击能量指数

编号	A2/ (10^{-2} MJ/m^3)	A3/ (10^{-2} MJ/m^3)	K_E
M–0–1	5.628	9.265	0.607
M–0–3	1.124	1.415	0.794
RM–0–1	10.68	2.610	4.092
RM–0–2	5.618	2.687	2.091
RM–0–3	4.316	2.583	1.671
MR–0–1	11.32	5.267	2.149
MR–0–2	5.953	3.810	1.825
MR–0–3	5.975	1.442	4.144
RMR–0–1	8.605	7.972	1.079
RMR–0–2	13.85	6.996	1.979
RMR–0–3	12.79	7.456	1.703

　　冲击能量指数 K_E 是指在单轴压缩状态下，煤样全应力-应变曲线峰值前所积聚的变形能 A2(峰前应力-应变曲线所包含的面积)与峰值后所消耗的变形能 A3(峰后应力-应变曲线所包含的面积)的比值，能直观、全面地反映试样在加载时的储能、耗能的全过程[21]。图 4.14 所示为煤岩组合体峰前积蓄能量及峰后耗散能量分布。可以看出，煤岩组合体的峰前积蓄能量及峰后耗散能量均大体趋势为 M 最小，RM 次之，MR 第三，RMR 最大。由于单体煤 M–0–2 轴向应变测量有误，故计算峰前积蓄能量及峰后耗散能量时只计算了 M–0–1 试样及 M–0–3 试样。单体煤的峰前积蓄能量 A2 最大值及最小值分别为 5.628×10^{-2} MJ/m^3、1.124×10^{-2} MJ/m^3 平均为 3.376×10^{-2} MJ/m^3，其中最大值与最小值相差 4.504×10^{-2}MJ/m^3，具有较强的离散性。RM 煤岩组合体最大峰前积蓄能量为 10.68×10^{-2}MJ/m^3，最小值为 4.316×10^{-2} MJ/m^3，二者之差为 6.364×10^{-2} MJ/m^3，平均值为 6.871×10^{-2} MJ/m^3，与单体煤相比，增幅为 3.441×10^{-2} MJ/m^3，增大了 1.01 倍。MR 煤岩组合体最大峰

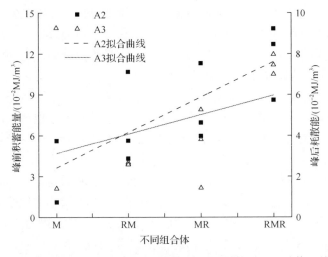

图 4.14　不同煤岩组合体峰前积蓄能量及峰后耗散能量的试验值及趋势线

前积蓄能量为 11.32×10^{-2} MJ/m^3，最小为 5.975×10^{-2} MJ/m^3，两者之差为 5.345×10^{-2} MJ/m^3，平均值为 8.028×10^{-2} MJ/m^3，与单体煤相比，增幅为 4.652×10^{-2} MJ/m^3，增大了 1.38 倍。RMR 煤岩组合体的最大峰前积蓄能量为 13.845×10^{-2} MJ/m^3，最小为 8.605×10^{-2} MJ/m^3，两者之差为 5.24×10^{-2} MJ/m^3，平均值为 11.72×10^{-2} MJ/m^3，与单体煤相比，增幅为 8.344×10^{-2} MJ/m^3，增大了 2.47 倍。

　　不同煤岩组合体峰后耗散能量的拟合曲线如图 4.14 实线所示。单体煤的峰后耗散能量最大值为 9.265×10^{-2} MJ/m^3，最小值为 1.415×10^{-2} MJ/m^3，两者相差 7.85×10^{-2} MJ/m^3，平均值为 5.34×10^{-2} MJ/m^3。从两者之差可以看出，单体煤的峰后耗散能量同样具有较强的离散性。RM 煤岩组合体最大值为 2.687×10^{-2} MJ/m^3，最小值为 2.583×10^{-2} MJ/m^3，两者相差仅 0.104×10^{-2} MJ/m^3，具有较弱的离散性，三个试样的峰后耗散能量大小相差不大，平均值为 2.627×10^{-2} MJ/m^3，与单体煤相比，降幅为 2.713×10^{-2} MJ/m^3，减小了约 50.81%。MR 煤岩组合体最大峰后耗散能量为 5.267×10^{-2} MJ/m^3，最小为 1.442×10^{-2} MJ/m^3，两者相差 3.825×10^{-2} MJ/m^3，平均值为 3.506×10^{-2} MJ/m^3，与单体煤相比，降幅为 1.834×10^{-2} MJ/m^3，减小了约 35%。RMR 煤岩组合体最大峰后耗散能量为 7.972×10^{-2} MJ/m^3，最小值为 6.996×10^{-2} MJ/m^3，两者相差仅 0.976×10^{-2} MJ/m^3，平均值为 7.475×10^{-2} MJ/m^3，与单体煤相比，增幅为 2.135×10^{-2} MJ/m^3，增大了 39.98%。综上所述，单体煤及单体岩石组合之后，使其发生破坏的能量比单体煤大，但是由于煤及岩石本身的非均质性、各向异性，造成一些试样的峰前积蓄能量及峰后耗散能量具有一定的离散性。

　　图 4.15 所示为 A2、A3 与单轴抗压强度的关系，其基本趋势为随着强度的增大，峰前积蓄能量与峰后耗散能量均增大。

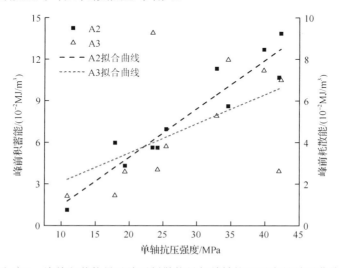

图 4.15　峰前积蓄能量及峰后耗散能量与单轴抗压强度的关系曲线

4.7.2 煤岩组合体冲击倾向性

在第 2 章及第 3 章介绍的煤岩组合体常规单轴及三轴压缩试验中，由于煤的强度较小，更易产生变形，因此煤岩组合体的环向引伸计安装在煤样上，测出的环向位移为煤岩组合体中煤样的环向变形量。三种煤岩组合体的峰值环向应变见图 4.16。MR 组合体约在峰值应变为–1.051%（MR–0–1）～ –0.357%（MR–10–1）时发生破坏。除在单轴压缩压缩情况下，MR 组的峰值环向应变出现下降的趋势。这意味着，随着围压的升高，MR 组的环向变形比在低围压时要大。RM 煤岩组合体约在峰值应变为–1.031%（RM–0–3）～–0.225%（RM–20–1）的区间发生破坏。施加围压后，从 5 MPa 到 15 MPa，RM 组的峰值环向应变有轻微的降低，而围压升高到 20 MPa 后，出现升高的现象。在这种情况下，组合体中煤破坏时候的环向变形与围压之间的关系并不明显。同样，当组合体试样发生破坏时，RMR 组的最大环向变形为–1.364%（RMR–0–3），最小为–0.544%（RMR–5–3）。RMR 组的峰值环向应变随着围压从 0 MPa 到 15 MPa 呈现出增大的趋势。MR 组的平均峰值环向应变为–0.648%，比 RM 组小，但比 RMR 组大。

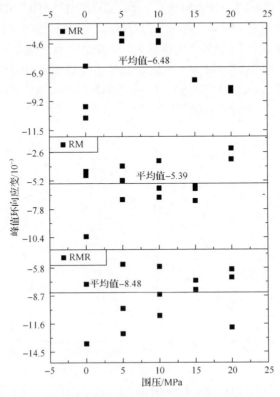

图 4.16　三种煤岩组合体的峰值环向应变与围压的关系

事实上，在采矿工程中，大部分房柱式中的煤柱及长壁和短壁工作面均受到采动应力和地应力的双重作用，尤其是在垂直方向上，与实验室内的单轴压缩试验类似。因此，巷道和工作面在采动扰动的影响下易发生冲击地压、岩爆或煤与瓦斯突出等矿井动力灾害。当冲击地压或煤与瓦斯突出发生时，释放出的大量的能量，造成工作面前方的采煤机及巷道的损坏(图 4.17)[47]。同样，在河南义马千秋煤矿，冲击地压造成了 150 m 的巷道毁坏[52]。

图 4.17　冲击地压造成采煤机损坏[45]

与岩石相比，煤是一种较软的地质材料。由第 2 章介绍可知，岩石的单轴压缩强度约为煤的 8.5 倍。因此，当煤岩组合体达到破坏强度时，煤发生破坏，而岩石仅仅产生弹性变形。单轴压缩下，3 种煤岩组合体的峰值应变试验值和平均值及其趋势线如图 4.18 所示。可以看出，煤的峰值环向应变是最大的。煤的环向扩容是诱发冲击地压的一个主要因素。

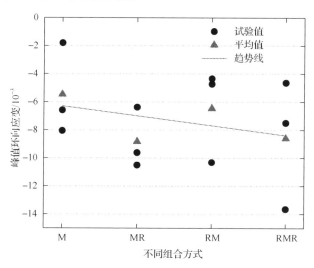

图 4.18　不同组合方式下的峰值环向变形

当冲击能量指数值大于 1.5 时，该煤层具有冲击倾向性。冲击能量指数分布如图 4.19 所示。

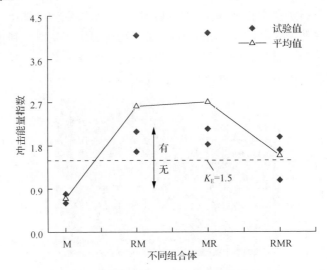

图 4.19　不同煤岩组合体的冲击能量指数分布

由分析可以看出：煤样单体冲击能量指数平均值为 0.701，无冲击倾向性。RM 煤岩组合体冲击能量指数最大达到 4.092，最小为 1.671，均具有弱冲击倾向性，平均值为 2.618，比煤样单体提高了近 2.73 倍。而 MR 煤岩组合体冲击能量指数最大为 4.144，最小为 1.825，平均值为 2.706，具有弱冲击倾向性，比煤样单体提高了近 2.86 倍。RMR 煤岩组合体冲击能量指数最大为 1.979，最小为 1.079，平均值为 1.587，具有弱冲击倾向性，比煤样单体提高了近 1.26 倍。

由此可以看出，与煤样单体相比，煤岩组合体提高了煤层的冲击倾向性，其中 MR 组合体冲击倾向性最高，RM 次之，RMR 组合体最小。因此，如果只对具有冲击地压矿井的煤样进行冲击倾向性鉴定，会低估该冲击矿井的冲击倾向性。故今后有可能需要考虑对矿井煤岩组合体进行冲击倾向性鉴定，以预测和防止冲击地压的发生。另外，从图 4.18 和图 4.19 可以看出，煤的峰值环向应变最大，但其冲击能量指数最小。因此，组合之后，较小的环向变形会导致冲击倾向性的提高，进而诱发冲击地压。

采矿工程中，冲击地压可以分为顶板型冲击地压及底板型冲击地压及"三硬"条件下冲击地压[48,53,54]。RM、MR、RMR 组合体依次与之对应。与煤单体相比，组合体冲击倾向性提高的原因可能是在压缩过程中，煤体及岩体均发生变形，煤体发生破坏时，岩体所积蓄的大量弹性能得到释放，从而加快了煤体的破坏，造成冲击地压。

参 考 文 献

[1] 何满潮, 钱七虎. 深部岩体力学基础. 北京: 科学出版社, 2010.

[2] 何满潮. 深部的概念体系及工程评价指标. 岩石力学与工程学报, 2005, 24(16): 2854–2858.

[3] 何满潮, 谢和平, 彭苏萍, 等. 深部开采岩体力学研究. 岩石力学与工程学报, 2005, 24(16): 2803–2813.

[4] 张镜剑. 水电建设中的一些岩石力学问题. 岩石力学与工程学报, 1991, 10(2): 169–177.

[5] Morrison R G K. Report on the rock burst situation in: Ontario mines. Transactions, Canadian Institute of Mining and Metallurgy, 1942, 45: 225–272.

[6] 苗金丽. 岩爆的能量特征实验分析. 博士论文北京: 中国矿业大学. 2009.

[7] Bolstad D D. Rockburst control research by the US Bureau of Mines. Rockbursts and Seismicity in Mines. Rotterdam. 1988.

[8] 赵本钧. 冲击地压及其防治. 北京: 煤炭工业出版社, 1995.

[9] 范维唐. 提高煤炭生产整体水平保障煤矿生产安全. 中国煤炭, 2005, 34(1): 5–17.

[10] 石长岩. 红透山铜矿深部地压及岩爆问题探讨. 有色矿冶, 2000, 16(1): 4–8.

[11] 冯涛, 谢学斌, 潘长良, 等. 岩爆岩石断裂机理的电镜分析. 中南工业大学学报, 1999, 30(1): 14–17.

[12] 李夕兵, 古德生. 深井坚硬矿岩开采中高应力的灾害控制与碎裂诱变. 香山科学会议第175次学术研讨会. 北京, 2001.

[13] Ramsay J G. Folding and fracturing of rocks. London: McGraw–Hill, 1967: 44–47.

[14] Obert L, Duvall W I. Rock mechanics and the design of structures in rock. New York: John Wiley, 1967: 78–82.

[15] Jesse V H. Glossary of geology and related sciences. Washington D. C. : American Geological Institute, 1960: 99–102.

[16] 王宇, 李晓, 武艳芳, 等. 脆性岩石起裂应力水平与脆性指标关系探讨. 岩石力学与工程学报, 2014, 33(2): 264–275.

[17] Altindag R, Guney A. Predicting the relationships between brittleness and mechanical properties (UCS, TS and SH) of rock. Scientific Research and Essays, 2010, 5(16): 2107–2118.

[18] Hucka V, Das B. Brittleness determination of rocks by different methods. International Journal of Rock Mechanics and Mining Sciences and Geomechanics Abstracts, 1974, 11(10): 389–392.

[19] 张志镇, 高峰, 刘志军. 温度影响下花岗岩冲击倾向及其微细观机制研究. 岩石力学与工程学报, 2010, 29(8): 1591–1602.

[20] 张志镇, 高峰, 林斌, 等. 岩石冲击倾向与其波速变化的相关性研究. 岩石力学与工程学报, 2012, 31(增 2): 3527–3532.

[21] 钱鸣高, 石平五, 许家林. 矿山压力与岩层控制. 徐州: 中国矿业大学出版社, 2010.

[22] Aubertin M, Gill D E, Simon R. On the use of the brittleness index modified (BIM) to estimate the post–peak behavior of rocks, rock mechanics. The First North American Rock Mechanics Symposium. Rotterdan. 1994.

[23] 陈岩. 岩石冲击倾向性及其影响因素试验研究. 焦作: 河南理工大学硕士学位论文, 2015.

[24] 齐庆新, 陈尚本, 王怀新, 等. 冲击地压、岩爆、矿震的关系及其数值模拟研究. 岩石力学与工程学报, 2003, 22(11): 1852–1848.

[25] 茅献彪, 陈占清, 徐思鹏, 等. 煤层冲击倾向性与含水率关系的试验研究. 岩石力学与工程学报, 2001, 20(1): 49–52.

[26] 孟召平, 潘结南, 刘亮亮, 等. 含水量对沉积岩力学性质及其冲击倾向性的影响. 岩石力学与工程学报, 2009, 28(增 1): 2637–2643.

[27] 苏承东, 翟新献, 魏志向, 等. 饱水时间对千秋煤矿 2#煤层冲击倾向性指标的影响. 岩石力学与工程学报, 2014, 33(2): 235–242.

[28] 王文星. 岩石力学. 长沙: 中南大学出版社, 2004: 5–12.

[29] Van Mier J G M, Van Vliet M R A. Influence of microstructure of concrete on size/scale effects in tensile fracture. Engineering Fracture Mechanics, 2003, 70(16): 2281–2306.

[30] Hudson J A, Crouch S. Soft, stiff and servo–controlled testing machines. Engineering Geology, 1972, 6(3): 155–189.

[31] 尤明庆, 苏承东. 大理岩试样的长度对单轴压缩试验的影响. 岩石力学与工程学报, 2004, 23(22): 3754–3760.

[32] 郭志. 实用岩体力学. 北京: 地震出版社, 1996: 21–25.

[33] 潘一山, 魏建明. 岩石材料应变软化尺寸效应的实验和理论研究. 岩石力学与工程学报, 2002, 21(2): 215–218.

[34] 石永奎, 马源鸿, 尹延春. 尺寸效应对煤层冲击倾向性测试结果的影响. 煤炭科学技术, 2014, 42(2): 23–26.

[35] 尤明庆, 华安增. 岩样单轴压缩的尺度效应和矿柱支承性能. 煤炭学报, 1997, 22(1): 37–41.

[36] 唐春安. 岩石破裂过程中的灾变. 北京: 煤炭工业出版社, 1993.

[37] Jeremic M L. 岩体力学在硬岩开采中的应用. 赵玉学, 胡朝华译. 北京: 冶金工业出版社, 1990.

[38] 王贤林, 黄润秋. 岩石卸荷破坏特征与岩爆效应. 山地研究, 1998, 16(4): 281–285.

[39] 徐林生, 王兰生, 李天斌. 卸荷状态下岩爆岩石变形破裂机制的实验岩石力学研究. 山地学报, 2000, 18(增刊): 102–107.

[40] 张黎明, 王在泉, 贺俊征. 岩石卸荷破坏与岩爆效应. 西安建筑科技大学学报(自然科学版), 2007, 39(1): 110–115.

[41] 陈卫忠, 吕森鹏, 郭小红, 等. 脆性岩石卸围压试验与岩爆机理研究. 岩土工程学报, 2010, 32(6): 963–969.

[42] 何满潮, 苗金丽, 李德建, 等. 深部花岗岩试样岩爆过程实验研究. 岩石力学与工程学报, 2007, 26(5): 865–876.

[43] 张晓君. 高应力硬岩卸荷岩爆模式及损伤演化分析. 岩土力学, 2012, 33(12): 3560–3554.

[44] 李庆辉, 陈勉, 金衍, 等. 页岩脆性的室内评价方法及改进. 岩石力学与工程学报, 2012, 31(8): 1680-1685.

[45] 左建平, 黄亚明, 熊国军, 等. 脆性岩石破坏的能量跌落系数研究. 岩土力学, 2014, 35(2): 321-327.

[46] 姜福兴, 杨淑华, 成云海, 等. 煤矿冲击地压的微地震监测研究. 地球物理学报, 2006, 49(5): 1511–1516.

[47] 潘俊锋, 宁宇, 毛德兵, 等. 煤矿开采冲击地压启动理论. 岩石力学与工程学报, 2012, 31(3): 586–596.

[48] 窦林名, 陆菜平, 牟宗龙, 等. 组合煤岩冲击倾向性特性试验研究. 采矿与安全工程学报, 2006, 23(1): 43–46.

[49] 赵毅鑫, 姜耀东, 祝捷, 等. 煤岩组合体变形破坏前兆信息的试验研究. 岩石力学与工程学报, 2008, 27(2): 339–346.

[50] 潘一山, 李忠华, 章梦涛. 我国冲击地压分布、类型、机理及防治研究. 岩石力学与工程学报, 2003, 22(11): 1844–1851.

[51] 韩军, 梁冰, 张宏伟, 等. 开滦矿区煤岩动力灾害的构造应力环境. 煤炭学报, 2013, 38(7): 1154–1160.

[52] 姜耀东, 赵毅鑫. 我国煤矿冲击地压的研究现状: 机制、预警与控制. 岩石力学与工程学报, 2015, 34(11): 2188–2204.

[53] 何江, 窦林名, 巩思园, 等. 倾斜薄煤层切顶巷预裂顶板防治冲击矿压技术研究. 煤炭学报, 2015, 40(6): 1347–1352.

[54] 田利军. "三硬" 条件煤层压变区域失衡冲击理论及应用. 地下空间与工程学报, 2014, 10(5): 1192–1197.

第5章　深部煤岩组合体分级加卸载破坏力学特性试验研究

　　随着我国煤炭开采深度的逐渐加大，特别是近年来大采高放顶煤开采及特厚煤层的开采，采场周围需留设各种类型的煤柱，如区段煤柱、断层保护煤柱、条带开采时的条带煤柱、房柱开采时的房柱等，以保证煤炭的安全高效采出。这些煤柱具有支撑和隔离的作用，而煤柱与其上覆岩层组合结构的安全稳定性决定了整个采场的安全。留设煤柱除了受矿区地应力的影响外，还受到多次爆破、掘进和回采等因素的影响，尤其是大采高放顶煤开采、房柱式开采、条带开采等，煤柱要受到采动应力的反复作用；若是近距离煤层则还受到上、下相邻煤层的采动影响，因此考虑循环加卸载作用下煤岩组合体的力学行为及稳定性具有十分重要的意义。

　　目前的研究大多关注煤体或岩体在单轴和三轴荷载条件下的变形破坏。Paterson 和 Wong[1], Jaeger 等[2], Mogi[3]在他们的专著中对岩石的基本力学性质做了非常系统的总结。唐春安课题组通过两岩体相互作用系统对地震孕育过程中的微破裂活动及弹性回弹等特性进行了研究[4,5]。但目前有关两岩体系统加卸载循环特性研究还较少。大理岩、花岗岩、红砂岩等相对坚硬致密均质的岩石在循环荷载作用下的强度及变形特征也有研究[6,7]，但对于含有大量原生裂隙且强度较低的煤岩体的循环荷载导致的破坏还缺乏系统研究。公认的试验结果表明，岩石类材料在多次反复加卸载条件下的卸载曲线与加载曲线不相重合，其变形曲线会形成一条封闭的塑性滞回环，且该环随着循环加、卸载次数的增加而逐渐变小变窄，直到某次循环没有塑性变形为止，最终合并为一条线[1,2,8]。但也有学者持不同意见，认为岩石在循环加、卸载条件下的卸载曲线与加载曲线会形成一封闭的塑性滞回环，但该环从第 2 次循环起就可能不再发生变化[9,10]。Spencer 设计了一套单轴加载和卸载的实验装置，以观测应力-应变曲线的滞后现象，测量涵盖了地震勘探的频率以及非常小(约 10^{-7})时的复模量、能量耗散和速度[11]。Holcomb 通过辉绿岩和花岗岩的循环差应力实验，研究了膨胀岩石的记忆、弛豫和损伤[12]。Mcall 和 Guyer 基于滞后细观弹性单元的假设，利用 Preisach-Marergoyz 模型讨论了静态应力-应变状态方程、准静态模量-应力关系和动态模量-应力关系，并应用于非线性弹性波传播的运动方程[13]。Tutuncu 等对多孔隙颗粒状沉积岩在单轴循环应力作用下的情形进行了研究，指出应力-应变滞回环的特征与施加荷载的频率、应变振幅以及岩石的饱和流体特性等因素有关，并影响岩石的衰减特性[14,15]。许江等[16]通过地应力水平下不同应变速率时循环次数对安山岩的割线杨氏模量的研究发现，岩石这种天然材料自身具有明显的黏弹性特性，并且其表现出来的力学性质不仅与作用力的大小、方向、加载速率等密切相关，而且还与其作用力的方式和岩石自身的组构特征密切相关。陈运平等[17]通过对饱和砂岩和大理岩的循环荷载实验，发现岩石的衰减和滞后存在密切的关系，认为孔隙流体流动在岩石的滞后和衰减中起着重要作用。有关岩石的滞后和衰减机制事实上是一个非常复杂的问题，很难通过某一种模型或某一种机制来解释所有的岩石滞后及衰减机制。目前，岩石的滞后和衰减的模型或者理论主要有两类：一类是从宏观或者非线性弹性波方程解释衰减；另一种是从衰减的微观机理考虑。席道瑛等研究了循环荷载下饱和砂岩、大理岩的各向异性和非线性黏弹性响应[18]，她通过正弦载荷作用研究了饱和岩石的物理力学性质，认为其具有显著的各向异性，这种各向异性与砂岩固有的各向异性有关。循环荷载下饱和岩石的应力-应变曲线呈现闭合的尖叶状。在每一个载荷循环中，应力-轴向应变曲线基本不变，从而说明没有残余应变的参与，响应仍然是弹性的。许江等[19]从不同位移速率、不同载荷水平和不同岩石孔隙性(如坚硬致密的细粒砂岩和软弱多孔的混凝土加气砖等)3 个角度对岩石类材料在循环加、卸载条件下所形成的封闭塑性滞回环的演化规律进行探讨。杨永杰等[20]指出，煤岩比其他坚固岩石更容易发生疲劳破坏，单轴循环载荷作用下鲍店矿 3 煤的疲劳破坏"门槛值"不超过其单轴抗压强度的 81%，且在疲劳破坏门槛值以下进行循环加卸载时，也会产生一定程度的疲劳损伤。Nish 等[21]通过动态试验，得到了岩石动剪切模量与阻尼比和围压的关系。刘建锋等[22]对循环荷载作用下岩石阻尼特性进行了研究，得出动弹模和阻尼比与动荷载大小的关系。

　　以上研究主要集中在循环荷载对岩石或者煤体的作用，对循环荷载下煤体-岩体的组合体结构的力学行为研究还少见报道。作者在研究了煤岩组合体的单轴和三轴荷载下的基本力学行为之后[23]，本章将对循环荷载下煤岩组合体的力学特性及塑性滞回环的演变进行研究，而这对于科学合理地指导煤炭开采过程中受重复采动影响条件下煤柱尺寸的设计具有十分重要的意义。

5.1　深部煤岩组合体循环加卸载试验概况

　　本章所用试验煤样和岩样的产地、矿物成分与第 2 章介绍的相同，这里不再赘述。为了进行对比，加工完成的三个煤岩组合体循环加卸载试样如图 5.1 所示。试样的基本物理参数如表 5.1 所示。

图 5.1　煤岩组合体实物图

表 5.1　循环加卸载试样基本物理参数

试样编号	种类	直径 D/mm	高度 H/mm	质量 M/g	密度 ρ/(g/m³)	波速 V/(m/s)
MR–C–1	煤	34.77	34.64	44.237 0	1.34564	2 346.865 6
	岩	34.91	35.19	86.217 2	2.56097	
MR–C–2	煤	34.76	36.69	45.124 8	1.296 7	2 003.577 8
	岩	34.85	34.99	85.031 8	2.54896	
MR–C–3	煤	34.38	34.75	42.824 4	1.32817	1 379.560 4
	岩	34.43	35.00	87.476 9	2.68585	

　　循环加卸载试验在四川大学 MTS815 试验机上完成，该试验机与第 2 章介绍的相同，在此不再赘述。

　　为了模拟不同采矿活动对煤岩组合体的破坏情况，采用 MTS815 试验机做不同应力水平的循环加卸载试验。加载初期采用力控制加载方式，加载速率为30kN/min；然后卸载，卸载速率为 30kN/min；初始加卸载方案：初始荷载→4kN→1kN→6kN→1kN→8kN→1kN→10kN→1kN→12kN→1kN→14kN。加载到14kN 后，采用位移控制模式加卸载，加载速率为 0.15mm/min，卸载速率为0.2mm/min，加卸载方案为：14kN→1kN→16kN→1kN→18kN→1kN→20kN→···→破坏。分级加载方案如图 5.2 所示，图中应力等于荷载除以每组试件的横截面面积。本试验在测量时采用了以下测试方法：应力是煤岩组合体的整体应力，而轴向应变是岩石和煤体的轴向应变之和；环向应变仪安装在煤体上，因此环向应变则是煤体的环向应变[23~25]。

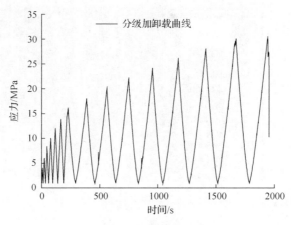

图 5.2　分级加载方案

5.2　深部煤岩组合体循环加卸载破坏力学特性分析

5.2.1　试验结果

循环加卸载试验结果如表 5.2 所示。

表 5.2　分级荷载下煤岩组合体基本物理力学参数

试样编号	弹性模量 E/GPa	峰值强度 σ_c/MPa	峰值应变量/10^{-3}	
			轴向 ε_z	横向 ε_θ
MR–C–1	7.25555	33.29695	5.02858	6.19677
MR–C–2	7.29116	31.98839	4.97844	2.27474
MR–C–3	4.5050	17.2854	6.6163	9.03976

从试验结果来看，分级加卸载下三个试件的峰值荷载如表 5.2 所示。考虑到 MR–C–3 试件的波速要远远低于其他试件，因此就试件的破坏强度而言，不同应力水平情况下加卸载试验的破坏强度(平均 27.5MPa)比单轴强度(平均 26MPa)有所提高，但幅度并不大。主要的原因可能是分级加卸载过程中，在初始阶段，小荷载加卸载循环实验中导致煤岩体部分微裂纹闭合，使加卸载试验的破坏强度有所提高。

对于 MR–C–1 试件，试件裂纹主要分布在竖直面内，并且有剥落现象，竖直贯通的裂纹扩展到岩体里面，如图 5.3(a)所示。对于 MR–C–2 试件，破坏模式与 MR–C–1 试件相似，裂纹也主要分布在竖直面内，并且有煤块剥落现象，竖直贯通的裂纹扩展到岩体里面,且煤体较为破碎,该试件的环向变形不大,如图 5.3(b)所示。对于 MR–C–3 试件,试件在破坏时,发出了噼啪的响声,声音不大。该试件裂纹也主要分布在竖直面内,并有剥落现象,竖直贯通的裂纹扩展到岩体里面,并且煤体较为破碎,试件的轴向和环向变形都较小,如图 5.3(c)所示。从破坏机理来看,分级加卸载条件下试件仍以脆性破坏机制为主,但与单轴实验相比,煤体更为破碎,这主要是分级加卸载导致煤体内部疲劳损伤所致;但轴向和环向变形与单轴荷载条件的变形相比都有减少的趋势。

(a)　　　　　　　(b)　　　　　　　(c)

图 5.3　分级加卸载条件下煤岩组合体变形破坏

5.2.2　不同循环阶段动应力-应变曲线

由于图 5.4 中分级加卸载曲线很多重合到一起,并不能看出它们的本质差异,分别提取了两个典型试件不同循环阶段的加卸载曲线,如图 5.5 和图 5.6 所示。从煤岩组合体的分级加卸载曲线可看出,由于煤岩体内部自身材料特性及内部原生缺陷,特别是由于煤体较为松软破碎,再加上岩石材料的黏滞性,煤岩组合体的同一个循环中的加载曲线与卸载曲线通常不重合(加卸载曲线几乎不封闭),而上一个循环的卸载曲线与下一个循环的加载曲线也不重合(卸加载曲线封闭),会形成多样式形状的滞回环。煤体和岩体都是由多种矿物胶结而成,在长期的沉积环境下,矿物颗粒之间分布着许多裂纹、节理、孔洞等微观结构,同时煤岩体内还或多或少存在一些水和瓦斯等液、气体,因此,煤岩体是一种多相、多组分、非均质的天然地质材料。也正因为这些特点,才导致了其加卸载曲线的非线性弹性行为明显和显著的滞后特性。

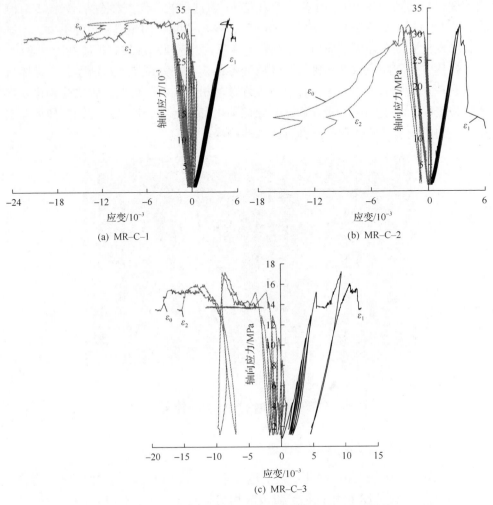

图 5.4　分级加卸载条件下煤岩组合体全应力-应变曲线

　　从第 1 个循环可以明显地看出加载曲线与卸载曲线偏离甚远，卸荷到 1kN 时产生一个较大的残余变形，加卸载曲线形成了类似"牛角"状的曲线，这主要是因为煤岩体内大量的原生裂隙所致，如图 5.5(a)和图 5.6(a)所示。随着第 2 循环的进行，加卸载曲线依旧不重合，但残余变形相比第 1 循环有所降低，加卸载曲线形成"竹叶"状的曲线，曲线依旧不封闭，如图 5.5(b)和图 5.6(b)所示。随着循环加卸载的进行，加载曲线和卸载曲线在逐渐靠近，并且这些曲线都是中部偏离大，在每个循环阶段的最大荷载和最小荷载处呈尖状。作者分析了所有分级加卸载后不可恢复的残余变形，如图 5.7(a)和图 5.7(c)所示。可见，随着循环荷载的进行，累积残余变形是逐渐增加的。我们把下一循环的累积残余变形减去前一循环的累积残余变形得到相对残余变形，如图 5.7(b)和图 5.7(d)所示。可以明显看出，随着分级加卸载的进行，相对残余变形在开始阶段是逐渐减少的，初始时这个相对残余变形要大，这主要是煤岩体内部存在大量的原生裂隙；随着循环荷载的进行，煤岩体内部逐渐被压密实，使得这种滞后效应在逐渐降低，并趋于稳定，因此存在当煤岩体内这种黏滞效应降低到零时，加卸载曲线才可能形成密闭环。形成密闭环后，代表了此时的煤岩体材料完全是脆性材料，在加卸载之后不会残留残余变形。煤体较软，这个循环之后不能持续太久，如图5.5(e)和图 5.6(e)所示。随着下 1~3 个加卸载循环，煤岩组合体加卸载循环的残余变形又可能增大，这主要是超过了一个峰值荷载后，煤岩体内又产生了新的次生裂隙，并且该变形具有不可恢复性，这是煤岩体内开始损伤劣化的标志，也是组合体的破坏前兆。

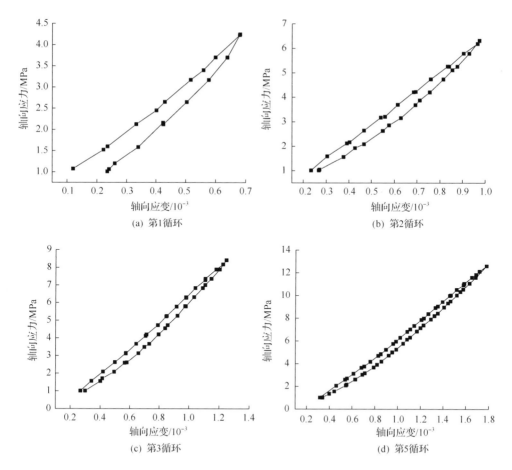

(a) 第1循环　　　　　　　　　　(b) 第2循环

(c) 第3循环　　　　　　　　　　(d) 第5循环

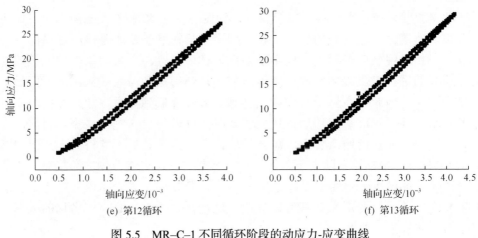

(e) 第12循环　　　　　　　　　(f) 第13循环

图 5.5　MR–C–1 不同循环阶段的动应力-应变曲线

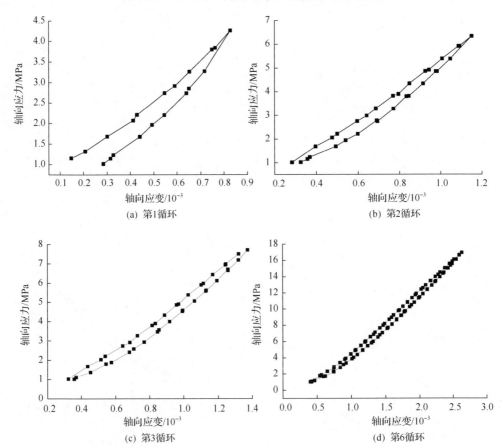

(a) 第1循环　　　　　　　　　(b) 第2循环

(c) 第3循环　　　　　　　　　(d) 第6循环

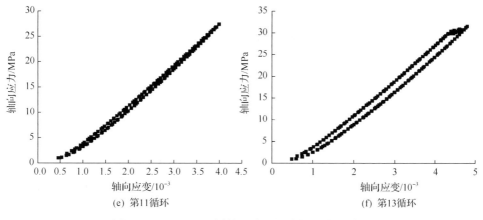

(e) 第11循环　　　　　　　　　　　(f) 第13循环

图 5.6　MR–C–2 不同循环阶段的动应力-应变曲线

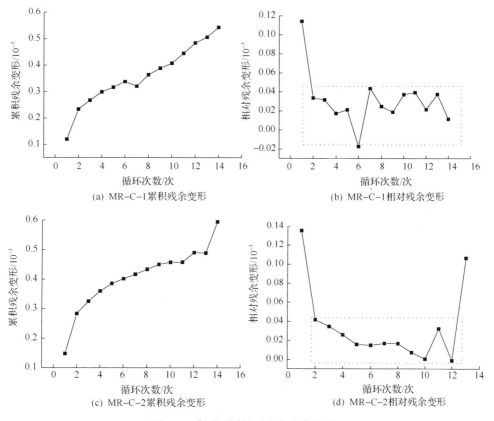

(a) MR–C–1累积残余变形　　　　　　(b) MR–C–1相对残余变形

(c) MR–C–2累积残余变形　　　　　　(d) MR–C–2相对残余变形

图 5.7　典型不同循环阶段残余变形

　　从图 5.5 和图 5.6 可以看出，每一循环加载与卸载过程煤岩组合体的应力–应变曲线均为下凹形，随着分级加卸载的进行，应力–应变滞回环不断向前推进，这一方面是由于煤岩体材料自身的黏滞性质，另一方面说明在加卸载过程中，煤岩体内部原生裂隙存在不断压密及扩展的循环过程，当荷载超过一定极限时存在新裂纹的萌生和扩展，最终导致煤岩组合体的整体破坏。卸载过程中，原先被压密的微裂纹存储的弹性能可能被释放，这导致卸载线也不完全是直线，反映在弹性模量上，那就是弹性能的不断释放及煤岩体内部能量耗散，导致岩石的有效弹性模量逐渐减小，但在不同的加卸载阶段加卸载弹性模量的变化会有所不同。从图5.8 可以看出，在第一循环过程中，加载弹性模量通常远远小于卸载弹性模量；随着分级加卸载的进行，加卸载弹性模量逐渐靠近；当加载弹性模量几乎等于卸载弹性模量时，意味着此刻的煤岩组合体几乎是完全脆性材料，随着加卸载的进行，煤岩组合体加卸载弹性模量又逐渐分开，这意味着煤岩体又有新裂纹产生了，是

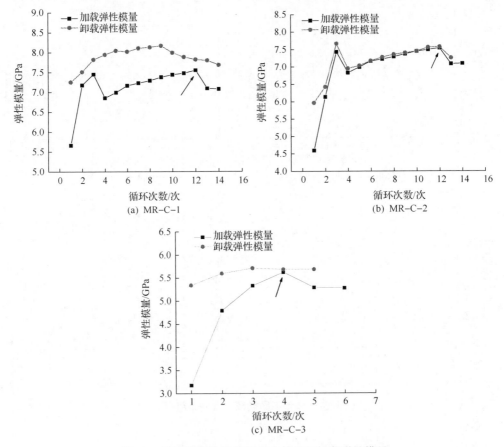

图 5.8　不同循环次数煤岩组合体的加卸载弹性模量

循环加卸载所累积的损伤导致岩石弹性模量的降低，如图 5.8 中箭头所示，这也是煤岩组合体发生最终破坏的前兆。可见，在分级加卸载的过程中，煤岩组合体的加载弹性模量经历了一个初始迅速增大，随后缓慢增大，最后缓慢降低的过程；而卸载弹性模量变化相对比较平稳，大致也是一个缓慢增加，然后缓慢降低的过程。

对于各分级加卸载应力-应变滞回环在卸载后再次加载时，在荷载翻转处应力-应变曲线是什么形状这个问题，有的文献认为是椭圆的，也有的认为是尖叶状的[6~20]。作者把图 5.4 中卸载曲线再次加载的应力-应变曲线局部放大，在翻转处的曲线形状是复杂的，依据材料的性质及试验机的刚性而有所不同。作者认为上述的两种观点都是可能存在的，认为是尖叶状的文献是把局部区域放大了，而试验机记录的试验点是离散的，因此卸载后再加载曲线连接起来肯定有尖点存在；认为是椭圆状曲线则是从宏观去把握，例如从图 5.5(c~f) 和图 5.6(c~f) 看也可能认为其是椭圆状的。因此从本质上讲文献中这些观点应该都没有错。我们仔细分析了煤岩组合体试件的卸载到再次加载的这个过程，有一点是值得注意的，就是卸载到 1MPa 附近时，卸载线是波动的，并且通常都是曲线，这主要是卸载过程的煤岩体内可能诱发了卸荷裂纹并由此产生了非线性变形；但在卸载后再次加载初期，在一个重新加载的一个微小荷载变化范围内，加载线几乎是直线，有些加载线与卸载线几乎重合，有些甚至与卸载线交叉。随着荷载的继续增加，加载线和上一个循环的卸载线逐渐分离，因此在翻转处形成一个尖状的加卸载曲线，这也说明荷载翻转时煤岩组合体的弹性变形响应迅速，如图 5.9 所示。

由于岩石是一种黏滞材料，对于不同类型、不同饱和状态的岩石，其相位差是不同的，而相位差的大小反映了岩石偏离线弹性的程度，也就是循环荷载作用下滞后效应的强弱。这里我们对煤岩组合体的应力和应变相位也做了初步的研究。为了方便比较两者的关系，把应变做了归一化的调整。这里把应变的初始值调整为与应力的初始值相等。可以看出，对于煤岩组合体这种组合体结构，在不同应力水平的分级加载条件下，其应力、应变与时间之间的关系如图 5.10 所示。可以看出，在初始阶段，应变几乎与应力是同步的，但随着加卸载的进行，应力与应变之间有一定的差值，并且是应变相位稍微滞后于应力相位。煤岩组合体的滞后效应的内因是由岩石矿物颗粒间的黏滞性以及煤岩组合体界面之间的摩擦引起的，而外因则是分级加卸载过程中的损伤所导致的不可恢复的残余变形。在破坏时应变相和应力相弯曲背离，即应变迅速加大，而应力则迅速降低。

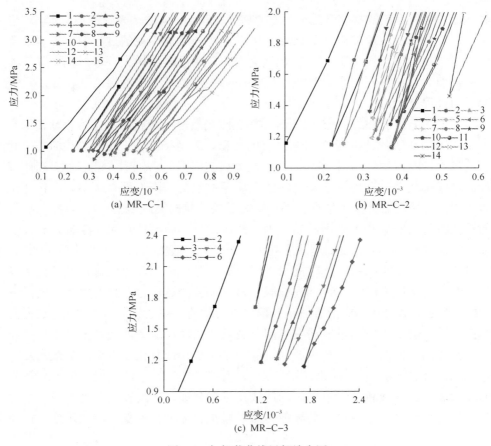

(a) MR–C–1

(b) MR–C–2

(c) MR–C–3

图 5.9　加卸载曲线局部放大图

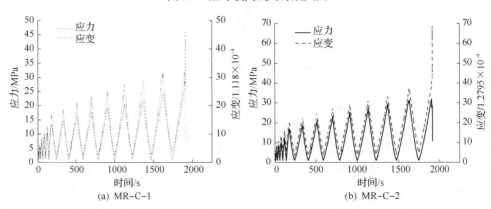

(a) MR–C–1

(b) MR–C–2

图 5.10　应力曲线和应变曲线滞后的关系

　　综上所述，分级加卸载煤岩组合体同一循环中的加载曲线与卸载曲线不重合，卸载曲线与下一循环的加载线也基本不重合。第 1 循环结束时残余变形较大，加卸载曲线形成了类似"牛角"状的曲线；随着分级加卸载的进行，残余变形相比第 1 循环有所降低，加卸载曲线形成"竹叶"状的曲线，曲线依旧不封闭，但加载曲线和卸载曲线在逐渐靠近。对于煤岩组合体这种黏滞性材料，大多情况下同一循环中的加卸载曲线几乎不形成闭合环路，当加卸载曲线几乎重合时，意味着此时的煤岩组合体几乎是完全脆性材料；随着应力水平继续增加，煤岩组合体将发生破坏。不同应力水平分级加卸载作用下煤岩组合体的残余变形经历了先迅速降低，随后缓慢降低或者波动变化，然后几乎达到零；随着分级荷载的进行，内部又产生破裂，此时残余变形又开始增加直到煤岩组合体破坏；滞回环的面积表示煤岩石内部发生了不可逆变形，随着循环次数的增加，滞回环的面积逐渐增大，该面积代表了一个循环过程煤岩组合体内能量耗散的多少。不同应力水平下分级加卸载作用下煤岩组合体的加载弹性模量经历了一个初始迅速增大，随后缓慢增大，最后缓慢降低的过程；而卸载弹性模量变化比较平稳，大致也是一个缓慢增加、然后缓慢降低的过程，主要原因是不同阶段微裂纹可能处于闭合或者张开状态。对于各循环卸载后再次加载时，在荷载翻转处应力-应变曲线形状是复杂的，这主要取决于材料的性质及试验机的刚度。对于煤岩组合体，卸载到 1 MPa附近时，卸载线是曲线波折的，这主要是卸载过程中煤岩体内可能诱发了卸荷裂纹并由此产生的非线性特征；但在卸载后再次加载初期，在一个重新加载的一个微小荷载变化范围内，加载线几乎是直线，有些加载线与卸载线几乎重合，有些甚至与卸载线交叉。随着荷载的继续增加，加载线和上一个循环的卸载线逐渐分离，因此在翻转处形成一个尖状的加卸载曲线，这也说明荷载翻转时煤岩组合体的弹性变形响应非常迅速。对于不同应力水平下煤岩组合体的分级加卸载实验，在初始阶段，应变几乎与应力是同步的；但随着加卸载的进行，应变相位逐渐滞后于应力相位，内因可能是岩石矿物颗粒间的黏滞性以及煤岩组合体界面之间的摩擦，而外因则可能是分级加卸载导致了煤岩体内部损伤，由此产生不可逆的残余变形。

5.2.3　不同循环阶段煤岩组合体的泊松比

岩石力学参数的研究是岩土工程设计中的重要研究内容。岩石力学试验过程中，岩石的泊松比是反映岩石加载过程中横向变形的重要参数。经典材料力学书籍中定义，当拉（压）杆内的应力不超过材料的比例极限时，横向应变与纵向应变的绝对值之比为一常数，称为横向变形系数或泊松比。循环加卸载过程中，泊松比的变化可以反映煤岩组合体的环向变形变化特点。泊松比的计算方法一般根据材料力学定义，可以选取加载曲线中环向弹性应变与轴向弹性应变之比进行计算

$$u = \left| \frac{\varepsilon_{\text{lat}}^{\text{e}}(i)}{\varepsilon_{\text{ax}}^{\text{e}}(i)} \right| \tag{5.1}$$

式中，$\varepsilon_{\text{lat}}^{\text{e}}$、$\varepsilon_{\text{ax}}^{\text{e}}$ 分别为环向弹性应变、轴向弹性应变；i 为循环次数。

环向弹性应变与轴向弹性应变的具体算法为：每次加卸载循环的最大应力 σ_{max} 所对应的应变为总应变，总应变与残余应变之差为弹性应变。

以煤岩组合体 MR–C–1 的单轴分级循环加卸载应力-应变曲线为例，计算每一次加卸载循环过程中的弹性应变与残余应变，计算结果如表 5.3 所示

表 5.3　煤岩组合体泊松比计算结果(以 MR–C–1 为例)

循环次数/次	轴向应变/10^{-3}			应力/MPa	环向应变/10^{-3}			泊松比 v
	总应变	残余应变	弹性应变		总应变	残余应变	弹性应变	
1	0.6809	0.11405	0.44617	4.2474	−0.17711	−0.15887	−0.13265	0.29731
2	0.9745	0.03355	0.70674	6.3206	−0.2763	−0.00768	−0.22416	0.31718
3	1.2466	0.03158	0.9473	8.4129	−0.37406	−0.01531	−0.30661	0.32367
4	1.5149	0.01743	1.19818	10.520	−0.4812	−0.00291	−0.41084	0.34289
5	1.7783	0.02123	1.44032	12.598	−0.58934	−0.01194	−0.50704	0.35203
6	2.0459	0	1.72527	14.681	−0.70321	0	−0.62126	0.36009
7	2.3217	0.04356	1.95747	16.810	−0.83349	−0.01479	−0.73675	0.37638
8	2.5931	0.02472	2.20416	18.851	−0.96521	−0.01665	−0.85182	0.38646
9	2.8626	0.01883	2.45487	21.014	−1.10158	−0.0094	−0.97879	0.39871
10	3.2089	0.03722	2.76396	23.108	−1.43041	−0.11404	−1.19358	0.43184
11	3.5438	0.03934	3.05948	25.174	−1.70782	−0.07479	−1.3962	0.45635
12	3.8701	0.02152	3.36428	27.298	−1.98305	−0.0898	−1.58163	0.47012
13	4.1778	0.03739	3.63454	29.320	−2.23117	−0.07775	−1.752	0.48204
14	4.5130	0.1115	3.95834	31.390	−2.52142	−0.09774	−1.94451	0.49124

注：计算所得残余应变为负值时，此时残余应变为 0。

为了能够直观地看出循环加卸载过程中弹性应变的变化趋势，可进行归一化处理后再进行分析。归一化处理即是利用弹性应变除去总应变(图 5.11(a))。可以看出，随着循环次数的增加，轴向弹性应变与总应变之比逐渐增大。也就是说，轴向弹性应变随着加卸载的进行，轴向弹性应变有增大的趋势，其增长的速率由大逐渐减小。但是，环向弹性应变与轴向弹性应变的变化趋势不同。环向弹性应变与总应变之比起初先增大，而后趋于平缓，最后降低。从图中可以看出，第6、7、8 次循环时，其值基本不变。第 9 次循环时，其值达到最大，而后逐渐降低。

归一化处理后的轴向残余应变与环向残余应变具有同样的变化趋势(图 5.11(b))，即随着循环次数的逐渐增加，残余应变首先降低，环向残余应变降低

幅度比轴向大，而后两者呈波浪形变化，基本维持在 0.01 左右，上下浮动。

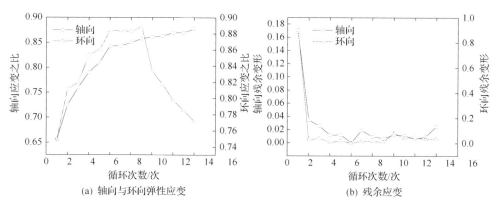

(a) 轴向与环向弹性应变　　　　　　　(b) 残余应变

图 5.11　弹性应变、残余应变随循环次数的变化

另外，从表 5.3 可以看出，随着循环加卸载次数的不断增加，煤岩组合体的泊松比逐渐增大。由此可见，在外部循环荷载作用下，煤岩组合体的环向变形程度比轴向变形要强，且煤岩组合体内部微裂隙也在不断发生起裂并逐渐演化。据 Gercek 统计发现[26]，泊松比较小的岩石往往强度较大，且具有明显的脆性岩石特征；泊松比较大的岩石往往具有强度小、塑性大的特点。因此，煤岩组合体在循环应力作用下，具有由脆性逐渐向延性转变的趋势。

5.2.4　煤岩组合体加卸载响应比研究

加卸载响应比(load/unload response ratio，LURR)理论最早由尹祥础提出[27]，主要用于非线性系统失稳及地震预报领域。目前，加卸载响应比理论已经广泛地应用于循环加卸载岩石力学试验特征分析中[28~30]。从室内试验角度分析，为了深刻描述加载响应与卸载响应的差别，首先定义了响应量 X

$$X = \lim_{\Delta P \to 0} \frac{\Delta R}{\Delta P} \tag{5.2}$$

式中，ΔP 和 ΔR 分别为载荷 P 和响应 R 对应的增量。

在应力-应变曲线的弹性阶段，载荷 P 与响应 R 呈线性关系，此时响应量 X 为定值，系统稳定。如果进行加卸载试验，加载时 $(\Delta P > 0)$ 的响应量 X_+ 与卸载时 $(\Delta P < 0)$ 的响应量 X_- 基本相等。当载荷不断增大，如应力-应变曲线的屈服阶段，ΔP 很小时，也会引起相对较大的变形，此时，响应量 X 逐渐增大，岩石也趋于失稳状态。为了进一步描述加卸载试验过程中的系统稳定性，引入了加卸载响应比 Y

$$Y = \frac{X_+}{X_-} \tag{5.3}$$

式中，X_+ 与 X_- 分别为加载响应量与卸载响应量。

尹祥础等[27]认为，在弹性阶段，Y 等于或近似等于 1。当超过弹性极限时，Y 大于 1，随着载荷的增加，Y 逐渐增大，Y 越大，系统越不稳定，越趋向失稳。因此，加卸载响应比的异常变化可以用来预测材料失稳破坏，其基础为非线性系统在失稳前对加载及卸载响应的分岔，不仅可以预测天然地震，还可以用于预测矿震、岩爆、滑坡等地质灾害[27]。特别要指出的是，在计算中，载荷 P 可以用应力 σ 来代替，响应 X 为应变。

以煤岩组合体 MR–C–1 为例计算得到的加卸载响应比如表 5.4 所示。从表 5.4 可以看出，卸载时的轴向和环向应变增量与表 5.3 中的轴向弹性应变及环向弹性应变相同。

表 5.4　煤岩组合体 MR–C–1 加卸载响应比计算结果

循环次数/次	加载			卸载			加卸载响应比	
	应变增量/10^{-3}		应力增量/MPa	应变增量/10^{-3}		应力增量/MPa		
	轴向	环向		轴向	环向		轴向	环向
1	0.56076	−0.15887	3.172 9	0.44671	−0.13265	3.236 1	1.280 3	1.221 5
2	0.74029	−0.23184	5.309 3	0.70674	−0.22426	5.306 6	1.046 9	1.033 3
3	0.97888	−0.32192	7.399 0	0.947 3	−0.30661	7.400 1	1.03349	1.050 1
4	1.21561	−0.41375	9.506 7	1.19818	−0.41084	9.503 4	1.014 2	1.006 7
5	1.46155	−0.51898	11.582	1.44032	−0.50704	11.592	1.015 6	1.024 4
6	1.70791	−0.62091	13.675	1.72527	−0.62126	13.822	1.000 6	1.010 2
7	2.001 0	−0.75154	15.951	1.95747	−0.73675	15.857	1.016 2	1.014 1
8	2.228 9	−0.86847	17.898	2.20416	−0.85182	17.906	1.011 7	1.020 0
9	2.473 7	−0.98819	20.069	2.45487	−0.97879	20.038	1.006 1	1.008 0
10	2.801 2	−1.307 6	22.132	2.76396	−1.19358	22.158	1.014 7	1.096 8
11	3.098 8	−1.471 0	24.224	3.05948	−1.396 2	24.169	1.010 6	1.051 2
12	3.385 8	−1.67143	26.293	3.36428	−1.58163	26.322	1.007 5	1.057 9
13	3.67193	−1.829 8	28.344	3.63454	−1.752	28.299	1.008 7	1.042 7
14	3.96984	−2.042 3	30.369	3.95834	−1.94451	30.447	1.005 5	1.053 0

轴向及环向加卸载响应比曲线如图 5.12 所示。可以看出，在第一次循环加卸载时，轴向及环向加卸载响应比达到最大值，而后在第二次加卸载时急剧降低，最终趋向于 1。在第 10 次循环时，环向加卸载响应比突然有个增大点，而后在 1.05 左右处上下波动。此外根据加卸载响应比的计算方法及所选定的参数，可以发现，

所求得的加卸载响应比其实就是卸载割线模量与加载割线模量之比，所得数据与文献[24]一致。轴向与环向加卸载响应比均在 1 左右，说明加载及卸载时荷载并未超出煤岩组合体的弹性极限阶段，这一点从应力-应变曲线上可以看出[24]。

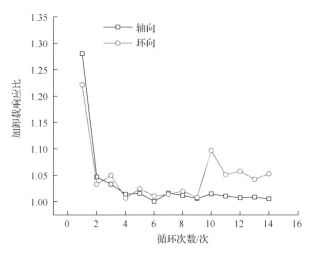

图 5.12   加卸载响应比随加载次数的变化

5.2.5   煤岩组合体循环加卸载损伤参数分析

Eberhardt 等[31]提出了一个计算损伤参数的方法。

$$\omega_{ax} = \frac{(\varepsilon_{ax}^{p})_i}{\sum\limits_{i=1}^{n} (\varepsilon_{ax}^{p})_i} \tag{5.4}$$

$$\omega_{lat} = \frac{(\varepsilon_{lat}^{p})_i}{\sum\limits_{i=1}^{n} (\varepsilon_{lat}^{p})_i} \tag{5.5}$$

$$\omega_{vol} = \frac{(\varepsilon_{vol}^{p})_i}{\sum\limits_{i=1}^{n} (\varepsilon_{vol}^{p})_i} \tag{5.6}$$

式中，ω_{ax}、ω_{lat}、ω_{vol} 分别为轴向、环向和体积应变的损伤变量；ε_{ax}^{p}、ε_{lat}^{p}、ε_{vol}^{p} 分别为轴向、环向及体积不可逆应变，即残余应变；n 为循环加卸载周数；i 为第几次循环。

利用式(5.4)~式(5.6)分别计算煤岩组合体 MR–C–1 循环加卸载过程中的岩石损伤参数，计算结果如图 5.13 所示，其中图 5.13(a)为每一循环的绝对损伤参数，图 5.13(b)为循环加卸载累积损伤参数归一化处理后得到的。

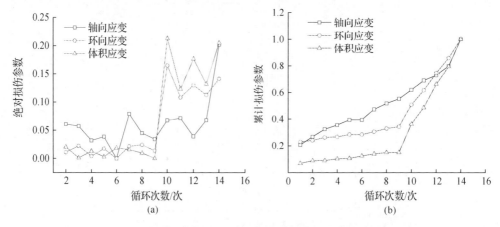

图 5.13　煤岩组合体 MR–C–1 循环加卸载损伤参数计算结果

从图 5.13(a)可以看出，随着循环次数的增加，轴向应变、环向应变和体积应变的绝对损伤参数呈现出波浪形增加的特点，最终有增大趋势。说明即使在弹性阶段，随着循环加卸载的进行，煤岩组合体的损伤程度也在逐渐增加。从图 5.13(b)可以看出，轴向应变、环向应变及体积应变的累积损伤参数也在逐渐增加。轴向累积损伤参数基本呈线性增加趋势，而环向及体积累积损伤参数在循环加卸载过程中第 9 循环是一个拐点。从第 9 循环开始，环向及体积累积损伤参数的增加速率开始变大。

5.3　深部煤岩组合体加卸载破坏过程能量演化特征

5.3.1　能量演化基本理论

根据热力学知识，整个岩石系统与外界会有相互的能量交换。外界把机械能或热能等传递给整个岩石系统，而整个岩石系统内部可以由弹性储存能和耗散能构成：弹性能可以通过卸载等方式释放给外界，其储存和释放均是可逆的；耗散能则是由岩石内部塑性变形产生的应变能、损伤能或者裂纹闭合、摩擦滑移产生热能组成，该能量的释放是不可逆的[32,33]。在受载直到强度达到峰值过程中，岩石系统会有弹性能的积累和一部分能量的消耗。假设岩石处于一个密闭的空间，即绝热状态下，存在热量守恒[34]：

$$U = U^d + U^e \tag{5.7}$$

式中，U 为实验加载的总功，即外力传递给岩石的能量；U^d 为岩石受载过程能量的耗散，这可能与岩石内部情况(如内部损伤、塑性变形等)有关；U^e 为岩石吸收的弹性能，理论上岩石可以释放弹性应变能达到初始状态。

根据材料力学知识，图 5.14 所示为任意一 x 方向岩石的循环加卸载应力-应变曲线。对于第一个加卸载循环，当加载到应力水平 σ^1 时，根据第一个应力点加载曲线的面积可以确定输出的能量密度为 u_1^e，加载曲线与卸载曲线之间的面积可以得出此方向耗散能量密度为 u_1^d；而由卸载曲线与横坐标轴之间的面积可以确定出储存的弹性应变能密度为 u_1^e，即

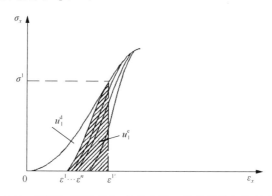

图 5.14　循环加卸载应力-应变曲线、能量耗散与能量积聚

$$u_1^e = \int_{\varepsilon^1}^{\varepsilon^{1'}} \sigma_x d\varepsilon_x \tag{5.8}$$

$$u_1^d = \int_0^{\varepsilon^{1'}} \sigma_x d\varepsilon_x - \int_{\varepsilon^1}^{\varepsilon^{1'}} \sigma_x d\varepsilon_x = u_1^c - u_1^e \tag{5.9}$$

式中，$\varepsilon^{1'}$ 为当加载到应力水平 σ^1 时对应的应变值；ε^1 为应力水平 σ^1 卸载到 0 时对应的应变值。

5.3.2　煤岩组合体循环加卸载能量演化特征

根据试验曲线，利用式(5.8)、式(5.9)的计算方法，得出 3 个试件在单轴加卸载过程中不同荷载下的弹性能密度和耗散能密度(表 5.5~表 5.7)。

用表 5.5~表 5.7 的数据作图 5.15 和图 5.16。从图可以看出荷载与各个试件能量密度的关系；随着轴向应力的增加，各个试件中输入的总能量、积聚的弹性应变能以及耗散的能量变化情况。

表 5.5　试件 MR–C–1 不同荷载下的弹性能密度和耗散能密度

荷载强度/kN	峰值轴向应变 $\varepsilon_a^n /10^{-3}$	峰值强度 σ_{max}^n /MPa	输入能密度 u_n^c /(10^{-3}mJ/mm^3)	弹性能密度 u_n^e /(10^{-3}mJ/mm^3)	耗散能密度 u_n^d /(10^{-3}mJ/mm^3)	弹性能比 a
4.05	0.49	4.25	1.02	0.76	0.25	0.75
6.05	0.70	6.34	1.94	1.68	0.26	0.87
8.05	0.89	8.44	3.24	2.89	0.35	0.89
10.06	1.08	10.56	4.92	4.38	0.54	0.89
11.60	1.23	12.16	6.31	5.83	0.48	0.92
13.63	1.4	13.77	8.45	7.75	0.70	0.92
15.70	1.63	16.47	11.69	10.72	0.97	0.92
17.68	1.82	18.54	14.78	13.68	1.10	0.93
19.73	2.01	20.69	18.2	16.93	1.27	0.93
21.73	2.27	22.79	23.42	21.03	2.39	0.90
23.84	2.51	25.01	27.94	25.46	2.48	0.91
25.85	2.75	27.12	33.12	30.37	2.75	0.92
27.86	2.97	29.22	38.48	35.46	3.02	0.92
28.83	3.21	31.30	44.61	40.96	3.65	0.92

表 5.6　试件 MR–C–2 不同荷载下的弹性能密度和耗散能密度

荷载强度/kN	峰值轴向应变 $\varepsilon_a^n /10^{-3}$	峰值强度 σ_{max}^n /MPa	输入能密度 u_n^c /(10^{-3}mJ/mm^3)	弹性能密度 u_n^e /(10^{-3}mJ/mm^3)	耗散能密度 u_n^d /(10^{-3}mJ/mm^3)	弹性能比 a
5.64	0.52	3.81	0.99	0.67	0.32	0.68
8.08	0.76	5.93	1.87	1.60	0.27	0.85
9.86	0.96	8.49	3.10	2.66	0.44	0.86
11.85	1.21	10.36	5.09	4.65	0.44	0.91
15.36	1.41	12.45	7.20	6.64	0.56	0.92
17.82	1.81	16.69	12.92	11.94	0.98	0.92
19.97	2	18.72	15.91	14.90	1.01	0.94
21.96	2.21	20.98	19.73	18.60	1.13	0.94
24.08	2.4	23.07	23.64	22.34	1.30	0.95
26.10	2.6	25.31	28.09	26.72	1.37	0.95
27.97	2.78	27.42	32.69	31.09	1.60	0.95
29.47	2.97	29.39	37.54	35.70	1.84	0.95
30.31	3.33	31.35	48.25	42.21	6.04	0.87

表 5.7　试件 MR–C–3 不同荷载下的弹性能密度和耗散能密度

荷载强度/kN	峰值轴向应变 ε_a^n /10^{-3}	峰值强度 σ_{max}^n /MPa	输入能密度 u_n^c /(10^{-3}mJ/mm³)	弹性能密度 u_n^e /(10^{-3}mJ/mm³)	耗散能密度 u_n^d /(10^{-3}mJ/mm³)	弹性能比 a
5.96	1.73	4.29	3.88	1.7	2.18	0.44
7.91	2.54	6.40	5.97	4.32	1.65	0.72
9.92	3.21	8.51	9.53	7.43	2.10	0.78
11.99	3.87	10.67	14.44	11.34	3.10	0.79
14.14	4.68	12.89	21.92	16.74	5.18	0.76

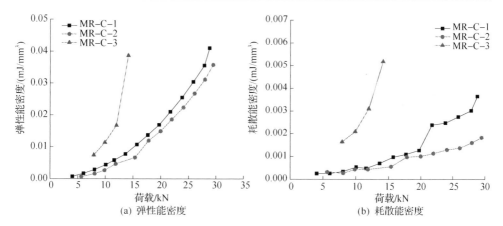

图 5.15　荷载与弹性能密度和耗散能密度之间的关系

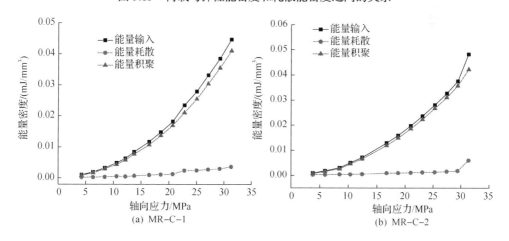

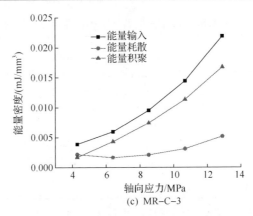

图 5.16　各级循环轴向峰值应力与能量密度的关系曲线

　　从整体来看，3 个试件在破坏前随着各级应力水平的增加，弹性能密度和耗散能密度均呈上升趋势。输入的总能量不断增加，正好反映每个试件每次循环达到的峰值应力也相应增加。从 MR–C–1 与 MR–C–2 可以看出，大部分的输入能以弹性能的形式储存；随着轴压的卸载释放出来，还有一小部分能量转化为不可逆的耗散能量。随着各级应力水平的增加，弹性能密度也呈"缓慢增加—稳定增加—迅速增加"的变化趋势；试验开始时，内部裂隙压密压实会消耗一小部分输入能，而随着试件受载时间的延长，内部的微裂纹、微孔隙萌生并可充分摩擦、发育，在此过程中耗散的能量也越来越多，但弹性阶段到破坏阶段前，总体耗散能密度远小于弹性能密度，且增加趋势较为缓慢。

　　MR–C–1 与 MR–C–2 试件均循环多次，输入能量密度达到 0.04 mJ/mm^3，对应的破坏前峰值应力水平超过 30MPa，各项数值相对接近，体现出它们强度基本相当。而 MR–C–3 试样，试验循环次数少于前两试件循环次数的一半，破坏前轴向峰值应力水平不到 15MPa，输入能量密度不到 0.025mJ/mm^3，推测该岩石强度较低。而循环初期耗散能密度大于弹性能密度，根据耗散能密度明显地呈先下降后上升的趋势，可推测该试件内部可能存在较多的微裂纹裂隙，压密闭合阶段消耗相当一部分输入能；在后面的弹性阶段，弹性能密度均超过了耗散能密度，两者均随着应力水平的增大而增大。

　　岩石的弹性能密度-轴向应力曲线是一条非线性曲线，试件内弹性能量经历了积累与释放的过程，体现了能量积聚与释放导致岩石破坏的特征。弹性能密度存在一个极限值，即岩石的储能极限，反映了材料内部储存能量的能力，与岩石岩性、所处应力状态有关。当岩石内部弹性能量大于储能极限时，即发生破坏失稳[34]。而弹性能储能极限可以直观地从破坏前最大的峰值应力水平 $\sigma_{max}^{\ n}|_{max}$ 看出，$\sigma_{max}^{\ n}|_{max}$ 越高，则最大弹性能越大，即弹性能储能极限越高。本试验试件在单轴加

载下储能极限约为 0.4×10^4 J/mm^3，破坏前最大峰值应力水平 $\sigma_{max}{}^n|_{max}$ 约为 31MPa。

由弹性应变能密度和总输入能密度之比可以得到弹性能比 a，可以通过式 (5.10) 进行计算，得出并记录至表 5.5~表 5.7 中。

$$a = \frac{u_n^e}{u_n^c} = \frac{u_n^e}{u_n^e + u_n^d} \tag{5.10}$$

式中，n 为第 n 次循环。

根据表 5.5~表 5.7 中的数据，作出循环峰值轴向应力 $\sigma_{max}{}^n$ 与弹性能比 a 的关系，如图 5.17 所示

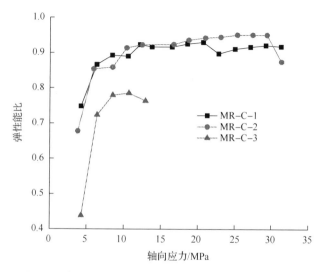

图 5.17　各级循环轴向峰值应力与弹性能比的关系曲线

从表 5.5~表 5.7 和图 5.17 可看出，三个试件弹性能比随着应力水平的变化而变化。压密阶段岩石的弹性能比 a 最低，分别为 0.75、0.69 和 0.44。这是由于岩石内部裂隙闭合产生一部分耗散能；从压密阶段到弹性阶段，岩石的弹性能比急剧增加，说明岩石原生裂纹闭合，快速积聚能量，而这部分能量是可以通过卸载释放出来的弹性能，正是循环加卸载初期的加载卸载过程不断转化的能量，是可逆的；在整个弹性阶段，输入能增加，但弹性能比例缓慢增加趋于稳定，说明岩石系统中的耗散能有所减少，但也稳定转化，即每次的输入能转化成的弹性能被岩石稳定积累，另一小部分能量可能是用于内部裂纹开始萌生并稳定扩展，或开始产生不可恢复的塑性变形；在接近破坏时，弹性能比有所下降，这是因为岩石系统吸收的能量趋于饱和，即接近储能极限，输入能却还不断增加，导致大量的裂隙在岩石内部产生并扩展甚至贯通，而且多余的能量造成了不可恢复的塑性变形。

根据弹性能比 a，可用下式得出试件耗散能吸收的能量占总能量的比 b，即

$$b=\frac{u_n^{\mathrm{d}}}{u_n^{\mathrm{c}}}=\frac{u_n^{\mathrm{d}}}{u_n^{\mathrm{e}}+u_n^{\mathrm{d}}}=1-\frac{u_n^{\mathrm{e}}}{u_n^{\mathrm{e}}+u_n^{\mathrm{d}}}=1-\frac{u_n^{\mathrm{e}}}{u_n^{\mathrm{c}}}=1-a \tag{5.11}$$

式中，n 为第 n 次循环。

由式 (5.11) 求出耗散能比 b，结合表 5.5~表 5.7 得出耗散能比 b 与轴向应力 $\sigma_{\max}{}^n$ 关系，作图 5.18。结合图 5.17，可以清楚地看出 3 块试件能量分布的变化情况。耗散能比由于试件内部结构变化、能量持续输入以及弹性能储存极限的影响，呈现出"显著下降—缓慢下降—稳定—增加"的趋势。

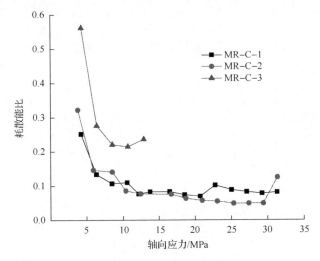

图 5.18　各级循环轴向峰值应力与耗散能比的关系曲线

　　弹性应变能比 a 和耗散能比 b 可以反映出一个试件内部系统能量的动态，即表现出材料本身的性质。弹性能比 a 反映试件能够储存多少可释放的能量，即试件本身的储能效率，弹性能比越大，试件的储能效率越高；耗散能比 b 则从另一方面说明了试件的完整程度，耗散能比越大，试件内部裂隙和产生的塑性变形越严重，而耗散能比变化越明显，试件内部的变化情况越复杂。试件 MR–C–1 与 MR–C–2 在进入弹性阶段后，弹性能比稳定在 0.9 以上，即使在破坏阶段前的最后 1 次循环计算出的弹性能比也超过了 0.8，相应的耗散较少。这表明两试件积累弹性能的效率较高，内部结构稳定，原生裂隙或断裂部分较少，是比较完好的试件。而 MR–C–3 的弹性能比和耗散能比与前两试件有明显的不同，弹性能比最高仅达到 0.8 左右，而耗散能比却超过了 0.2，说明该试件内部原生裂隙较多，结构松散，较少的循环次数以及不稳定的弹性能比和耗散能比均能说明该试件完整度

不如前两试件。从 3 个试件的"能量比-轴向应力"曲线得出的结论也能反映出一部分"应力-应变"曲线的典型特征,所以对能量比的研究可以从另一角度观察岩石的重要信息情况。

5.3.3　煤岩组合体能量演化的理论验证

张志镇和高峰[33]参考郑在胜[35]的岩石变形硬化机制,考虑其外界激励和自我抑制作用,建立起简单的演化关系,由能量转化过程行为的经验性法则推出能量与应力的公式

$$u^i = \frac{a_i(u^{ci}-u^{i0})e^{a_i(u^{ci}-u^{i0})c/b_i}e^{a_i(u^{ci}-u^{i0})\sigma}}{b_i[1+e^{a_i(u^{ci}-u^{i0})c/b_i}e^{a_i(u^{ci}-u^{i0})\sigma}]} \tag{5.12}$$

式中,u^i 为某一能量转化过程所转化的能量密度;u^{ci} 为使该转化过程发生的输入能密度;u^{i0} 为该转化过程发生所需的最低能量密度;a_i、b_i 均为反映能量转化和抑制转化作用程度的系数。

该式可以简化为

$$u = \frac{p}{1+e^{r-qx}} \tag{5.13}$$

式中,p、q、r 均为系数。

用该式分别拟合图 5.17 和图 5.18 的能量密度曲线,并作图,如图 5.19~图 5.21 所示。

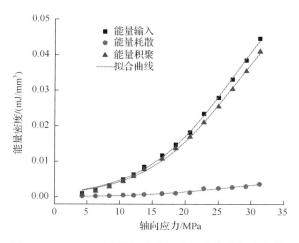

图 5.19　MR–C–1 试样加载过程中能量演化拟合曲线

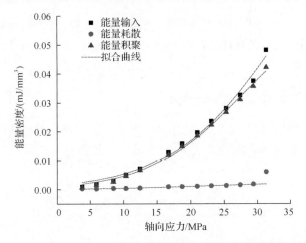

图 5.20　MR–C–2 试样加载过程中能量演化拟合曲线

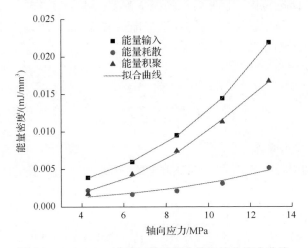

图 5.21　MR–C–3 试样加载过程中能量演化拟合曲线

MR–C–1 试件的输入能密度、弹性能密度以及耗能密度的拟合表达式为

$$u^c = \frac{0.068}{1 + e^{4.118 - 0.151x}}$$
$$R^2 = 0.99822$$

(5.14)

$$u^d = \frac{0.063}{1 + e^{4.131 - 0.151x}}$$
$$R^2 = 0.99794$$

(5.15)

$$u^{\mathrm{e}} = \frac{0.005}{1 + \mathrm{e}^{3.996 - 0.156x}}$$

$$R^2 = 0.97466$$

(5.16)

MR–C–2 试件的输入能密度、弹性能密度以及耗能密度的拟合表达式为

$$u^{\mathrm{c}} = \frac{0.100}{1 + \mathrm{e}^{4.146 - 0.127x}}$$

$$R^2 = 0.98944$$

(5.17)

$$u^{\mathrm{d}} = \frac{0.063}{1 + \mathrm{e}^{4.024 - 0.148x}}$$

$$R^2 = 0.99507$$

(5.18)

$$u^{\mathrm{e}} = \frac{0.003}{1 + \mathrm{e}^{2.655 - 0.108x}}$$

$$R^2 = 0.98211$$

(5.19)

MR–C–3 试件的输入能密度、弹性能密度以及耗能密度的拟合表达式为

$$u^{\mathrm{c}} = \frac{0.099}{1 + \mathrm{e}^{4.179 - 0.227x}}$$

$$R^2 = 0.99977$$

(5.20)

$$u^{\mathrm{d}} = \frac{0.027}{1 + \mathrm{e}^{3.915 - 0.342x}}$$

$$R^2 = 0.99416$$

(5.21)

$$u^{\mathrm{e}} = \frac{1.733}{1 + \mathrm{e}^{8.350 - 0.196x}}$$

$$R^2 = 0.96154$$

(5.22)

由各式回归值可知，在岩石变形破坏前，用拟合公式可准确描述其能量输入、能量积聚、能量耗散随各级峰值轴向应力的演化规律，拟合精度较好。在式(5.13)中，参数 p 影响能量密度增加的速率，p 越大，增加速率越大。从拟合方程式可以看出：对于能量输入，p 值分别为 0.068、0.100 和 0.099，r 值较为集中，约为 4.100；对于能量积聚，试件 MR–C–1 与 MR–C–2 的 p、r 值都较为相似，p=0.063，r 值约为 4.000，而 MR–C–3 试件则与前两试件有差距；对于能量耗散，p 值为 0.005、0.003 和 1.733，差距明显，r 值也有显著差距。相比于能量输入和能量耗散，能量积聚更加符合模型，且离散较小，这从图 5.19~图 5.21 可看出，从式(5.14)~式

(5.22)也可看出。

　　所以，对于岩石受载过程破坏前的阶段，该拟合曲线方式可以很好地描述岩样内部能量输入、能量积聚和能量耗散行为。煤岩组合体在分级加卸载条件下，试样吸收的总能量、积聚的弹性能与应力呈正相关关系，但具有明显的非线性特征。弹性能比随着轴向应力的增大而增大，但增大速率逐渐减小；而耗散能比则随着轴向应力的增大而减小，其减小速率也逐渐减小。

参 考 文 献

[1] Paterson M S, Wong TF. Experimental Rock Deformation–the Brittle Field. Berlin: Springer, 2005.

[2] Jaeger J C, Cook NGW, Zimmerman RW. Fundamentals of rock mechanics. 4th ed. Oxford: Blackwell, 2007.

[3] Mogi K. Experimental Rock Mechanics. USA: CRC Press, 2007.

[4] 林鹏, 唐春安, 陈忠辉, 等. 二岩体系统破坏全过程的数值模拟和实验研究. 地震, 1999, 19(4): 413–418.

[5] 刘建新, 唐春安, 朱万成, 等. 煤岩串联组合模型及冲击地压机理的研究. 岩土工程学报, 2004, 26(2): 276–280.

[6] 葛修润, 卢应发. 循环荷载作用下岩石疲劳破坏和不可逆问题的探讨. 岩土工程学报, 1992, 14(3): 56–60.

[7] 殷有泉, 曲圣年. 房山大理岩本构性质的试验研究. 岩石力学与工程学报, 1993, 12(3): 240–248.

[8] 刘云平, 席道瑛, 张程远, 等. 循环应力作用下大理岩砂岩的动态响应. 岩石力学与工程学报, 2001, 20(2): 216–219.

[9] 许江, 王维忠, 杨秀贵, 等. 细粒砂岩在循环加、卸载条件下变形实验. 重庆大学学报(自然科学版), 2004, 27(12): 60–62.

[10] 王鸿, 许江, 杨秀贵. 循环载荷条件下岩石塑性滞回环的演化规律. 重庆大学学报(自然科学版), 2006, 29(4): 80–82.

[11] Speneer J W. Stress relaxation at low frequencies in fluid saturated rocks: attenuation and modulus dispersion. J Geophs. Res., 1981, 86(B3): 1803–1812.

[12] Holcomb D J. Memory, Relaxation, and microfracturing in dilatant rock. Journal of Geophysical Research, 1981, 86(B7): 6235–6248.

[13] MeCall K R, Guyer R A. Equation of state and wave propagation in hysteretic nonlinear elastic materials. J Geophys Res., 1994, 99(B12): 23887–23897.

[14] 席道瑛, 刘斌, 田象燕. 饱和岩石的各向异性及非线性黏弹性响应. 地球物理学报, 2002, 45(1): 109–118.

[15] Tutuneu A N, Podio A L, Gregory A R, et al. Nonlinear viscoelastic behavior of sedimentary rock, Part I: Hysteresis effect sand influence of type of fluid on elastic moduli. Geophysics, 1998, 63(1): 195–203.

[16] 许江, 冯涛, 鲜学福, 等. 低应力水平下循环载荷对岩石杨氏模量影响的研究. 湘潭矿业学院学报, 2001, 16(1): 14–16.

[17] 陈运平, 席道瑛, 薛彦伟. 循环荷载下饱和岩石的滞后和衰减. 地球物理学报, 2004, 47(4): 672–679.

[18] 陈运平, 席道瑛, 薛彦伟. 循环载荷下饱和岩石的应力–应变动态响应. 石油地球物理勘探, 2003, 38(4): 409–413.

[19] 许江, 鲜学福, 王鸿, 等. 循环加、卸载条件下岩石类材料变形特性的实验研究. 岩石力学与工程学报, 2006, 25(增1): 3040–3045.

[20] 杨永杰, 宋扬, 楚俊. 循环荷载作用下煤岩强度及变形特征试验研究. 岩石力学与工程学报, 2007, 26(1): 201–205.

[21] Nishi K, Kokushao T, Essahi Y. Dynamic shear modulus and damping ratio ff rocks for a wide confining pressure range. 5th ISRM Congress, International Society for Rock Mechanics, 1983.

[22] 刘建锋, 谢和平, 徐进, 等. 循环荷载作用下岩石阻尼特性的试验研究. 岩石力学与工程学报, 2008, 27(4): 712–171.

[23] 左建平, 谢和平, 吴爱民, 等. 深部煤岩单体及组合体的破坏机理及力学特性研究. 岩石力学与工程学报, 2011, 30(1): 84–92.

[24] 左建平, 谢和平, 孟冰冰, 等. 煤岩组合体分级加卸载特性的试验研究. 岩土力学, 2011, 32(5): 1287–1296.

[25] 左建平, 裴建良, 刘建锋. 煤岩体破裂过程中声发射行为及时空演化机制. 岩石力学与工程学报, 2011, 30(8): 1564–1570.

[26] Gercek H. Poisson's ratio values for rocks. International Journal of Rock Mechanics and Mining Sciences, 2007, 44(1): 1–13.

[27] 尹祥础, 陈学忠, 宋治平, 等. 加卸载响应比——一种新的地震预报方法. 地球物理学报, 1994, 37(6): 767–775.

[28] 姜彤, 马瑾, 许兵. 基于加卸载响应比理论的边坡动力稳定分析方法. 岩石力学与工程学报, 2007, 26(3): 626–631.

[29] 张浪平, 尹祥础, 梁乃刚. 加卸载响应比与损伤变量关系研究. 岩石力学与工程学报, 2008, 27(9): 1874–1881.

[30] 苗胜军, 樊少武, 蔡美峰, 等. 基于加卸载响应比的载荷岩石动力学特征试验研究. 煤炭学报, 2009, 34(3): 329–333.

[31] Eberhardt E, Stead D, Stimpson B. Quantifying progressive pre–peak brittle fracture damage in rock during uniaxial compression. International Journal of Rock Mechanics and Mining Sciences, 1999, 36(3): 361–380.

[32] 谢和平, 鞠杨, 黎立云. 基于能量耗散与释放原理的岩石强度与整体破坏准则. 岩石力学与工程学报, 2005, 24(17): 3003–3010.

[33] 张志镇, 高峰. 单轴压缩下岩石能量演化的非线性特性研究. 岩石力学与工程学报, 2012, 31(6): 1198–1207.

[34] 张志镇, 高峰. 单轴压缩下红砂岩能量演化试验研究. 岩石力学与工程学报, 2012, 31(5): 953–962.

[35] 郑在胜. 岩石变形中的能量传递过程与岩石变形动力学分析. 中国科学: 化学生命科学地学, 1990(5): 524–537.

第6章 单轴压缩下深部煤岩组合体破坏过程能量演化特征

随着我国煤炭开采深度逐渐加深，开采强度不断增强，冲击地压、煤与瓦斯突出等动力灾害加剧，严重威胁着矿井的安全生产[1,2]。在高应力影响下，煤层与岩层的相互作用越来越强，且矿井动力灾害往往会造成煤体及岩体共同破坏。岩体开挖或煤炭开采过程中，煤岩体非连续变形破坏过程中的能量演化机制是非线性岩石力学研究中的一个重点问题。比如，冲击地压是由于煤岩体中积聚的弹性能瞬间释放，造成巷道破坏、支架折断、人员伤亡等。冲击地压所释放的能量，最大可达到 $10^9 J$[3]。因此，对煤岩组合体的能量演化进行研究具有非常重要的现实意义。

许多学者对完整岩石试样进行了能量分析，并取得大量的研究成果。Bagde 和 Petroš[4,5]分别对完整砂岩、干燥砂岩、泡水砂岩、砾岩、砂泥岩等进行单轴循环加载试验，分析了岩石释放能量与加载频率与振幅的关系。Ferro[6]对大尺寸的混凝土进行单轴压缩试验，提出了尺寸效应对耗散能密度影响的理论解释。Tang 和 Kaiser[7]采用数值模拟方法，对脆性岩石不稳定破坏过程中的能量释放进行研究。Lin 等[8]研究了不同侧压系数作用下煤体损伤区域的裂隙扩展及能量演化规律。Zhang 和 Gao[9]对不同含水率下的红砂岩进行单轴循环加卸载试验，分析了含水率对加载过程中能量演化的影响。谢和平等[10]以能量为出发点，分析研究了岩石变形破坏过程，揭示了其能量耗散及能量释放特性。周辉等[11]分析了岩石材料的屈服特性，并基于试验结果建立了岩石材料的统一能量屈服准则。杨圣奇等[12]对大理岩进行常规三轴压缩试验，认为岩石破坏应变能随围压的增大而增大，全部断裂能随围压的增加呈正线性增加。

目前，关于煤岩组合体试样在加载过程中的能量演化特征还未进行较多研究，大多集中于两体或煤岩组合体的力学性质。关于两岩体组合破坏过程的研究，陈忠辉等[13]、林鹏等[14]认为地震等地质岩体的失稳破裂的发生就是彼此相互作用组成的力学系统非稳定变形的结果，对两岩体串联，组合成岩石-岩石相互作用的"破裂体-回弹体"系统，进行单轴压缩试验及数值模拟，以模拟回弹体对破裂体变形稳定性的研究。左建平等[15~17]对煤岩组合体进行单轴、三轴及声发射试验，比较系统地研究了不同煤岩组合体的力学性质及声发射特征。窦林名等[18]、刘建新等[19]、郭东明等[20]、牟宗龙等[21]分别对不同煤岩组合体的力学性质及冲击倾向性进行了试验及数值模拟研究，为具有冲击地压危险性的矿井提供了理论基础。

岩石峰后的力学行为在各种工程实践中对确定破裂面、破碎带是否稳定具有很重要的意义。虽然开挖会导致岩石的损伤甚至破裂，但"破裂"的岩体仍然能够支撑相当大的荷载，特别是在侧面有支护时更是如此[22]。我国越来越多的工程正在向深部发展，深部重大工程灾害的孕育机制与调控理论也被列为国家基础研究发展计划，因此对岩石峰后力学行为的研究具有重要意义。

很多学者研究了岩石的应力跌落过程。郑宏等[23]从理论上给出了脆塑性材料的应力跌落因子。史贵才[24]定义了脆性跌落系数并基于试验结果研究了其与围压的关系。张志镇等[25]用同样的方法研究了温度与应力跌落系数的关系。黄达等[26]研究了卸荷条件下的应力跌落系数。但他们使用的非理想脆-塑性模型所确定的应力跌落系数只涉及破坏前、后两个状态，并未涉及应力跌落的具体过程，这不免忽略了岩石破坏过程中部分重要的信息。近年来的研究表明，岩石的失稳破坏是一个能量耗散与能量突然释放的结果[27,28]，谢和平等[10]提出了基于能量法的岩石强度与整体破坏准则。赵忠虎和谢和平[29]研究了岩石破坏全过程，并提出了包含应变硬化和应变软化的微观机制。尤明庆和华安增[30]分析了岩石轴向压缩过程中的能量变化，指出屈服破坏能量主要耗散在剪切滑移以及岩石破裂时实际吸收的能量与所处的围压成正比。杨圣奇等[12,31]研究了不同围压、不同尺寸下岩石破坏的能量特征，指出破坏的应变能、峰值强度、能量耗散以及残余强度与围压的关系。刘建锋等[32]研究了岩石密度与岩石破坏时能量耗散的关系。

到达峰值强度时岩石处于一个高位能量的失稳状态，进而发生应力跌落到达残余强度，这是一个能量转化过程的典型突变。达到残余强度后，随着加载的继续进行，这是一个稳态的能量转化过程。因此，从能量的角度来解释应力跌落过程应更能体现岩石的破坏本质。本章正是基于岩石的破坏过程是一个能量释放与能量耗散的结果，并结合岩石脆性破坏的应力跌落过程，从能量的角度重新分析岩石的应力跌落这一现象，这对于深入理解岩石的脆性破断机制具有重要意义。

目前，加载过程中的能量演化特征多集中于采用循环加卸载试验，进行非循环加卸载的单轴压缩能量分析较少；且从能量角度来讨论的大多是单体研究，关于组合体也大多从力学、破坏特征来进行研究。故从能量角度出发来研究单轴压缩下组合体的破坏过程还比较少。在此基础上，开展本研究，为冲击地压、岩爆等动力灾害能量机理方面提供一定的理论参考。

6.1　单轴加载过程中能量分析

热力学第一定律叙述了各种能量间的转换，并指明能量是守恒的；而热力学第二定律指明了实际的宏观过程总是不可逆的，它反映出实际物理过程中能量耗散的特性,这也表明可以通过能量间的相互转化来刻画物质物理过程的本质特征。煤岩组合体的变形破坏行为是典型的不可逆行为，是一个能量耗散和能量释放的过程。因此用热力学的方法描述岩石变形状态的特征应当是可能的。

加载过程中，试样与试验机组成一个系统，在这个系统中，能量是守恒的。岩石试样的加载系统中的能量主要可以分为四个部分：能量输入、能量积聚、能量耗散及能量释放。能量输入主要为试验机对试样的做功，即机械能和与外界产生热交换形成的热能；能量积聚主要为加载过程中试样所积聚的弹性变形能；能量耗散主要为加载过程中产生的塑性变形及损伤；而加载过程中试样的内部剪切滑移产生摩擦能、裂纹扩展形成声发射的声能和试样破坏时小碎石飞溅产生的动能组成了能量释放。因此，在岩石屈服破坏过程中，微裂隙萌生、扩展、贯通及滑移摩擦是一个吸能、耗能的过程[33,34]。

我们已经知道，岩石应力-应变曲线峰前面积为试验机对试样做的功，即能量输入 U^o，简称输入能密度，即岩体单元能量，单位为 kJ/mm^3。沿着峰值点作与应力-应变曲线直线段平行的直线，和过峰值点与 ε 轴垂直的直线形成的三角形面积为积聚的弹性能，如图 6.1 所示的 ABC 所占面积为能量积聚 U^e，简称弹性能密度，单位为 kJ/mm^3。而直线与应力-应变曲线之间的面积为耗散的能量，如图 6.1 所示

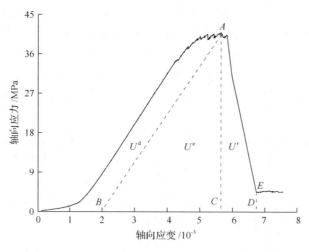

图 6.1　典型煤岩组合体试样的 RM–0–1 全应力-应变曲线及能量演化

的 OAB 所占面积为能量耗散 U^d，简称耗散能密度，单位为 kJ/mm³；峰后耗散能量为峰后曲线下的面积，如图 6.1 所示的 ACDE 所占面积，记为 U^r，单位为 kJ/mm³。则能量输入 U^c、能量积聚 U^e、能量耗散 U^d 的关系为

$$U^c = \int \sigma d\varepsilon \tag{6.1}$$

$$U^e = \frac{\sigma^2}{2E} \tag{6.2}$$

$$U^d = U^c - U^e \tag{6.3}$$

式中，σ、E 和 ε 分别为单轴抗压强度、弹性模量和轴向应变。

6.2　煤岩组合体热力学过程

在实验室内加载过程中，组合体试样在试验机施加荷载的作用下产生变形，这是一个热力学过程。通常，在煤岩组合体发生变形过程中，若试样的温度未发生变化，也就是说，在这个过程中没有发生热量的增加或减少，则这个过程一般称为绝热过程。在外界荷载作用下，设煤岩组合体发生变形的动能为 E，应变能为 U，则在有限时间 δt 内，煤岩组合体从一种状态过渡到另一种状态时，根据热力学第一定律，总能量变化为

$$\delta E + \delta U = \delta W + \delta Q \tag{6.4}$$

式中，δW 为作用于煤岩组合体上的体力和面力所做的功；δQ 为煤岩组合体由其周围介质所吸收(或向外发散)的热量，并以等量的功度量。

假定煤岩组合体在弹性变形过程是绝热的，则对于静力平衡问题有

$$\delta E = 0, \quad \delta Q = 0 \tag{6.5}$$

将式(6.5)代入式(6.4)，则有

$$\delta U = \delta W \tag{6.6}$$

6.2.1　煤岩组合体的非平衡热力学

以煤岩组合体代表性体积单元(即 RVE)为研究对象，当外界载荷对其所做的功、输入的能量流及物质流达到一定阈值时，RVE 内部就开始自发组织，形成新的有序结构(即耗散结构)，这个过程就是煤岩组合体 RVE 的自组织耗散。Prigogine

从热力学的观点出发，依据在一个平衡系统中熵的减小意味着有序度的增大，认为一个非平衡的系统若要形成有序结构系统，那么其熵也应该是减少的[35]。因此，只有当该系统与外界进行物质、能量交换产生负熵流时，这种耗散结构才存在。若以 S 表示熵值，η 表示单位质量的熵密度，那么熵可表示为

$$S = \int_V \rho \eta \mathrm{d}V \tag{6.7}$$

煤岩组合体在不同围压的加载过程中，熵的变化包括两部分：一部分是由煤岩组合体内部的不可逆耗散过程产生的，称为熵产生项，用 $\mathrm{d}S_i$ 表示；另一部分是由外界载荷做功和热量输入过程产生的，称为熵流项，用 $\mathrm{d}S_e$ 表示，故有

$$\mathrm{d}S = \mathrm{d}S_i + \mathrm{d}S_e \tag{6.8}$$

对于平衡态，煤岩组合体内的自发运动(即分子无规则热运动)只能使该系统的熵增加，即

$$\mathrm{d}S_i \geqslant 0 \tag{6.9}$$

式中，大于号表示不可逆变化，等号表示可逆变化。

通常，$\mathrm{d}S_e$ 的符号不确定，即可正、可负、可为零。由系统和外界环境之间的物质、能量交换过程来决定。对于一个孤立系统来说，系统和环境之间不进行任何物质、能量的交换，因此也就没有熵的交换，即

$$\mathrm{d}S_e = 0 \tag{6.10}$$

故有

$$\mathrm{d}S = \mathrm{d}S_i \geqslant 0 \tag{6.11}$$

上式即为热力学第二定律中经常使用的数学表达式，也就是熵增原理。应该注意到式(6.11)只适用于孤立系统，对于开放系统和封闭系统，虽然式(6.9)仍然成立，但由于 $\mathrm{d}S_e$ 的符号不确定，因此 $\mathrm{d}S$ 的符号也就不确定。故热力学第二定律最普通的数学表达式应为式(6.9)而不是式(6.11)。$\mathrm{d}S_i \geqslant 0$ 说明系统存在不可逆的耗散过程，因此只有当 $\mathrm{d}S_e/\mathrm{d}t < 0$，即外界提供给系统一个负熵流时，系统才有可能成为有序的。由于外界载荷做功和热量的输入，将熵流项定义为

$$\mathrm{d}S_e = \frac{\mathrm{d}Q}{T} \tag{6.12}$$

式中，$\mathrm{d}Q$ 为系统从外界吸收的微能量；T 为外界热源的绝对温度。

代入式(6.8)中，有

$$TdS = TdS_e + TdS_i \geqslant dQ \tag{6.13}$$

6.2.2　基于能量理论的煤岩组合体整体失稳条件

最近，很多学者提出了基于能量耗散与能量释放原理的岩体破坏强度准则，认为岩体单元变形破坏是能量耗散与能量释放的综合结果[10]。我们在前面从热力学的角度说明了其煤岩组合体破坏符合热力学定律的合理性。能量耗散使煤岩组合体产生不可逆损伤，并导致煤岩性能劣化和强度丧失；而能量释放则是引发煤岩组合体单元突然破坏的内在原因。在不同围压条件下，煤岩组合体代表性体积单元的变形可以分两部分，一部分应力导致煤体的变形，这部分占主要地位，另一部分是岩石的变形。由于岩石比煤体的强度要大得多，所以这部分变形很小。从而把弹性力学中的 Hooke 定律推广到包含热应力和热应变在内，假设不同围压的作用只会引起主应变大小的变化，并不会引起主应变方向的变化，因此主应变可表示为

$$\varepsilon_i^{e(C+R)} = \frac{1}{E_{i(C)}}[\sigma_i - \nu_{(C)}(\sigma_j + \sigma_k)] + \frac{1}{E_{i(R)}}[\sigma_i - \nu_{(R)}(\sigma_j + \sigma_k)] \quad (i=1,2,3) \tag{6.14}$$

式中，$\varepsilon_i^{e(C+R)}$ 为煤岩组合体三个主方向相应的弹性应变；$E_{i(C)}$ 和 $E_{i(R)}$ 分别为煤样和岩样卸载弹性模量；σ_i 为煤岩组合体三个方向的主应力；$\nu_{(C)}$ 和 $\nu_{(R)}$ 分别为煤岩和岩样的泊松比。

因此，不同围压作用下煤岩组合体单元的能量满足以下关系

$$U^d + U^p = U - U^e \tag{6.15}$$

式中，U^p 为煤岩组合体的塑性功；U^d 为煤岩组合体的损伤功；U 为主应力在主应变方向上做的总功；U^e 为煤岩组合体单元体内储存的可释放弹性能。

由弹性力学理论，有

$$U = \int_0^{\varepsilon_1} \sigma_1 d\varepsilon_1 + \int_0^{\varepsilon_2} \sigma_2 d\varepsilon_2 + \int_0^{\varepsilon_3} \sigma_3 d\varepsilon_3 \tag{6.16}$$

$$U^e = \frac{1}{2}\sigma_1(\varepsilon_{1(C)}^e + \varepsilon_{1(R)}^e) + \frac{1}{2}\sigma_2(\varepsilon_{2(C)}^e + \varepsilon_{2(R)}^e) + \frac{1}{2}\sigma_3(\varepsilon_{3(C)}^e + \varepsilon_{3(R)}^e) \tag{6.17}$$

假设塑性功和损伤功都是不可逆的，属于耗散能量，定义煤岩组合体各单元的能量损伤量为

$$D = \frac{U^{\mathrm{p}} + U^{\mathrm{d}}}{U^{\mathrm{c}}} \tag{6.18}$$

式中，D 为损伤变量；U^{c} 为煤岩组合体单元强度丧失时的临界能量耗散值，可通过煤岩组合体单拉、单压与纯剪等试验来确定。为了简便起见，假设 $D=1$ 时，材料强度丧失，即

$$D = \frac{U^{\mathrm{p}} + U^{\mathrm{d}}}{U^{\mathrm{c}}} = 1 \tag{6.19}$$

代入式(6.15)~式(6.17)，并采用 Einstein 求和约定，化简后，有

$$\left(\int_0^{\varepsilon_{i(C)} + \varepsilon_{i(R)}} \sigma_i \mathrm{d}\varepsilon_i \right) - \left(\frac{1}{2} \sigma_i (\varepsilon_{i(C)}^e + \varepsilon_{i(R)}^e) \right) = U^{\mathrm{c}} \tag{6.20}$$

该式即为基于能量耗散的煤岩组合体单元强度丧失准则。

把式(6.14)代入式(6.17)，考虑煤岩组合体单元的各向异性，并假设煤岩组合体无损伤，则

$$\begin{aligned}
U^{\mathrm{e}} = \frac{1}{2} \Bigg\{ &\frac{\sigma_1^2}{E_{1(C)}} + \frac{\sigma_2^2}{E_{2(C)}} + \frac{\sigma_3^2}{E_{3(C)}} - \nu_{(C)} \Bigg(\left(\frac{1}{E_{1(C)}} + \frac{1}{E_{2(C)}} \right) \sigma_1 \sigma_2 + \left(\frac{1}{E_{2(C)}} + \frac{1}{E_{3(C)}} \right) \sigma_2 \sigma_3 \\
&+ \left(\frac{1}{E_{1(C)}} + \frac{1}{E_{3(C)}} \right) \sigma_1 \sigma_3 \Bigg) \Bigg\} + \frac{1}{2} \Bigg\{ \frac{\sigma_1^2}{E_{1(R)}} + \frac{\sigma_2^2}{E_{2(R)}} + \frac{\sigma_3^2}{E_{3(R)}} - \nu_{(R)} \Bigg(\left(\frac{1}{E_{1(R)}} + \frac{1}{E_{2(R)}} \right) \sigma_1 \sigma_2 \\
&+ \left(\frac{1}{E_{2(R)}} + \frac{1}{E_{3(R)}} \right) \sigma_2 \sigma_3 + \left(\frac{1}{E_{1(R)}} + \frac{1}{E_{3(R)}} \right) \sigma_1 \sigma_3 \Bigg) \Bigg\}
\end{aligned} \tag{6.21}$$

对于损伤煤岩组合体，引入损伤变量 D_i 来考虑损伤对煤岩组合体卸载模量 E_i 的影响，$E_i = (1 - D_i) E_0$，式中 E_0 为煤岩组合体单元无损伤时的初始弹性模量。假设泊松比 ν 不受损伤影响。将 E_i 代入式(6.21)得

$$
\begin{aligned}
U^{e} = \frac{1}{2E_{0(C)}} &\left\{ \frac{\sigma_1^2}{1-D_{1(C)}} + \frac{\sigma_2^2}{1-D_{2(C)}} + \frac{\sigma_3^2}{1-D_{3(C)}} - \nu \left(\left(\frac{1}{1-D_{1(C)}} + \frac{1}{1-D_{2(C)}} \right) \sigma_1 \sigma_2 \right. \right. \\
&\left. + \left(\frac{1}{1-D_{2(C)}} + \frac{1}{1-D_{3(C)}} \right) \sigma_2 \sigma_3 + \left(\frac{1}{1-D_{1(C)}} + \frac{1}{1-D_{3(C)}} \right) \sigma_1 \sigma_3 \right) \right\} + \frac{1}{2E_{0(R)}} \left\{ \frac{\sigma_1^2}{1-D_{1(R)}} \right. \\
&+ \frac{\sigma_2^2}{1-D_{2(R)}} + \frac{\sigma_3^2}{1-D_{3(R)}} - \nu \left(\left(\frac{1}{1-D_{1(R)}} + \frac{1}{1-D_{2(R)}} \right) \sigma_1 \sigma_2 + \left(\frac{1}{1-D_{2(R)}} + \frac{1}{1-D_{3(R)}} \right) \sigma_2 \sigma_3 \right. \\
&\left. \left. + \left(\frac{1}{1-D_{1(R)}} + \frac{1}{1-D_{3(R)}} \right) \sigma_1 \sigma_3 \right) \right\}
\end{aligned}
\tag{6.22}
$$

如果假设载荷引起各个方向的损伤都相同，即 $D_1 = D_2 = D_3 = D_\sigma$，则可释放弹性应变能为

$$
\begin{aligned}
U^{e} = &\frac{1}{2E_{0(C)}(1-D_{(C)})} \left[\sigma_1^2 + \sigma_2^2 + \sigma_3^2 - 2\nu_{(C)} \left(\sigma_1\sigma_2 + \sigma_2\sigma_3 + \sigma_1\sigma_3 \right) \right] \\
&+ \frac{1}{2E_{0(R)}(1-D_{(R)})} \left[\sigma_1^2 + \sigma_2^2 + \sigma_3^2 - 2\nu_{(R)} \left(\sigma_1\sigma_2 + \sigma_2\sigma_3 + \sigma_1\sigma_3 \right) \right]
\end{aligned}
\tag{6.23}
$$

式 (6.23) 是不同围压作用下损伤煤岩组合体体积单元可释放应变能的计算公式，D 可以通过测量加卸载试验中的卸载弹性模量 E_i 的变化来确定。基于上述研究，同样可以给出不同围压作用下煤岩组合体的整体破坏准则。外力对煤岩组合体所做的功和外部输入的热量一部分转化为介质内的耗散能，使煤岩组合体强度逐步丧失；另一部分转化为逐步增加的可释放应变能。当可释放应变能储存并达到煤岩组合体单元某种表面能 U_0 时，应变能 U^e 释放使煤岩组合体单元产生整体破坏。下面分别给出煤岩组合体单元受压的整体破坏准则。

深部矿业工程煤岩组合体大多属于三向受压应力状态。假设可释放应变能 U^e 在三个主应力方向按主应力差进行分配，定义此类整体破坏单元在主应力 σ_i 方向的能量释放率 G_i 为

$$
G_i = K_i (\sigma_i - \sigma_j) U^e \qquad (i, j = 1, 2, 3)
\tag{6.24}
$$

式中，K_i 为沿主应力方向的应变能分配系数。

当沿主应力方向的能量释放率 G_i 达到相应的主应力方向的最大能量释放率 G_{ci}，即认为岩石体积单元发生整体破坏

$$G_i = K_i(\sigma_i - \sigma_j)U^e = G_{ci} \tag{6.25}$$

由于该准则适合任何条件，因此可通过室温下的单轴试验来确定各个主方向的临界破坏应力 σ_{ci}，当 $\sigma_i = \sigma_{ci}, \sigma_j = \sigma_k = 0$ 时，由式 (6.23) 得

$$U^e = \frac{\sigma_{ci}^2}{2E_{0(C)}(1 - D_{(C)})} + \frac{\sigma_{ci}^2}{2E_{0(R)}(1 - D_{(R)})} \tag{6.26}$$

代入式 (6.25)，即可确定各个主应力方向的最大能量释放率

$$G_{ci} = K_i \left[\frac{\sigma_{ci}^3}{2E_{0(C)}(1 - D_{(C)})} + \frac{\sigma_{ci}^3}{2E_{0(R)}(1 - D_{(R)})} \right] \tag{6.27}$$

代入式 (6.25)，即可得煤岩组合体三向受压时的整体破坏准则

$$\left(\sigma_i - \sigma_j\right)U^e = \frac{\sigma_{ci}^3}{2E_{0(C)}(1 - D_{(C)})} + \frac{\sigma_{ci}^3}{2E_{0(R)}(1 - D_{(R)})} \quad i, j = 1,2,3 且 i \neq j \tag{6.28}$$

把式 (6.23) 代入，即得

$$\left(\sigma_i - \sigma_j\right)\left[2(\sigma_1^2 + \sigma_2^2 + \sigma_3^2) - 2(\nu_{(C)} + \nu_{(R)})\left(\sigma_1\sigma_2 + \sigma_2\sigma_3 + \sigma_1\sigma_3\right)\right] = \sigma_{ci}^3 \tag{6.29}$$

该式即为不同围压作用下煤岩组合体在受压情况时的整体破裂准则。该式与文献 [10] 具有相似的数学表达形式，但我们不认为煤岩破坏沿某一确定方向发生破坏，而是认为煤岩组合体在三个主应力方向都有可能发生破坏失稳，这可由各个主应力方向的临界破裂载荷来确定。因此，该准则是对文献 [10] 做了更进一步的推广，即把它推广到了煤岩组合体的情形。

6.3　输入能量演化特征

岩石材料的破坏与能量的变化密切相关。在室内加载过程中，试验机压头对煤岩组合体持续做功。在加载过程中，煤岩组合体吸收能量，图 6.2 所示为单轴压缩状态下煤岩组合体输入能密度随时间变化的规律。通过计算得出加载过程中的输入能密度随加载时间的演化过程，通过观察，输入能密度-时间曲线同样大致可以分为 3 个阶段，即压密阶段、线性增长阶段、峰后跌落阶段，体现出明显的非线性特征。从图 6.2 可以看出，在加载初期，煤岩组合体的输入能密度演化规律与应力演化规律类似，均为缓慢增加。此阶段对应于煤岩组合体全应力-应变曲

线的压密阶段。而后，随着加载的持续进行，应力进入线性增加阶段，而此时输入能密度也呈线性增加。当煤岩组合体发生失稳破坏时，输入能密度达到最大值。在峰后阶段，输入能密度逐渐减小。但从输入能密度与时间关系来看，输入能密度首先缓慢增加，而后近乎线弹性增长，最后跌落，体现出明显的非线性特点。

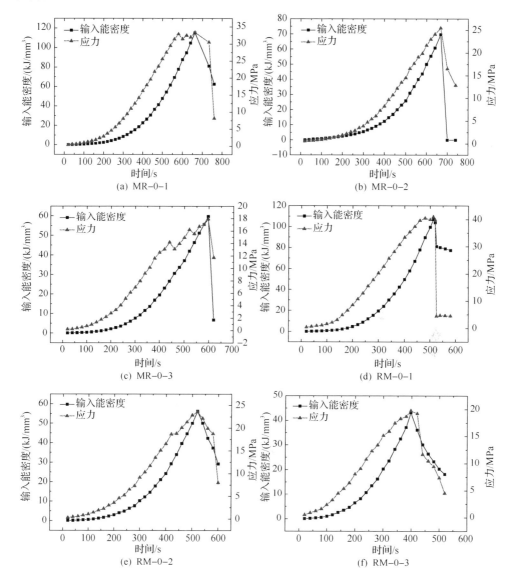

(a) MR-0-1

(b) MR-0-2

(c) MR-0-3

(d) RM-0-1

(e) RM-0-2

(f) RM-0-3

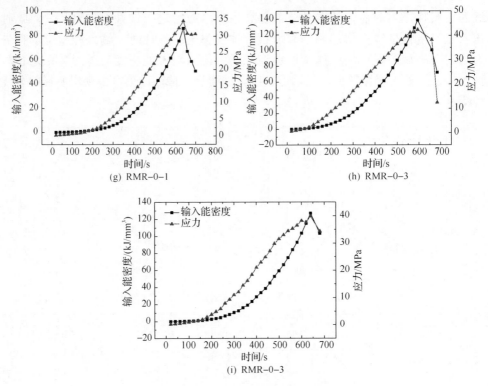

图 6.2　输入能密度、应力随时间演化的关系

6.4　单轴压缩能量演化特征

6.4.1　煤岩组合体能量演化规律

张志镇和高峰[36]参考郑在胜[37]对岩石变形硬化机制的认识,以能量积聚过程为例,如果外界输入的能量越多,则更易驱动能量积聚机制;如果已经积聚的能量接近极值,便又会阻止能量积聚机制,得出能量转化过程所转化的能量密度与应力之间的关系

$$U^{i} = \frac{k}{1 + e^{-r\sigma - c}} \tag{6.30}$$

$$r = a_i(U^{ci} - U^{i0})$$
$$k = \frac{a_i(U^{ci} - U^{i0})}{b_i} \tag{6.31}$$

$$U^{d} = U^{c} - U^{e} \tag{6.32}$$

式中，U^{i} 为某一能量转化过程所转化的能量密度，如 U^{c}、U^{e}、U^{d}；U^{ci} 为驱动该转化过程发生的源能量密度；U^{i0} 为该转化过程发生所需的最低能量密度；a_i，b_i 为系数，反映了能量转化和抑制转化的作用程度；c 为积分常数。

张志镇和高峰[36]利用此模型对砂岩单轴压缩试验数据进行拟合，取得了研究成果。下面，我们用不同煤岩组合体的单轴压缩试验来验证此模型。

煤岩组合体单轴压缩峰前能量密度与应力关系曲线规律可以通过式(6.30)拟合，而且我们可以发现，此式可以看成一个典型的 Logistic 函数。Logistic 函数是一种常见的 S 形函数，起初阶段大致呈指数增长，然后随着开始变得饱和，增加缓慢；最后达到成熟时，增加停止。图 6.3 所示为三种煤岩组合体峰前输入能密度及弹性能密度试验值及与应力的拟合曲线，9 个试样的拟合公式如表 6.1 所示。

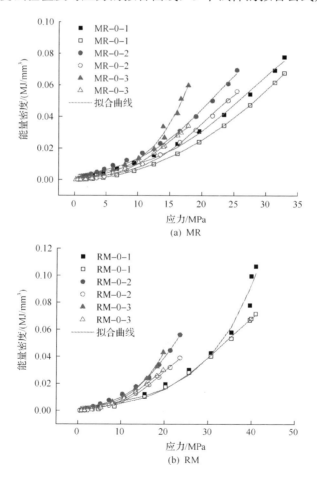

(a) MR

(b) RM

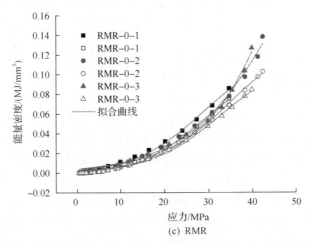

图 6.3　不同煤岩组合体能量密度试验值与应力的关系曲线

实心为输入能密度、空心为弹性能密度

对比图 6.3(a)、(b)、(c)可以看出，输入能密度与弹性能密度大致呈相同的增长趋势，即与应力-应变关系曲线相似。首先二者的增长速率较小，曲线较平缓，应该对应于应力-应变曲线的压密阶段；随后增长率逐渐增大，仔细观察可以发现输入能密度与弹性能密度近似呈线性增长，对应于应力-应变曲线的弹性阶段；当试样达到应力峰值时，输入能密度与弹性能密度均达到最大，而后开始释放，试样内部微裂纹迅速扩展成宏观裂纹，导致试样破坏。同样可以发现，三种不同组合方式的煤岩组合体能量演化规律也相似，但储能极限不尽相同，这与每个试样的单轴抗压强度有关。对于煤岩组合体来说，煤与岩石及两者之间的结构面、内部的微裂隙及缺陷共同决定了其单轴抗压强度。

不同煤岩组合体耗散能密度如图 6.4 所示。耗散能密度按式(6.32)求得。与循环加卸载试验的耗散能特征不同的是，单轴加载状态下，煤岩组合体耗散能密度增长速率先逐渐减缓，而后趋于平缓，最后几乎呈垂直增加。这与应力-应变曲线峰前三个阶段有关。起初压密阶段，不仅要使煤体及岩体内部微裂隙压密，而且还要压密煤体与岩体之间的交界面，此时试验机对试样做功大部分转化为压密结构面做功，积聚的弹性能较少。随后进入弹性阶段，大部分试验机做的功全部转化为弹性能，因此，耗散能密度大小几乎维持不变，其增长率近似为 0。当进入峰前塑性屈服阶段时，试样内部微裂隙迅速扩展，向外辐射出声能、动能等，耗散能迅速增大，其增长速率迅速升高。达到峰值时，峰前耗散能密度最大。

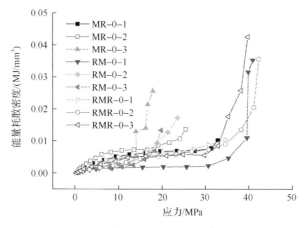

图 6.4 耗散能密度与应力的关系曲线

煤岩组合体能量演化拟合方程见表 6.1。可以看出，拟合 R^2 值只有一个为 0.978，其余均达到 0.99 以上，可见拟合效果非常好。从每个试样的拟合参数可以看出，对于输入能密度来说，k 最小为 0.106，最大为 1.96，平均值为 0.370；r 最小为 –0.232，最大为 –0.088，平均值为 –0.147；c 最小为 3.66，最大为 6.22，平均值为 4.50。对于弹性能密度来说，k 最小为 0.041，最大为 0.141，平均值为 0.084；r 最小为 –0.287，最大为 –0.120，平均值为 –0.180；c 最小为 4.15，最大为 4.27，平均值为 4.21。

表 6.1 峰前输入能密度及弹性能密度拟合参数

NO.	U^c				U^e			
	k	r	c	R^2	k	r	c	R^2
MR–0–1	0.109	0.136	3.66	0.995	0.089	0.161	4.24	0.998
MR–0–2	0.106	0.163	3.57	0.994	0.073	0.211	4.27	0.997
MR–0–3	0.219	0.232	5.13	0.990	0.047	0.287	4.19	0.998
RM–0–1	0.204	0.118	4.92	0.978	0.098	0.125	4.18	0.998
RM–0–2	0.109	0.174	4.06	0.996	0.052	0.222	4.23	0.998
RM–0–3	0.156	0.191	4.76	0.996	0.041	0.256	4.15	0.998
RMR–0–1	0.122	0.131	3.75	0.996	0.100	0.153	4.24	0.997
RMR–0–2	0.347	0.092	4.40	0.993	0.141	0.120	4.16	0.998
RMR–0–3	1.96	0.088	6.22	0.994	0.114	0.130	4.20	0.998
平均值	0.370	0.147	4.50	0.992	0.084	0.180	4.21	0.998

如果把每个试样的拟合系数平均值作为每种能量的拟合参数，则得出输入能密度及弹性能密度的拟合公式

$$U^c = \frac{0.370}{1 + e^{-0.147\sigma + 4.50}} \tag{6.33}$$

$$U^{e} = \frac{0.084}{1 + e^{-0.180\sigma + 4.21}} \tag{6.34}$$

6.4.2　煤岩组合体能量比例与应力的关系

试验机对试样做功分为弹性能及耗散能。弹性能比为加载过程中弹性能与输入能之比；耗散比为加载过程中耗散能与输入能之比。计算公式为

$$\begin{cases} R^{e} = \dfrac{U^{e}}{U^{c}} \\ R^{d} = \dfrac{U^{d}}{U^{c}} \end{cases} \tag{6.35}$$

图 6.5 所示为弹性能比及耗散能比与应力之间的关系曲线。由图 6.5 可知，随着加载过程中应力的逐渐增大，弹性能比呈非线性变化，但是增大速率逐渐减小，减小到 0 后，开始负增长；起初，耗散能比随着应力的增大而减小，但是减小速率逐渐变小，并且趋于 0，而后耗散能比逐渐增大。通过分析，可以看出，弹性能比及耗散能比增长或减小速率为 0 时的应力约为峰值应力的 80%，此时对应于应力-应变曲线上的屈服点。速率为 0 时的点即为弹性能比、耗散能比与应力函数一阶导数为 0 时的点。

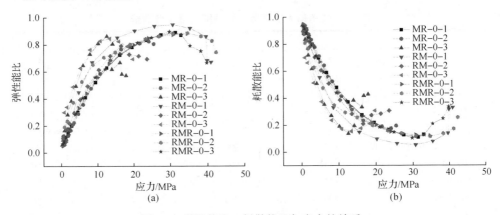

图 6.5　弹性能比、耗散能比与应力的关系

能量转化是物质物理过程的本质特征，从试验结果可知，9 个煤岩组合体试样的弹性能比-应力曲线及耗散能比-应力曲线具有相似的非线性特征。由于岩石是一种带有缺陷的介质，经过大量试验发现，岩石在直线(弹性)阶段，由于受荷载后不断出现新的裂缝和原有裂纹的扩展，使岩石产生一种不可逆的变形。煤是一种内部具有较多原生裂隙的岩石，且煤体与岩体之间存在一个连接面。因此，

在加载过程中的初始压密阶段，试验机输入能量较多地用于压密组合体中的裂隙，因此耗散能比较大，而弹性能比较小。随着组合体中的内部裂隙的压密，外部荷载的增加，试样进入弹性阶段，此时由于应力集中，会有微裂纹的萌生、扩展等具有损伤特征的行为。因此，弹性阶段同样具有能量耗散。而后，在弹性阶段与塑性屈服的转接点，弹性能增加速率及耗散能减小速率发生转变。即弹性能比开始负增长，而耗散能比开始逐渐正增长。煤岩组合体进入塑性屈服阶段。此时，试样内部微裂隙大量扩展，消耗了大量的能量，耗散能比增加，弹性能比减小。达到峰值强度后，弹性能释放。

综上所述，根据给出的能量密度与应力之间关系的公式，可以分别对三种不同煤岩组合体的输入能密度及弹性能密度进行拟合，发现拟合 R^2 值均在 0.97 以上，拟合效果较好。因此，能量密度-应力关系模型适用于煤岩组合体峰前受载变形过程中的输入能密度及弹性能密度，但并不适用于耗散能密度。计算出单轴压缩过程中弹性能及耗散能分别占输入总能量的比例，发现 9 个试样的发展趋势是类似的，约在强度80%的阶段，出现拐点，此时耗散能比增加，弹性能比降低，同样体现出明显的非线性特征。

6.5 脆性岩石破坏的能量跌落系数研究

6.5.1 岩石变形破坏过程中能量的再认识

热力学第一定律指出：热力系统内物质的能量可以传递，其形式可以转换，在转换和传递过程中各种形式能源的总量保持不变，可表示为[38]

$$\Delta U = Q + W \tag{6.36}$$

式中，Q 为系统与环境之间交换热；W 为系统与环境之间交换的功（Q 和 W 都是过程量）；ΔU 为系统内能增量。

岩石系统较为复杂。对岩石系统变形破坏过程中的能量形式进行分类，如图6.6所示。

环境与岩石系统有两大类能量交换，即热能交换和机械能交换。热能可以转化为内能，使岩石温度升高；同时温度变化产生温度变形，在非均匀变形或者有限制温度变形的边界条件存在的情况下会产生势能。机械能转化为弹性变形储存的弹性势能，塑性变形时对应的塑性势能，开裂时对应的表面能，灾变破坏后的动能，各种辐射能以及目前尚未发现的其他形式的能量[33]。

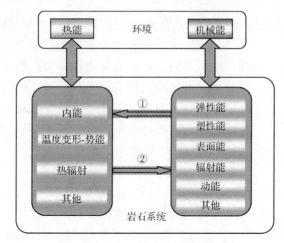

图 6.6　岩石系统的各种能量

热力学第二定律指出：一个系统不可能从单一热源取热使之完全转换为有用的功而不产生其他影响。图 6.6 中，过程①发生是有条件的，并且是一个不完全转化过程。例如给一个没有边界限制并且均匀热膨胀材料的固体输入热能，由于其边界没有限制整体膨胀并且内部均匀膨胀，从而这个热能不会转化为势能；过程②的发生是可以完全的。以上讨论说明，在用能量法分析岩石的变形破坏过程时，必须区分机械能和热能，不能混淆。

文献[34]考虑了一个岩体单元在外力作用下产生变形，并假设该物理过程与外界没有热交换。若外力功输入的总能量为 U，则

$$U = U^{d} + U^{e} \tag{6.37}$$

式中，U^{d} 为耗散能；U^{e} 为可释放的弹性应变能。

如果考虑岩石系统与外界存在热交换，并且从能量转化的过程去审视岩石的变形破坏过程，根据式 (6.36)、式 (6.37) 和图 6.6，岩石变形破坏过程中的能量转化过程为

$$\Delta Q + \Delta W = \Delta U^{e} + (\Delta U^{d} + \Delta U^{t}) \tag{6.38}$$

式中，等号左边为环境输入岩石的能量；ΔQ 为热能输入增量；ΔW 为机械能输入增量；等号右边为岩石系统内部能量变化；ΔU^{e} 为可释放弹性能增量；$(\Delta U^{d} + \Delta U^{t})$ 为非可释放弹性能增量。其中，ΔU^{t} 为热能输入转化的部分；ΔU^{d} 为机械能输入转化的部分，把非可释放弹性能增量区分为 ΔU^{t} 和 ΔU^{d}，是因为二者的相互转化是有条件的。

回归到式 (6.38) 机械能输入大部分转化为可释放弹性势能增量 ΔU^{e} 以及耗散

能增量 ΔU^{d}；热能输入主要转化为内能增量 ΔU^{t}。若没有热能输入，式(6.38)可简化为

$$\Delta W = \Delta U^{\mathrm{e}} + \Delta U^{\mathrm{d}} \tag{6.39}$$

对整个破坏过程进行求和，得

$$\sum \Delta W = \sum \Delta U^{\mathrm{e}} + \sum \Delta U^{\mathrm{d}} \tag{6.40}$$

若令 $U = \sum \Delta W$，$U^{\mathrm{e}} = \sum \Delta U^{\mathrm{e}}$，$U^{\mathrm{d}} = \sum \Delta U^{\mathrm{d}}$，可得式(6.37)。

6.5.2　应力跌落过程的能量分析

岩石的循环加、卸载曲线表明，随着加载的进行，试件的弹性刚度相应减弱[38]。如果采用损伤力学，则损伤后的岩石弹性模量可表示为

$$E_D = (1-D)E, \quad \left(0 \leqslant D < 1\right) \tag{6.41}$$

式中，D 为损伤变量，随着加载的进行而增加；E 为弹性模量。

岩石的循环加载曲线显示，卸载曲线总是低于加载曲线。表明：在每个加卸载循环过程中，试验机对试件输入的机械能没有完全释放。可见，岩石变形破坏整个过程都存在能量耗散现象。可表示为 $\Delta W = \Delta U^{\mathrm{e}} + \Delta U^{\mathrm{d}}$，这同时也验证了文献[29]所提出的岩石变形破坏全过程中硬化机制与软化机制共存的观点。

图 6.7 所示为脆性岩石应力-应变全过程典型曲线。岩石变形破坏过程大致分为 5 个阶段[29]，分别为 OO_1 段：岩石内部微裂纹闭合；O_1O_2 段：岩石发生线弹性变形；O_2O_3 段：稳定破裂发展阶段，岩石内部微裂纹稳定发展；O_3A 段：不稳定破裂发展阶段；AB 段：应力跌落阶段，即岩石破坏的灾变阶段。上述各阶段的能量转化过程如下：

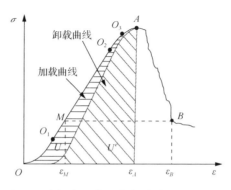

图 6.7　脆性岩石典型应力-应变全过程曲线

在岩石破坏整个过程中 $\Delta W = \Delta U^{d} + \Delta U^{e}$，只是不同阶段 ΔU^{d} 与 ΔU^{e} 所占比例不同。在 OO_1 段和 O_1O_2 段，外部输入的机械能主要转化为可释放的应变能，即 ΔU^{d} 所占比例很小，ΔW 主要转化为 ΔU^{e}。O_2O_3 段和 O_3A 段，岩石内部微裂纹发育，耗散能开始增加，表示为 ΔU^{d} 所占比例开始增加。A 点是失稳点，A 点前 ΔU^{e} 是正值，之后 ΔU^{e} 是负值(负值表示岩石中可释放弹性能的释放)，所以可以确定 A 点 $\Delta U^{e} = 0$。应力跌落过程是输入的机械能 ΔW 和岩石中储存可释放弹性能总量 U^{e} 的一部分转化为 ΔU^{d} 的过程。到达残余强度后输入的机械能 ΔW 主要转化为耗散能 ΔU^{d}，$\Delta U^{e} \approx 0$。不同阶段的 ΔW 与 ΔU^{d}、ΔU^{e} 的关系见表 6.2。

表 6.2 岩石破坏全过程输入机械能的转化关系

阶段	能量变化情况
OO_1	$\Delta U^{d} \approx 0$，$\Delta U^{e} > 0$，$\Delta W \approx \Delta U^{e}$
O_1O_3	$0 < \Delta U^{d} < \Delta U^{e}$，$\Delta W = \Delta U^{d} + \Delta U^{e}$
O_3A	$0 < \Delta U^{e} < \Delta U^{d}$，$\Delta W = \Delta U^{d} + \Delta U^{e}$
A 点	$\Delta U^{e} = 0$
AB	$\Delta U^{e} < 0 < \Delta U^{d}$，$\Delta W + \left|\Delta U^{e}\right| = \Delta U^{d}$
B 点之后	$\left|\Delta U^{e}\right| \approx 0$，$0 < \Delta U^{d}$，$\Delta W \approx \Delta U^{d}$

6.5.3 应力跌落过程的能量表示

在应力跌落过程中产生一个非零的全应变增量 $\Delta\varepsilon_{ij}$，在小应变情况下，有

$$\Delta\varepsilon_{ij} = \Delta\varepsilon_{ij}^{e} + \Delta\varepsilon_{ij}^{p} \tag{6.42}$$

式中，$\Delta\varepsilon_{ij}^{e}$ 为弹性应变增量；$\Delta\varepsilon_{ij}^{p}$ 为塑性应变增量。

可假设

$$\Delta\varepsilon_{ij}^{e} + \Delta\varepsilon_{ij}^{p} = -R\Delta\varepsilon_{ij}^{e} \tag{6.43}$$

式中，R 为脆性应力跌落系数。

由于弹性应变只与应力有关，可通过图 6.7 所示的应力-应变曲线计算

$$\Delta\varepsilon_{ij}^{e} = \varepsilon_{M} - \varepsilon_{A} \tag{6.44}$$

$$\Delta\varepsilon_{ij}^{e} + \Delta\varepsilon_{ij}^{p} = \varepsilon_{B} - \varepsilon_{A} \tag{6.45}$$

这里认为在峰值前 M 点岩石主要以弹性应变为主，所以式(6.44)才得以成立。得到应力脆性跌落系数为

$$R = \frac{\varepsilon_B - \varepsilon_A}{\varepsilon_A - \varepsilon_M} \tag{6.46}$$

该式即为应力脆性跌落系数的表达式，文献[24]给出了具体算例，并用其结果来评价岩石的脆性。但式(6.46)所确定的 R 只考虑到破坏前后的状态变化，没有考虑岩石破坏详细过程。这里从能量的角度重新考虑这一过程。

在应力跌落过程中，外部输入的机械能为 ΔW，且 $\Delta W = \Delta U^e + \Delta U^d$。根据式(6.43)，同样假设

$$\Delta U^e + \Delta U^d = -H\Delta U^e \tag{6.47}$$

式中，H 定义为岩石峰后的能量跌落系数。

任意时刻外力做的总功为 $U = U^e + U^d$。U 与 U^e 可以通过加、卸载试验的荷载-位移曲线计算，而 $U^d = U - U^e$。考虑图 6.7 所示的应力跌落过程，在峰值 A 点外部输入的机械能总量为 U_A，可释放的弹性能总量为 U_A^e，耗散能总量为 U_A^d。发生应力跌落到达残余强度 B 点外部输入总的机械能为 U_B，可释放弹性能总量为 U_B^e，耗散能总量为 U_B^d。则可释放应变能增量为

$$\Delta U^e = U_B^e - U_A^e \tag{6.48}$$

输入的机械能为

$$\Delta W = U_B - U_A \tag{6.49}$$

根据表 6.2，可得到 $\Delta U^e < 0$，说明在应力跌落过程中，可释放应变能的一部分释放出来转化为耗散能。从而式(6.47)可以化简为

$$H = \frac{\Delta U^d}{|\Delta U^e|} - 1 = \frac{\Delta W + |\Delta U^e|}{|\Delta U^e|} - 1 = \frac{\Delta W}{|\Delta U^e|} \tag{6.50}$$

式(6.50)表明：当 $|\Delta U^e|$ 一定时，ΔW 越大 H 越大，反之 H 越小。机械能输入 ΔW 越大，表明破坏过程中岩石可吸收更多的能量，说明破坏延性明显，反之脆性明显。综上可得，H 值越小，岩石脆性破坏越明显、越突然，即 H 与岩石是脆性破坏具有相关性，故能量跌落系数表示岩石的脆性具有参考价值。

6.5.4　能量跌落系数的分析计算及对比

围压可以影响岩石的脆性,在三轴试验中,随围压的升高岩石破坏会由脆性逐渐向延性转化[39]。文献[24]报道了四川雅安大理岩的试验结果,尺寸为ϕ50 mm×100 mm,加载方式为轴向常应变率加载。5 组不同围压下轴向应力-应变曲线如图 6.8 所示。

不同围压下大理岩力学参数列于表 6.3[24]。

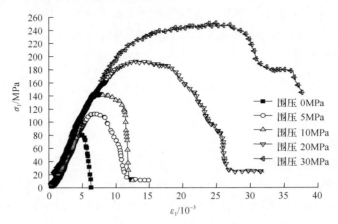

图 6.8　大理岩常规三轴试验应力-应变全过程曲线[24]

在轴向应变为 ε 时,三轴试验机对岩样做总功(即输入的机械能)定义为 $U(\varepsilon)$,则[40]

表 6.3　大理岩应力-应变全程曲线的特征参数[24]

围压 /MPa	峰值强度 /MPa	峰值应变 /10^{-3}	残余强度 /MPa	残余应变 /10^{-3}
0	82.29	4.774	0.129	6.321
5	109.63	6.856	13.785	12.347
10	134.45	7.590	17.130	12.028
20	193.69	15.202	29.704	29.393
30	221.38	25.715	58.077	38.700

$$U(\varepsilon) = \int F_i \mathrm{d}u_i = V \int \sigma_i \mathrm{d}\varepsilon_i \tag{6.51}$$

式中,V 为试件体积;σ_i 为轴向应力或者围压;ε_i 为 σ_i 所对应的应变。

本试验中式(6.51)可化为

$$U(\varepsilon) = V \int_0^{\varepsilon} \sigma_1 \mathrm{d}\varepsilon_1 + 2V \int_0^{\varepsilon'} \sigma_3 \mathrm{d}\varepsilon_3 \tag{6.52}$$

式中，ε_1、σ_1、σ_3、ε_3 均为积分变量；ε' 为轴向应变为 ε 对应的环向应变。

式 (6.52) 的物理意义为：在轴向应变达到 ε 时，轴力对岩石做功 $V \int_0^{\varepsilon} \sigma_1 \mathrm{d}\varepsilon_1$，围压对岩石做功 $2V \int_0^{\varepsilon'} \bar{\sigma}_3 \mathrm{d}\bar{\varepsilon}_3$，其中，$\varepsilon'$ 与 σ_3 同向时为正，反向为负。

本试验中围压保持不变，在轴向应变为 ε 时，可通过卸载试验测出岩石释放出的能量，得到可释放弹性应变能 $U^{\mathrm{e}}(\varepsilon)$，若卸轴压时弹性模量为 E，可得

$$U^{\mathrm{e}}(\varepsilon) = V\left(\frac{1}{2}\sigma_1 \varepsilon^{\mathrm{e}} + \upsilon \varepsilon^{\mathrm{e}} \sigma_3\right) \tag{6.53}$$

式中，υ 为泊松比；ε^{e} 为可恢复的弹性应变。

根据 $\varepsilon^{e} = \dfrac{1}{E}(\sigma_1 - 2\upsilon\sigma_3)$，得

$$U^{\mathrm{e}}(\varepsilon) = \frac{V}{E}(\sigma_1 - 2\upsilon\sigma_3)\left(\frac{1}{2}\sigma_1 + \upsilon\sigma_3\right) \tag{6.54}$$

图 6.7 所示应力跌落 $A \to B$ 过程中可释放弹性能增量 $\Delta U^{\mathrm{e}} = U^{\mathrm{e}}(\varepsilon_{\mathrm{B}}) - U^{\mathrm{e}}(\varepsilon_{\mathrm{A}})$，可得

$$\Delta U^{\mathrm{e}} = V\left(\frac{\sigma_B^2}{2E_B} - \frac{\sigma_A^2}{2E_A}\right) \tag{6.55}$$

由于围压不变，环向应变和围压反向由式 (6.52) 可得

$$\Delta W = V\left(\int_{\varepsilon_A}^{\varepsilon_B} \sigma_1 \mathrm{d}\varepsilon_1 - 2\upsilon(\varepsilon_B - \varepsilon_A)\sigma_3\right) \tag{6.56}$$

根据式 (6.50)、式 (6.54)、式 (6.55) 可以计算能量跌落系数 H 为

$$H = \frac{\displaystyle\int_{\varepsilon_A}^{\varepsilon_B} \sigma_1 \mathrm{d}\varepsilon_1 - 2\upsilon(\varepsilon_B - \varepsilon_A)\sigma_3}{\dfrac{\sigma_A^{\,2}}{2E_A} - \dfrac{\sigma_B^{\,2}}{2E_B}} \tag{6.57}$$

式中，σ_A 和 ε_A 分别为峰值强度和峰值应变；σ_B 和 ε_B 分别为残余强度和残余应

变；E_A 为在峰值时卸载所对应的弹性模量；E_B 为残余强度卸载所对应的弹性模量。

令 $E_B = (1-D)E_A$，式中 D 为应力跌落过程的损伤变量，泊松比为 $0.25^{[24]}$。E_A 取割线模量，若取 $D = 0$，则 $E_A = E_B$。计算结果列于表 6.4。

表 6.4　能量跌落系数的计算

围压 /MPa	割线模量 / GPa	$\int_{\bar{\varepsilon}_A}^{\bar{\varepsilon}_B} \bar{\sigma}_1 \mathrm{d}\bar{\varepsilon}_1$ / (10^3 J/m^3)	$\dfrac{\sigma_A^2}{2E_A} - \dfrac{\sigma_B^2}{2E_B}$ / (10^3 J/m^3)	$2\upsilon(\varepsilon_B - \varepsilon_A)\sigma_3$ / (10^3 J/m^3)	H
0	15.71	87.39	215.51	0.00	0.405
5	17.11	390.97	345.66	6.86	1.111
10	18.69	550.65	475.74	11.09	1.134
20	21.88	1969.67	837.14	70.95	2.268
30	22.07	2752.77	1033.89	97.38	2.568

从表 6.4 可以看出，能量跌落系数的变化趋势随着围压的增大而增加。但实际情况并非 $E_B = E_A$。当 E_A 取割线模量时，取不同的损伤变量计算结果如图 6.9 所示。

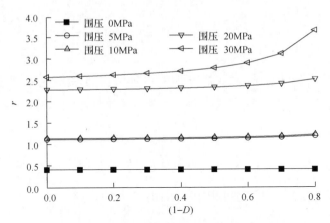

图 6.9　不同损伤变量下能量跌落系数的计算

由图 6.9 可知，应力跌落过程中 H 随着损伤的增加而增加，但当损伤变量 D 较小时，H 对其变化不敏感，且 D 值不影响 H 随围压的变化趋势（即 H 随着围压的增大而增加）。

从式(6.57)可以看出，固定围压的三轴试验中，泊松比 υ 对 H 的影响表现在影响围压对岩石试件所做的功。若取不同泊松比 υ，能量跌落系数变化如图 6.10 所示。

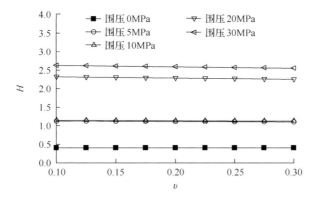

图 6.10　不同泊松比下应力脆性跌落参数的计算

通过对比可知，H 随泊松比的增加而减小，但变化不明显。并且泊松比也不影响 H 随围压的变化趋势。

文献[24]中给出的应力脆性跌落系数与围压的关系为

$$R(\sigma_3) = \frac{-59\sigma_3{}^2 + 6\,133\sigma_3 + 17\,621}{154\sigma_3{}^2 + 1\,233\sigma_3 + 45\,556} \tag{6.58}$$

若取 $D = 0.2$，$\upsilon = 0.25$，用式(6.57)所确定的 H 与式(6.58)所确定的 R 对比如图 6.11 所示。

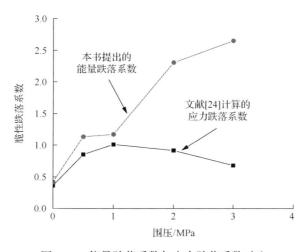

图 6.11　能量跌落系数与应力跌落系数对比

文献[26]报道了不同围压下花岗岩的应力跌落系数的规律，其不同围压下的常规三轴试验结果如图 6.12 所示。

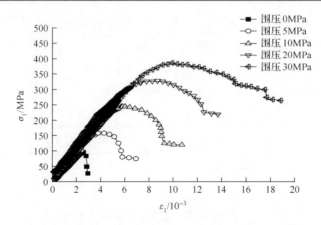

图 6.12　花岗岩常规三轴试验应力-应变全过程曲线[26]

采用类似前述的分析过程，E_A 取割线模量，若取 $D=0$，则 $E_A = E_B$。计算结果见表 6.5。

表 6.5　能量跌落系数的计算

围压 /MPa	割线模量 /GPa	$\int_{\bar{\varepsilon}_A}^{\bar{\varepsilon}_B} \bar{\sigma}_1 \mathrm{d}\bar{\varepsilon}_1$ / (10^3J/m^3)	$\dfrac{\sigma_A^2}{2E_A} - \dfrac{\sigma_B^2}{2E_B}$ / (10^3J/m^3)	$2\upsilon(\varepsilon_B - \varepsilon_A)\sigma_3$ / (10^3J/m^3)	H
0	37.68	52.86	111.64	0.000	0.47
5	39.94	265.58	237.37	2.090	1.11
10	48.61	967.15	463.99	8.805	2.06
20	58.09	1619.88	495.84	27.740	3.21
30	50.89	2686.50	732.05	58.770	3.58

文献[26]中给出的应力脆性跌落系数与围压的关系为

$$R(\sigma_c) = \frac{54\sigma_c^2 + 314\sigma_c + 28\,385}{10.57\sigma_c^2 + 1\,753.94\sigma_c + 85\,057.42} \tag{6.59}$$

若取 $D=0.2$，$\upsilon=0.25$，用式 (6.57) 所确定的 H 与式 (6.59) 所确定的 R 对比如图 6.13 所示。

综合图 6.13、图 6.12 可看出，文献[24]中提出的应力脆性跌落系数 R 随围压的变化规律不明显，而随围压的升高岩石由脆性向延性转化，用其来描述高围压下岩石的脆性具有一定的局限性。而本书提出的能量跌落系数 H 能充分体现岩石的延性随着围压的升高而增强的趋势，具有明显的单调性。

随着围压升高岩石的脆性逐渐向延性转化，能量跌落系数随着围岩单调增加。单轴压缩时，岩石脆性明显，此时 $H \leqslant 1$。如果 $H \leqslant 1$，则 $\Delta W \leqslant \left| \Delta U^\mathrm{e} \right|$，说明岩石破坏所需要消耗的能量主要由内部储存的可释放应变能提供，这时岩石破坏较

突然。若 $H \geqslant 1$，则岩石破坏逐渐表现出延性，并且 H 越大，延性越明显。可见能量跌落系数还能表示岩石破坏的脆延特性。

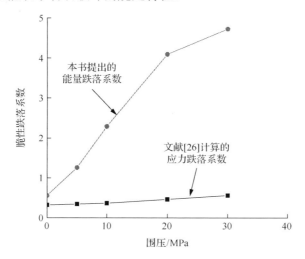

图 6.13　能量跌落系数与应力跌落系数对比

　　综上所述，基于热力学能量守恒和转移的观点，岩石的破坏过程是外部输入的机械能与内部释放的弹性能转化为耗散能的综合过程。由此提出了一个新的表征岩石脆性破坏过程的参量，即能量跌落系数。该参量既考虑了岩石脆性破坏前后的两个状态，也考虑了破坏的中间过程，具有一定的物理含义。通过试验对比和理论分析，能量跌落系数与岩石的脆延性相关，能量跌落系数越小，则岩石破坏时脆性越明显；反之，能量跌落系数越大，则岩石破坏时延性越明显。试验表明，能量跌落系数 $H \leqslant 1$，说明脆性破坏明显。通过试验数据计算对比得到：随着跌落过程损伤变量增大，能量跌落系数增大；随着泊松比增大，能量跌落系数减小。但损伤变量和泊松比都不影响能量跌落系数随围压的变化趋势。对比典型试验数据表明，文献[24~26]提出的应力跌落系数随围压变化不明显，而本书提出的能量跌落系数随围压增加呈现明显的单调性，这表明能量跌落系数不仅能表明岩石的脆性破坏行为，还能表明岩石的脆-延转变行为。

参 考 文 献

[1] 谢和平, 周宏伟, 薛东杰, 等. 煤炭深部开采与极限开采深度的研究与思考. 煤炭学报, 2012, 37(4): 535–542.

[2] 姜耀东, 潘一山, 姜福兴, 等. 我国煤炭开采中的冲击地压机理和防治. 煤炭学报, 2014, 39(2): 205–213.

[3] 潘一山, 李忠华, 章梦涛. 我国冲击地压分布、类型、机理及防治研究. 岩石力学与工程学报, 2003, 22(11): 1844–1851.

[4] Bagde M N, Petroš V. Fatigue properties of intact sandstone samples subjected to dynamic uniaxial cyclical loading. International Journal of Rock Mechanics and Mining Sciences, 2005, 42(2): 237–250.

[5] Bagde M N, Petroš V. Fatigue and dynamic energy behavior of rock subjected to cyclical loading. International Journal of Rock Mechanics and Mining Sciences, 2009, 46(1): 200–209.

[6] Ferro G. On dissipated energy density in compression for concrete. Engineering Fracture Mechanics, 2006, 73(11): 1510–1530.

[7] Tang C A, Kaiser P K. Numerical simulation of cumulative damage and seismic energy release during brittle rock failure—part I: fundamentals. International Journal of Rock Mechanics and Mining Sciences & Geomechanics Abstracts, 1998, 35(2): 113–121.

[8] Lin B Q, Liu T, Zuo Q L, et al. Crack propagation patterns and energy evolution rules of coal within slotting disturbed zone under various lateral pressure coefficients. Arabian Journal of Geosciences, 2015, 8(9): 6643–6654.

[9] Zhang Z Z, Gao F. Experimental investigation on the energy evolution of dry and water–saturated red sandstones. International Journal of Mining Science and Technology, 2015, 25(3): 383–388.

[10] 谢和平, 鞠杨, 黎立云. 基于能量耗散与释放原理的岩石强度与整体破坏准则. 岩石力学与工程学报, 2005, 24(17): 3003–3010.

[11] 周辉, 李震, 杨艳霜, 等. 岩石统一能量屈服准则. 岩石力学与工程学报, 2013, 32(11): 2170–2184.

[12] 杨圣奇, 徐卫亚, 苏承东. 大理岩三轴压缩变形破坏与能量特征研究. 工程力学, 2007, 24(1): 136–142.

[13] 陈忠辉, 傅宇方, 唐春安. 单轴压缩下双试样相互作用的实验研究. 东北大学学报(自然科学版), 1997, 18(4): 382–385.

[14] 林鹏, 唐春安, 陈忠辉, 等. 二岩体系统破坏全过程的数值模拟和实验研究. 地震, 1999, 19(4): 413–418.

[15] 左建平, 谢和平, 吴爱民, 等. 深部煤岩单体及组合体的破坏机制与力学特性研究. 岩石力学与工程学报, 2011, 30(1): 84–92.

[16] Zuo J P, Wang Z F, Zhou H W, et al. Failure behavior of a rock–coal–rock combined body with a weak coal interlayer. International Journal of Mining Science and Technology, 2013, 23(6): 907–912.

[17] 左建平, 裴建良, 刘建锋, 等. 煤岩体破裂过程中声发射行为及时空演化机制. 岩石力学与工程学报, 2011, 30(8): 1564–1570.

[18] 窦林名, 田京城, 陆菜平, 等. 组合煤岩体破坏电磁辐射规律研究. 岩石力学与工程学报, 2005, 24(19): 3541–3544.

[19] 刘建新, 唐春安, 朱万成, 等. 煤岩串联组合模型及冲击地压机理的研究. 岩土工程学报, 2004, 26(2): 276–280.

[20] 郭东明, 左建平, 张毅, 等. 不同倾角组合煤岩体的强度与破坏机制研究. 岩土力学, 2011, 32(5): 1333–1339.

[21] 牟宗龙, 王浩, 彭蓬, 等. 岩–煤–岩组合体破坏特征及冲击倾向性试验研究. 采矿与安全工程学报, 2013, 30(6): 841–847.

[22] 葛修润, 周百海, 刘明贵. 对岩石峰值后区特性的新见解. 中国矿业, 1992, 1(2): 57–60.

[23] 郑宏, 葛修润, 李焯芬. 脆塑性岩体的分析原理及其应用. 岩石力学与工程学报, 1997, 16(1): 8–21.

[24] 史贵才. 脆塑性岩石破坏后区力学特性的面向对象有限元与无界元耦合模拟研究. 武汉: 中国科学院武汉岩土力学研究所, 2005.

[25] 张志镇, 高峰, 高亚楠, 等. 高温后花岗岩应力脆性跌落系数的实验研究. 实验力学, 2010, 25(5): 589–597.

[26] 黄达, 黄润秋, 张永兴. 三轴加卸载下花岗岩脆性破坏及应力跌落规律. 土木建筑与环境工程, 2011, 33(2): 1–6.

[27] 谢和平, 彭瑞东, 鞠杨, 等. 岩石破坏的能量分析初探. 岩石力学与工程学报, 2005, 24(15): 2603–2608.

[28] 谢和平, 彭瑞东, 鞠杨, 等. 岩石变形破坏过程中的能量耗散分析. 岩石力学与工程学报, 2004, 23(21): 3565–3570.

[29] 赵忠虎, 谢和平. 岩石变形破坏过程中的能量传递和耗散研究. 四川大学学报(工程科学版), 2008, 40(2): 26–31.

[30] 尤明庆, 华安增. 岩石试样破坏过程的能量分析. 岩石力学与工程学报, 2002, 21(6): 778–781.

[31] 杨圣奇, 徐卫亚, 苏承东. 岩样单轴压缩变形破坏与能量特征研究. 固体力学学报, 2006, 27(2): 213–216.

[32] 刘建锋, 徐进, 李青松. 循环荷载下岩石阻尼参数测试的试验研究. 岩石力学与工程学报, 2010, 29(5): 1036–1041.

[33] 赵忠虎, 鲁睿, 张国庆. 岩石破坏全过程中的能量变化分析. 矿业研究与开发, 2006, 26(5): 8–11.

[34] 谢和平, 鞠杨, 黎立云, 等. 岩体变形破坏过程的能量机制. 岩石力学与工程学报, 2008, 27(9): 1729–1740.

[35] 李如生. 非平衡态热力学和耗散结构. 北京: 清华大学出版社, 1986.

[36] 张志镇, 高峰. 单轴压缩下岩石能量演化的非线性特性研究. 岩石力学与工程学报, 2012, 31(6): 1198–1207.

[37] 郑在胜. 岩石变形中的能量传递过程与岩石变形动力学分析. 中国科学: B 辑, 1990, (5): 524–537.

[38] 左建平, 黄亚明, 熊国军, 等. 脆性岩石破坏的能量跌落系数研究. 岩土力学, 2014, 35(2): 321–327.

[39] Paterson M S, Wong T F. Experimental rock deformation: The brittle field. Berlin–Heidelberg: Springer–Verlag, 2005: 65–66.

[40] Solecki R, Conant R J. Advanced mechanics of materials. London: Oxford University Press, 2003.

第7章　煤岩组合体破坏过程裂纹演化及声发射研究

岩石作为一种复杂的地质材料，内部含有大量的裂隙。从宏观尺度上来说，岩层之间存在断层、节理、空洞等。由于这些裂隙的存在，完整岩石的力学性质与岩体的力学性质具有较大的差别。裂隙的起裂、扩展及其贯通是造成岩石发生破坏的主要原因。煤岩组合体作为一种特殊的试样，两者之间存在一个明显的界面。前已研究过煤岩组合体力学特性与完整岩石的力学特性之间的差异，本章注重研究煤岩组合体内裂纹的演化规律。Wong 和 Einstein[1]研究了单轴压缩下包含预制裂纹的石膏与大理岩的力学性质，分析了不同的裂纹扩展形式。李心睿等[2]通过预制不同裂隙倾角、间距和连通率的试样，考虑动荷载作用造成的初始损伤与静荷载损伤的耦合作用，并根据最小耗能原理确定损伤门槛值，建立修正的裂隙岩石试样损伤演化本构方程。张晓平等[3]对片状岩石进行单轴压缩试验，认为裂纹扩展过程与岩石种类有关，不同岩石矿物颗粒、胶结状况、片理面发育情况等因素都会影响岩石的渐进破坏过程。杨永明等[4]对致密砂岩进行三轴压缩试验及 CT 扫描试验，获得了不同围压作用下岩石破坏裂纹的几何形态 CT 图像，分析了裂纹几何形态和分布特征。代树红等[5]研究了裂纹在层状岩石中的扩展特征，通过数字图像相关方法观测裂纹在层状岩石中的扩展过程，并通过数值模拟方法研究岩石强度对裂纹在层状岩石中扩展的影响。

矿井灾害的发生直接威胁到矿井的安全高效生产，但这些灾害发生前或多或少都有一定的规律和特征。如煤与瓦斯突出前出现由远而近的雷鸣声、鞭炮声，现场称为响煤炮，而响煤炮的大小与间隔时间因地质条件不同而异；深部煤层或岩层离层时发出劈裂声，甚至由此引发煤壁震动和支架发出"吱嘎声"；顶板来压时顶板有明显的噼啪响声；矿井水灾事故前煤岩层有时发出"吱吱"水叫声。这些事故发生时都有一个共同的特征，那就是发射出"声"。这种"声"本质是煤岩体受外力或内力作用发生变形和断裂时释放出的瞬时弹性波，这种弹性波通常以脉冲的形式释放出来，称为声发射(acoustic emission，AE)。因此，如果能监测到荷载下煤岩体的声发射，对认识矿井煤岩灾害的发生机制和及时预警调控有重要作用。

有关声发射的研究，Obert 和 Duvall[6]为了预测岩石开挖过程的失稳现象，最早应用声发射检测技术来确定岩石开挖诱发的破裂位置，并由此确定岩石中的最大应力区。Kaiser[7]首次将声发射同金属材料的力学过程联系起来，并认为声发射具有不可逆性，这在声发射技术发展史上具有里程碑的意义。目前对煤岩声发射的理论研究主要集中在煤岩体受载过程中的声发射规律、Kaiser 效应及声发射损伤理论等方面。李庶林等[8]对单轴受压岩石破坏全过程和疲劳荷载过程进行了声发射试验，分析了岩石破坏过程中的力学特性和声发射特征。Li 和 Nordlund[9]对8 种岩石进行了声发射试验，发现大部分岩石具有 Kaiser 效应，但唯独铁矿石没有 Kaiser 效应。在岩石声发射的应用研究方面，张立杰等[10]基于声发射的煤岩动力失稳行为试验与现场监测进行了比较，综合分析了复杂变化环境下煤岩的失稳声发射定量规律。姜永东等[11]应用弹性理论推导出地下岩体测点处的地应力表示和地应力椭球基本方程，研究了利用声发射 Kaiser 效应来测定岩体地应力的原理、方法和测试技术。赵奎等[12]将小波分析技术应用到岩石声发射测量地应力信号处理分析中，为研究岩石声发射测量地应力机制提供了新的研究思路和方法。许江等[13]就单轴荷载下岩石声发射定位的影响因素进行了详细的分析。

单纯对岩体或煤体的破坏研究有很多，Paterson 和 Wong[14]对国际上岩石的脆性破坏研究做了非常详细的综述。Mogi[15]详细介绍了自主设计的三轴试验仪器的试验结果，并讨论了中间主应力对岩石破坏模式的影响。陈颙等[16]对岩石物理力学性状及其在地球物理学中的应用做了细致的分析和讨论。无论是单轴还是三轴条件下岩石和煤的声发射现象，大家基本接受的观点是随着应力的增加，岩石和煤的平均声发射率也都有所增加，并且与煤岩体的非弹性变形有密切关系。但深部矿井灾害更多地受到煤岩组合体整体结构的影响，再加上深部高应力环境，很多矿井灾害表现出煤岩整体破坏失稳现象。因此研究煤岩单体和组合体破坏机制的差异对于认识矿井灾害的发生机制及预防矿井灾害和保障煤矿安全开采具有十分重要的意义。左建平等[17]对钱家营岩样、煤样和煤岩组合体进行了单轴和三轴压缩试验，获得了不同应力条件下煤岩单体及组合体的破坏模式和力学行为，并比较了异同。本章通过带有三维定位实时监测装置的 MTS815 试验机，实时监测了单轴荷载下煤体、岩体和煤岩组合体三者破坏过程的声发射行为及力学行为的关系，并获得了声发射三维空间分布规律，这对认识矿井煤岩体灾害的发生机制，以及更好地实施矿井微震监测都具有一定的指导意义。

7.1　煤岩组合体裂纹演化规律

7.1.1　单轴加载裂纹演化特征

本章所用试验煤岩试样均来自第 2 章的三种煤岩组合体的单轴压缩试验，在此不再赘述。

　　为了研究煤岩组合体的界面及裂纹演化规律，裂纹应变可以用来定量分析煤岩组合体内的裂纹大小。裂纹应变是指在外部荷载作用下，原生裂纹起裂、扩展、贯通及新裂纹的萌生引起的轴向和环向变形[18]。单轴压缩状态下，裂纹应变的计算公式为主应变减去弹性应变。

$$\begin{cases} \varepsilon_1^c = \varepsilon_1 - \dfrac{\sigma_1}{E} \\[2mm] \varepsilon_3^c = \varepsilon_3 + \dfrac{\mu\sigma_1}{E} \\[2mm] \varepsilon_v^c = \varepsilon_v - \dfrac{1-2\mu}{E}\sigma_1 \end{cases} \tag{7.1}$$

式中，ε_1、ε_3、ε_v分别为轴向应变、环向应变、体积应变；σ_1为轴向应力；E为弹性模量；ε_1^c、ε_3^c、ε_v^c分别为轴向裂纹应变、环向裂纹应变、体积裂纹应变。

　　根据式(7.1)，可以计算轴向裂纹应变。轴向裂纹应变可分为两部分，即轴向裂纹闭合应变(屈服点之前)和轴向裂纹扩展应变(屈服点之后，峰值点之前)。应力-应变关系曲线可分为两种情况。第一种情况具有明显的屈服阶段，如图 7.1 中 RM–0–1、RMR–0–2 和 M–0–3。第二种情况具有极少或不存在屈服阶段，如图 7.1 中 MR–0–1。第一种情况多为脆性弱、延性强的岩石，第二种情况多为脆性强、延性弱的岩石。以轴向裂纹为评价标准，第一种情况表明，轴向裂纹扩展应变达到一定程度后，岩石试样内部裂纹无法承受荷载，在达到峰值点时开始发生破坏；第二种情况表明，轴向裂纹扩展应变极小，微小的裂纹演化即可导致岩石试样发生失稳破坏，体现出较强的脆性特点。通过对 9 个煤岩组合体单轴压缩应力-应变曲线统计，MR–0–1、MR–0–2、MR–0–3、RMR–0–1 的屈服阶段很小，轴向裂纹扩展应变很小。可以看出，MR 组组合体没有明显的屈服阶段，多呈现出脆性破坏特点。这主要与试样的组合方式有关，MR 组合体为煤在上部，岩石在下部，而煤的强度又很低，试验机的压头直接作用在煤上，造成煤的破坏。MR–0–1 试样出现脆性破坏后，呈现出波浪形的应力-应变关系，主要是由于下部岩石具有一定的承载能力，起到了一定的作用。

　　由于 R–0–1 试样的单轴抗压强度达到约 133 MPa，为了使煤岩组合体及煤的应力-应变曲线更加清晰，因此，R–0–1 的应力只取到 60 MPa。从图 7.1 可以看出，岩石几乎没有压密阶段，而煤岩组合体的压密阶段比单体煤的压密阶段更长。造成这种现象的主要原因是煤岩组合体中存在一个界面。界面作为一种特殊的裂纹，影响着煤岩组合体的力学特性。

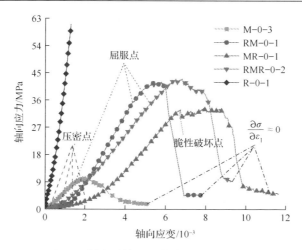

图 7.1　煤岩单体及组合体应力-应变曲线

轴向应变和轴向应力随轴向裂纹应变演化关系曲线如图 7.2 所示。图中，ε_1^{cm} 为最大轴向裂纹闭合应变；ε_1^{cp} 为峰值裂纹应变。σ_c 为单轴抗压强度；σ_{cc}、σ_{cd} 分别为轴向裂纹闭合应力和损伤应力。以图 7.2(b) 为例，随着轴向裂纹应变的增大，轴向应变与轴向应力同时增大，而后轴向应变与轴向应力曲线重合。两者重合点为压密阶段结束点，对应的轴向裂纹应变为最大轴向裂纹应变 ε_1^{cm}，对应的轴向应力为裂纹闭合应力 σ_{cc}。而后进入弹性阶段，此时轴向裂纹应变基本保持不变，试样内部并未产生新的裂纹，而轴向应变与轴向应力垂直增加。当弹性阶段结束时，轴向应变曲线与轴向应力曲线开始分离，此时对应的轴向裂纹应变与最大轴向裂纹闭合应变相等，对应的轴向应力为损伤应力 σ_{cd}。而后进入屈服阶段，由于此阶段原生裂纹的扩展、新裂纹的萌生，轴向裂纹应变逐渐变大，而轴向应变与轴向应力增大速率变缓。当轴向应力达到峰值点时，对应的轴向裂纹应变为峰值裂纹应变 ε_1^{cp}，对应的应力为单轴抗压强度 σ_c。到达峰值点时，煤岩组合体试样内部裂纹贯通，裂纹之间的摩擦力不足以承载外部荷载，进而造成破坏。在峰后阶段，随着轴向裂纹应变逐渐增大，轴向应力逐渐降低，轴向应变逐渐变大。另外，从图 7.2 可以看出，M–0–3、RM–0–1 试样均具有明显的屈服阶段，且 $\varepsilon_1^{cm} \neq \varepsilon_1^{cp}$，因此满足第一种情况。而 MR–0–2 试样并不具有明显的屈服阶段，即 $\varepsilon_1^{cm} \approx \varepsilon_1^{cp}$，因此满足第二种情况。

RMR 组轴向裂纹应变随轴向应变演化的曲线如图 7.3(a) 所示。可以看出，轴向裂纹应变大致可分为四个阶段，即初始阶段、稳定阶段、缓慢增长阶段、迅速增长阶段。初始阶段为在加载初期，煤岩组合体中的原生裂纹、孔隙及煤-岩之间的界面逐渐被压密，裂纹应变呈现出增长趋势，但其增长速率逐渐减缓。初始阶段与稳定阶段之间的分界点为压密阶段结束点。在稳定阶段，轴向应变逐渐增大，而轴向裂纹应变基本维持不变，增长速率基本为 0。也就是说，岩-煤-岩组合体在轴向并未产生裂纹。当轴向应力达到试样的屈服极限时，轴向裂纹开始发育，轴向裂纹应变开始缓慢增大。RMR-0-1 试样并未出现明显的缓慢增长阶段，主要是因为其在加载过程中突然发生破坏，未发生塑性屈服现象。达到峰值点后，轴向裂纹应变迅速增长，增大速率变快。图 7.3(b) 所示为轴向裂纹应变随轴向应力演化规律。从中可以看出，在峰值点前，与图 7.3(a) 类似，具有三个变化阶段。首先，随着轴向应力的增大，轴向裂纹应变增大，但增大速率变缓；而后，轴向裂纹应变基本保持不变；屈服点之后，轴向裂纹应变迅速增大。

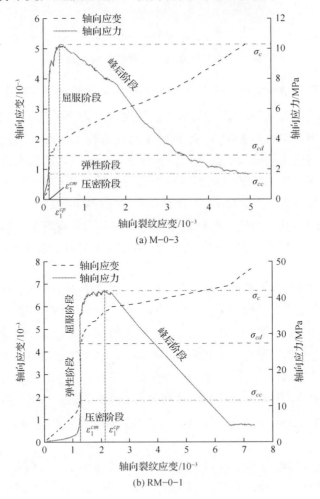

(a) M-0-3

(b) RM-0-1

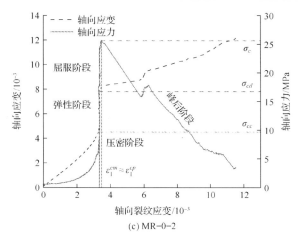

(c) MR-0-2

图 7.2　轴向裂纹应变与轴向应变、轴向应力关系曲线

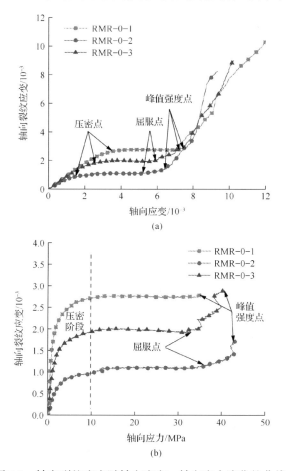

(a)

(b)

图 7.3　轴向裂纹应变随轴向应变、轴向应力演化的曲线

7.1.2　煤岩组合体闭合应力和闭合应变

　　裂纹和界面的存在，对煤岩组合体的弹性有较大影响。煤、煤岩组合体的最大轴向裂纹闭合应变和应力如图 7.4 所示。

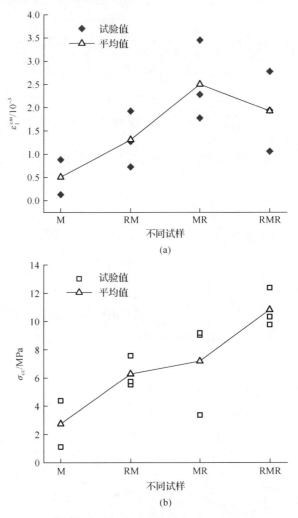

图 7.4　不同试样的最大轴向裂纹闭合应变与应力

　　从图 7.4(a)可以看出，受到煤岩组合体之间界面的影响，煤的最大轴向裂纹闭合应变平均值最小，其闭合应变主要是由于原生裂纹的压密。煤岩组合体中，MR 组合体的最大轴向裂纹闭合应变平均值最大，RMR 组合体次之、而 RM 组合体最小。RMR 组合体含有两个界面，而 RM 与 MR 均含有一个界面。从图 7.4(b)

可以看出，煤的裂纹闭合应力最小，而 RMR 组合体的闭合应力最大。

7.1.3　循环加卸载裂纹演化特征

根据式(7.1)即可得到每次加载过程中的轴向裂纹演化规律(图 7.5)。为了简便起见，且易于表达清楚，MR–C–1 试样选取了第 4 次和第 14 次加载，而 MR–C–2 试样选取了第 7 次和第 10 次加载。从图 7.5 可以看出，随着轴向应力的增大，轴向裂纹应变缓慢增大。当达到一定应力水平时，轴向裂纹应变基本保持不变。两者之间的拐点所对应的应力与应变分别为轴向裂纹闭合应力 σ_{cc} 和最大轴向裂纹闭合应变 ε_1^{cm}。但对于每次加载来说，裂纹闭合应变的相对值为 $\Delta\varepsilon_1^{ci}$。

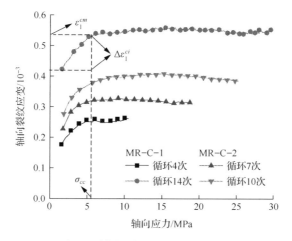

图 7.5　轴向裂纹应变与应力关系

轴向裂纹闭合应力 σ_{cc} 与轴向裂纹闭合应变相对值 $\Delta\varepsilon_1^{ci}$ 随加载次数的变化如图 7.6 所示。可以看出，随着循环次数的增大，轴向裂纹闭合应力与闭合应变相对值均增大。其主要原因是在加载初期，较小的力即可以使煤和岩石的原生裂纹和煤岩之间的界面闭合，但卸载时，一部分裂纹随着荷载的降低而恢复。卸载应力-应变曲线并不是线性的，恢复的变形并非全部是弹性变形，而是还有部分非弹性变形(裂纹)恢复。但随着循环次数及分级荷载的增加，原生裂纹尖端开始起裂，导致新的裂纹开始产生，且煤岩体内的孔隙也在开始闭合，因此需要较大的力才能使孔隙、裂纹闭合。随着分级荷载的增大，裂纹闭合应变相对值 $\Delta\varepsilon_1^{ci}$ 包含卸载时恢复的裂纹、新产生的裂纹、煤岩体内固有的孔隙，因此出现随着循环次数的增大而出现增大的现象。

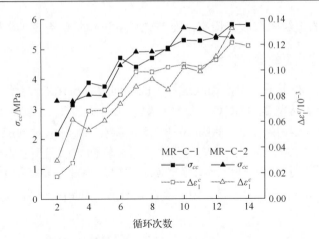

图 7.6　轴向裂纹闭合应力、应变与循环次数的关系

7.2　煤岩组合体声发射特性分析

7.2.1　岩石断裂破坏的声发射机理初探

声发射技术是研究岩石力学性质、预报地震前兆的一种声学方法。它是通过监测岩石变形过程中微破裂所辐射的应力波、超声波等信息，对这些信息加以处理分析和研究，连续观测岩石材料内部微破裂动态演化过程，对研究岩石变形、破坏的微观机制具有重要的指导意义[19]。应力诱致声发射的现象是不可逆的。也就是说，如果第一次在试样上施加应力时有声发射出现，那么卸载以后，第二次再施加应力在未达到原来的应力水平以前，并没有声发射或者声发射极少，而只有当施加应力超过了以前的应力水平，才能重新观测到声发射。Kaiser [20]在做金属材料拉伸实验时发现了金属材料对所受过的应力具有记忆性，对金属材料进行重复加卸载实验，只有当载荷达到材料先前所受到的最大应力时，才有明显的声发射产生，这种特性后来被称作 Kaiser 效应。10 年后 Goodman[21]发现在岩石的压缩实验中也存在 Kaiser 效应。多数地质工程、采矿工程中的地震、岩爆、矿井塌陷等灾害大多由于受到地应力长期作用，当应变能积累到一定程度时，岩体突发失稳所致。在这些灾变失稳发生之前，岩体在变形过程中往往早就产生大量的微破裂，研究这些微破裂的物理特征，对于探讨岩体突发失稳的机制、效应及其预防预报是重要的。而岩石声发射实验在实验室内模拟自然界条件下的环境进行可控制的实验，显然具有重要的理论意义和实际应用意义。国内外学者对岩石的声发射做了大量的研究[22~26]，得出很多有意义的结果。Yoshikawa 和 Mogi[27]利用岩石声发射 Kaiser 效应测定岩体所受最大应力的可能性，并首先研究了自然界中

岩体可能受到的水分和温度对岩石声发射的影响，但这些因素的影响并不明显。并提出了用岩石声发射 Kaiser 效应测定岩体应力的新方法(Yoshikawa-Mogi 法)[28]。尽管对岩石的声发射现象做了大量的研究，但对深部采矿中岩石破坏的声发射过程研究还比较薄弱。本节对深部岩石的声发射机制做了初步的讨论，并得出了一些有意义的结果。

随着开采深度的增加，无论是煤矿还是金属矿山都面临着"三高"(高应力、高温度、高渗透压)因素作用下的种种问题，这些问题又与浅部有些不同，如深部岩爆(冲击地压)、深部煤与瓦斯突出、深部岩层顶板移动、底鼓等事故频频发生。这些事故在发生之前都有个共性，就是岩石或煤岩在发生破坏之前都观测到声发射现象。在连续加载情况下，岩石单轴压缩破坏过程及声发射过程如图 7.7 所示。

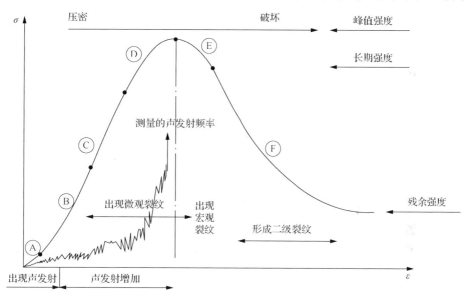

图 7.7　岩石单轴压缩的变形破坏过程及声发射过程

微裂隙压密阶段 A，反映出岩石试件受载后，内部已存裂隙受压闭合，应力-应变曲线下凹，说明在小的应力梯度下，所得应变梯度较大。在此阶段试件横向膨胀较小，试件体积随荷载增大而减小。在这一阶段有小振幅的声发射产生，主要的机制是由于多数微裂隙的闭合和少量微破裂的产生引起的。弹性变形阶段 B，在此阶段应力-应变曲线保持线性关系，服从胡克定律 $\sigma=\varepsilon E$。试件中原有裂隙继续被压密，体积变形表现继续被压密。此阶段声发射较为平稳，甚至没有声发射产生。裂隙发生和扩容阶段 C，随荷载增加，曲线偏离直线。裂隙呈稳定状态发展，受施加应力控制，此时，试件相对于单位应力的体积压缩量减小。此阶段声发射出现异常，并有逐渐增加的趋势，主要机制是由于大量的微裂纹开始形核、成核、汇合、微裂纹稳定扩展所产生。裂隙不稳定发展直到破坏阶段 D，随施加荷载增加，试件横向应变值明显增大，试件体积增大。这说明试件内斜交或平行加载方向的裂隙扩展迅速，裂隙进入不稳定发展阶段，其发展不受所施加应力控制。裂隙扩展接交形成滑动面，导致岩石试件完全破坏。受载岩石试件随荷载增加直到破坏，试件体积增加，有扩容现象发生。此阶段由于微裂纹发生不稳定扩展并逐渐汇合，形成宏观的主裂纹，声发射急剧增加。岩石的峰后应变软化阶段 E 和破坏阶段 F，岩石达到峰值强度后，载荷随着变形的增加而减少，岩石内大量的微裂纹产生、扩展、汇合，最终导致岩石的完全破坏。这两个阶段声发射活动除了受到微裂纹产生、扩展和汇合的影响外，更主要的是受到试验压力机刚度控制，通常试验机刚度越小，在应力降处产生的声发射率峰值越大；反之，产生的声发射峰值越小。对于不同加载方式，岩石类材料的声发射特征也会有所不同。以上的解释大多是基于岩石单轴压缩破坏实验得出的。

对于深部岩石破坏的声发射过程机制，本节将做更进一步的探讨。通常，人们认为岩石的强度有随着围压增加而增加的趋势，达到某一临界应力时，有脆-延转变的趋势[29]。蒋海昆等[30]在 50～600 MPa 围压范围内进行更细致实验，表明：室温、固体围压介质条件下岩石强度随围压增加而增大，破坏时随围压增加从渐进式(系统不失稳)逐步转变为突发式(系统失稳)，从张剪性破裂逐渐转变为剪切破裂，破裂后的滑动行为从稳滑逐步转变为黏滑。低围压条件下，破裂前后声发射稀少且时间分布较为随机，意味着在浅表地层的压力条件下可能无法积累引发较大破裂或失稳的能量。在较高的围压状态下，样品破坏时系统失稳，随后黏滑，有明显的应力降。随围压的提高，破坏前后声发射事件明显增多，并具有时间上的丛集特征。随围压的增加，声发射出现时间提前，表明高围压条件下，微小的应力扰动即可诱发微裂隙的产生或扩展。样品破坏前声发射累积数呈指数增长，增长速率随围压增加而增大。在高围压条件下的准周期黏滑过程中，以大应力降的发生时间为界划分各阶段，一个显著的特征是破坏前微破裂声发射累积数随时间指数增长，而破坏后各阶段微滑动事件的声发射累积数却随时间呈线性增长。并且声发射时间序列具有明显的多分形特征。

对以上实验及其他众多的实验现象进行分析总结，大多对声发射机制的解释主要是微破裂的出现，但这并不具体。作者认为可以通过更具体的微观模型来说明声发射的机制。岩石在发生微观断裂时主要有三种断裂形式：沿晶断裂、穿晶断裂和沿晶穿晶耦合形式。谢和平[31]的研究表明，岩石的微观断裂形式同样具有分形特征。根据分形理论，图 7.8 中三种断裂形式的分形维数分别如下。

沿晶断裂

$$D_{(a)} = \frac{\lg 4}{\lg 3} = 1.26 \tag{7.2}$$

穿晶断裂

$$D_{(b)} = \frac{\lg 3}{\lg 2.236} = 1.365 \tag{7.3}$$

沿晶穿晶耦合

$$D_{(c)} = \frac{\lg 5}{\lg 3.605} = 1.25 \tag{7.4}$$

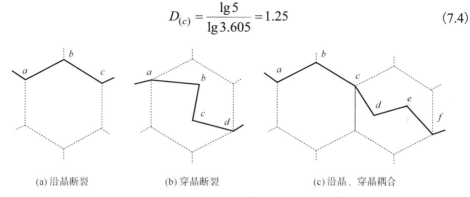

(a) 沿晶断裂　　　　　　(b) 穿晶断裂　　　　　(c) 沿晶、穿晶耦合

图 7.8　沿晶断裂、穿晶断裂及其耦合断裂的分形模型

　　穿晶断裂的分形维数为 1.365，比其他两种断裂形式的分形维数要高，因此所耗的能量也较高，由此得出在同一晶粒尺寸下的脆性断裂最容易出现的形式是沿晶断裂及耦合断裂形式。我们对岩石矿物最常见的理解是岩石是由矿物晶体和胶结物组成，并且矿物晶体硬，而胶结物较软。在低围压下，岩石的破坏形态主要是剪切破坏和劈裂破坏。这时的声发射主要是由大部分的低强度的软物质和小部分的高强度物质发生变形破坏所发出。岩石的微破裂主要表现为沿晶断裂及耦合断裂形式，声发射分布在整个试件，开始分布较均匀，但声发射的强度较弱；随着应力增加导致的剪切带和劈裂带等宏观破坏面的出现，声发射主要集中在这些区域，此时的声发射强度较大。在深部采矿中，在高围压和高温作用下，导致矿物晶体颗粒的胶结物强度变低，增加了其活化性能，岩石的破坏形态逐渐由脆性向延性过渡。在高围压作用下，随着轴压的升高，岩石内部分布着众多杂乱无章的原生裂隙逐渐闭合，随着压力进一步增加，原来闭合的部分裂纹重新开裂，并产生一些新的裂纹，而这些新产生的裂纹中，由于围压的作用，更多的是穿晶形式的破裂，由于晶体的高脆性，穿晶断裂发出的应力波强度更大，接受到的声发射数也更多。当围压增高时，原有的微裂纹扩展会偏离原来的扩展方向，更多地集中到最大主应力方向。因此此时的声发射也较为集中，强度也更大，消耗的

能量也更多。当然上面的讨论并不能严格区分开来，但从沿晶断裂、穿晶断裂及其耦合断裂的分析来看，由于要破坏一个晶体所需的能量最大，而且岩石矿物晶体呈现高脆性，发出的应力波也更强，产生的声发射也更强；而沿晶断裂形式主要是由矿物晶体间低强度的胶结物或其他一些软物质引起，这些物质更多地表现出塑性性质，在破坏时发出的应力波较弱，因此通过实验设备接受到的声发射数也较少。

对于图 7.7 中接受到声发射数波动的原因，普遍认为与声发射仪精度、信号接受和处理等相关。Hardy[32]对花岗岩的单轴压缩的研究表明，声发射与应变的小跳跃有直接关系。作者认为这其中沿晶断裂、穿晶断裂及其耦合破坏的模式对声发射信号有很大的影响，即不同的断裂破裂模式所释放的能量大小是不同的，而且所释放能量的大小与缺陷的微观结构及外加应力的大小有关。对穿晶断裂，由于其是一种脆性很强的断裂，释放出能量较多，产生的应力波也较强，呈现"突发"特性，因此接受到的声发射信号也较多；而沿晶断裂及耦合断裂模式与穿晶断裂相比，就显得较弱，发出的声发射信号是较"连续稳定"的信号。因此当岩石以沿晶或沿晶穿晶耦合破坏形式破坏时，发出的声发射信号呈现小波动状况，而出现一个突然的波峰信号主要是由于岩石内部发生了穿晶断裂的原因，出现较平稳的信号主要是由于沿晶断裂的因素所致。当然，岩石声发射还受到内部微破裂发展的方向独立性影响，即沿晶断裂、穿晶断裂及耦合断裂的方向性，从而引起声发射的方向独立性。当应力水平不高和低围压时微破裂尺度不大时，三种断裂形式可独立发展，其产生的声发射对各方向的应力史能独立记忆。但在高围压作用下由于各方向应力引起的微破裂互相贯穿产生影响，声发射 Kaiser 效应的方向独立性也将受到破坏。

在深部采矿中，岩石在破坏变形过程中还受到孔隙水因素的影响。通常含水岩石破裂前的声发射率比同种干燥岩石破裂的声发射率有一定程度的降低，但其破裂前的增长规律与干燥岩石大致相同。然而，对声发射频度的幅值分布的分析表明，岩石破裂前声发射 b 值的变化规律在含水和不含水两种情况下有明显的不同。孔隙水对岩石中微破裂频度-幅值分布影响的机制尚不清楚。在深部由于岩石的孔隙中含水，当岩石受到外部载荷作用时，岩石内部已有的充水裂隙易于进一步扩展，形成更大的裂隙，而新的小裂隙不易发生，因而造成大的微破裂多，小的微破裂少。含水岩石开始加压呈现 b 值低的现象；随着压力的增高，初始孔隙压实，水分逐渐减少，b 值有增高的趋势，并接近干燥岩石的 b 值。当压力进一步增加时，岩石通常发生体积膨胀，当水分得不到补充时，其 b 值随应力的变化规律变得与干燥岩石相同。进一步的分析表明，对于深部岩石，由于其含有孔隙水，造成岩石矿物晶体及胶结物弱化，在围压作用下，岩石的破坏形态更容易表现出沿晶断裂，而不是穿晶断裂，因此接受到的声发射数比干燥岩石有所降低。

应力场作用下的缺陷有如一种换能器，即外加载荷使缺陷附近地区产生局部化的突然变形，从而释放出能量，发射出应力波。除了发射出的应力波以外，还观察到热辐射、电磁辐射[33,34]。一般来说，当材料中的局部形变很快时，就出现声发射，并且脆性材料裂纹的扩展速度与表面波之一的 Raileigh 波的传播速度有关。目前对于脆性材料动态裂纹扩展速度的研究是一个热点和难点[35~39]，根据经典的断裂力学理论[35]，裂纹尖端应该平稳地加速，直到达到 Raileigh 波速 V_R，这个速度是在平面表面运动的弹性波速。而实验很少表明裂纹速度会超过 Rayleigh 波速的一半。有的认为这个差异是由于理论分析是针对一个无限体中的裂纹扩展。也就是说，在远处边界的弹性波的反射可用来解释裂纹尖端低的极限速度。由于弹性波在固体材料中的反射和折射等现象，增加了接受和处理声发射信号的复杂性。已经有学者观测到当裂纹速度 V 超过一个临界速度 V_c 时，从裂纹中发射的声发射将增加[36,37]，速度波动也扩大，并且一个与速度波动相关的模式出现在断裂表面[37,38]。由于裂纹扩展速度增加，导致材料的初始分开表面变得粗糙，波速出现波动现象，而且速度达到某一临界值时，会出现不稳定性裂纹分叉现象，裂纹尖端劈开或者偏离原来的初始方向。事实上，高于某个速度门槛值，动态不稳定发生，这个直裂纹会在局部分叉，它的速度会随着微破裂出现的频率而波动，从而对声发射造成影响。Sharon 等[39]通过实验现象发现不稳定的机制导致了局部裂纹的分叉并且具有尺寸效应。Sharon 等[40]也认为不稳定是主要机制，这是由于动态裂纹扩展中的能量耗散所致，并由此来说明为什么裂纹扩展的理论极限速度是达不到的。由此可以认为，裂纹扩展速度很快时，导致局部地区的变形也很快，整个系统的平衡就暂时被打破，弹性波的发射和传播变得复杂，声发射信号也变得剧烈。如果局部地区的形变是由于裂缝的传播，则这种过程的速度的上限是声波的速度。由此看来，裂纹的动态扩展速度也是影响声发射的一个重要因素。

7.2.2　声发射定位机理

声发射的定位算法有很多，常见的有最小二乘法、相对定位法[41]、Geiger 定位法[42]和单纯形定位法[43]等。Geiger 定位法是 Gauss-Newton 最小拟合函数的应用之一，适用于小区域地震事件。本节为实验室尺度的煤岩组合体的破坏，因此采用 Geiger 定位算法来确定声发射位置。Geiger 定位法是基于最小二乘法，对给定初始点的位置坐标 θ 进行反复迭代，每一次迭代都获得一个修正向量 $\Delta\theta$，把 $\Delta\theta$ 叠加到上次迭代的结果，得到一个新的试验点，然后判断该点是否满足要求；如果满足要求，则该点即为所求声发射位置；如不满足，则继续迭代，直到满足要求为止。

　　试验中可将几个声发射传感器按一定位置固定，通过测定不同位置各个传感器拾取 P 波的相对时差，从而实现对声发射事件的定位，即

$$[(x_i - x_0)^2 + (y_i - y_0)^2 + (z_i - z_0)^2] = v_p^2(t_i - t_0)^2 \qquad (7.5)$$

式中，x_i, y_i, z_i 为第 i 个接受到 P 波的传感器的坐标值；x_0, y_0, z_0 为试验点坐标值(初始值人为设定)；v_p 为 P 波波速；t_i 为第 i 个传感器接受到 P 波的时间；t_0 为声发射源发出信号的时间。

　　式(7.5)中有 4 个未知量，即 x_i, y_i, z_i 和 t_i，因此至少通过 4 个不共面的传感器确定声发射源的空间位置。

　　对于第 i 个传感器检测的 P 波到达时间 $t_{0,\ i}$，可用试验点坐标计算出到达时间的一阶 Taylor 展开式表示

$$t_{0,\ i} = t_{c,\ i} + \frac{\partial t_i}{\partial x}\Delta x + \frac{\partial t_i}{\partial y}\Delta y + \frac{\partial t_i}{\partial z}\Delta z + \frac{\partial t_i}{\partial t}\Delta t \qquad (7.6)$$

式中

$$\frac{\partial t_i}{\partial x} = \frac{x_i - x}{v_p R},\quad \frac{\partial t_i}{\partial y} = \frac{y_i - y}{v_p R},\quad \frac{\partial t_i}{\partial z} = \frac{z_i - z}{v_p R},\quad \frac{\partial t_i}{\partial t} = 1 \qquad (7.7)$$

$$R = \sqrt{(x_i - x)^2 + (y_i - y)^2 + (z_i - z)^2} \qquad (7.8)$$

式中，$t_{c,\ i}$ 为由试验点坐标计算出的 P 波到达第 i 个传感器的时间。

　　对于 n 个传感器，可以得到 n 个方程，写成矩阵的形式为

$$\begin{bmatrix} \dfrac{\partial t_1}{\partial x} & \dfrac{\partial t_1}{\partial y} & \dfrac{\partial t_1}{\partial z} & 1 \\[2mm] \dfrac{\partial t_2}{\partial x} & \dfrac{\partial t_2}{\partial y} & \dfrac{\partial t_z}{\partial z} & 1 \\[2mm] \vdots & \vdots & \vdots & \vdots \\[2mm] \dfrac{\partial t_n}{\partial x} & \dfrac{\partial t_n}{\partial y} & \dfrac{\partial t_n}{\partial z} & 1 \end{bmatrix} \begin{bmatrix} \Delta x \\ \Delta y \\ \Delta z \\ \Delta t \end{bmatrix} = \begin{bmatrix} t_{0,\ 1} - t_{c,\ 1} \\ t_{0,\ 2} - t_{c,\ 2} \\ \vdots \\ t_{0,\ n} - t_{c,\ n} \end{bmatrix} \qquad (7.9)$$

　　用 Gauss 消元法求解式(7.9)可得修正向量 $\Delta\theta = [\Delta x,\ \Delta y,\ \Delta z,\ \Delta t]$。通过对每一个可能的声发射源坐标矩阵形式计算求出修正向量 $\Delta\theta$ 后，以 $(\theta + \Delta\theta)$ 为新的试验点继续迭代，直到满足误差要求，该坐标即可确定为声发射源的最终定位坐标。

7.3　煤岩组合体声发射试验研究

　　试验所用煤岩体均与第 2 章相同，在此不再赘述。单轴压缩试验是在四川大学 MTS815 试验机上完成的，见图 2.15。试验过程中，在加载的同时，通过分布于试件两端的声发射(AE)三维定位系统实时监测煤岩体内微破裂发出的声发射信号。AE 监测系统采用美国物理声学公司生产的声发射测试分析系统。该系统采用了 PCI-II 板卡，具有超快处理速度、低噪声、低门槛值和可靠的稳定性等特性，最大限度地降低了采集噪声；系统采用了 18 位 A/D 转换技术，在对声发射信号实时采集的同时，可对波形信号进行实时采集和存储。为了构建三维 AE 空间分布，采用 6 个声发射探头分布于煤岩组合体的侧面进行探测。为了增强声发射探头与试样的耦合效果，采用凡士林作为 AE 传感器耦合剂，然后采用胶带固定，以减少声发射信号的衰减。

7.3.1　煤岩体声发射试验结果及分析

　　通过 3 个标准岩样(ϕ50 mm×100 mm)获得单轴荷载下岩石的力学及声发射特性。典型岩石应力-应变曲线及声发射时空演化规律如图 7.9(a)所示[44]。随着荷载的增加，约 3 MPa 时，试样就有 AE 发生，但总体 AE 数比煤体少很多。这个阶段产生的 AE 主要是岩石内部原生裂隙的闭合效应及极弱裂隙扩展所致。当压密阶段过后进入岩石的(线性和非线性)弹性阶段时，AE 非常缓慢增加；直至达到峰值荷载的 80%以后，AE 数才迅速增加；当达到峰值荷载时，岩石破裂，此时 AE 发展最迅速。

　　通常，煤体的抗压强度远远低于岩石的抗压强度，所以试验采取位移加载模式，加载速率为 10^{-3} mm/s，最终本次试验测试到的钱家营煤体的强度为 10~21 MPa，约为钱家营岩石强度的 1/10~1/5。由于煤体松软、抗压强度低，因此在加载初期，即便在较低的荷载作用下，煤体也有较多的 AE；随着荷载的增加，AE 数逐渐增多。在峰后，尽管 AE 随着应变的增加仍有增加，但总体变化不大，如图 7.9(b)所示。在峰值荷载附近，煤样上有碎块掉下，并伴有清晰的噼啪响声。总体而言，煤体破坏过程中 AE 几乎分布在整个试样的空间，并随着荷载的增加，AE 随着时间和空间都在均匀增加。可见，单轴荷载下煤体的破坏主要以劈裂破坏为主，并伴有很多细小微裂纹的发育和扩展。

　　图 7.9(a)、(b)表明，与煤体相比，岩石材料的 AE 明显沿着破裂面分布，而煤体破裂过程中的 AE 分布更为随机；并且岩石的 AE 在接近峰值荷载时才迅速发展，而煤体的 AE 在峰值荷载的变化并不明显。在后面的岩石和煤的时段声发射讨论中，将发现两者存在明显的差异。

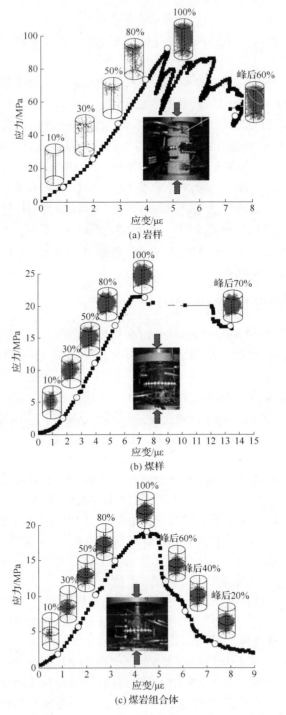

图 7.9　典型试样单轴应力-应变曲线及声发射时空演化规律

煤岩组合体平均破坏强度介于单体煤和单体岩石的平均强度之间。对于组合体，由于煤体和岩体两介质的强度相差较大，因此 AE 主要发生在煤体内。统计表明，岩石内部的声发射数占 10%～30%，煤体占 70%～90%。但在组合体界面处，由于煤体和岩石在加载过程中发生相互摩擦及挤压变形，因此在界面处的 AE 也逐渐增多。从图 7.9(c) 可以看出，随着荷载的增加，AE 数逐渐增加。当荷载较小时，AE 数较少，尽管组合体中也包括煤体，承受荷载能力较低，但由于两体组合时，岩石和煤之间存在相互变形协调过程，而这个过程将吸收部分能量，导致初始荷载阶段煤岩组合体的 AE 数没有单体煤的 AE 数多，但比单体岩石的 AE 数多。随着荷载继续增大，如达到峰值荷载的 30% 以上时，这时煤岩两体的变形协调基本完成，此时 AE 数较多，且主要在煤体上半部及煤岩体交界处。随着荷载达到峰值后，大多煤体发生劈裂破坏，而这种劈裂破坏时裂纹的高速扩展往往具有非常高的动态断裂能，这个能量有可能破坏上部岩石，由此裂纹有可能延伸到岩石内部。该动态断裂能消耗完，岩石内部的裂纹即停止扩展。从图 7.9(c) 中可以看出，在煤-岩交界面上方的岩石内也有大量 AE 数，并且主要集中在岩石的下部，这是煤体内的裂纹贯穿进入岩石的证据。

7.3.2　煤岩组合体声发射分析与讨论

左建平等[17]对煤岩体的破坏机制及力学特性做了初步分析，并获得了单轴荷载下煤岩体的力学性质，见表 7.1。考虑到试样尺寸有所不同，左建平等[17]把试验结果全部转换为相当于岩石力学测试标准尺寸(ϕ50 mm×100 mm)的峰值强度。试验表明，单体岩石的强度要远远高于单体煤和煤岩组合体的强度，而煤岩组合体的峰值强度要高于单体煤的强度，平均高出 2 倍(图 7.10)。可以看出，在评价煤岩整体破坏时的冲击倾向性时，而单纯考虑岩石的冲击倾向性偏高，而单纯考虑煤的冲击倾向性又偏低，因此煤岩组合体的整体破坏也是评价冲击倾向性的一个重要指标。

表 7.1　单体和组合体煤岩的峰值强度及声发射数

岩性	试样编号	尺寸/mm×mm	折算强度 σ_{c50}/MPa	峰值 AE 数
岩石	R-0-1	ϕ51.50×99.60	132.990 80	1 013
	R-0-2	ϕ51.48×100.25	91.894 36	7 167
	R-0-3	ϕ51.46×100.60	184.673 18	1 449
煤岩组合体	RM-0-1	ϕ34.53×68.11	39.446 60	10 228
	RM-0-2	ϕ34.57×70.48	22.670 35	13 138
	RM-0-3	ϕ34.60×69.15	18.141 61	9 951
煤体	M-0-1	ϕ51.52×69.62	20.927 98	13 397
	M-0-2	ϕ51.42×69.53	14.656 44	18 973
	M-0-3	ϕ51.43×100.31	10.374 38	8 906

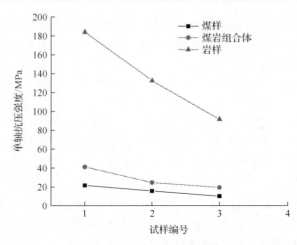

图 7.10　煤样、岩样和煤岩组合体的单轴抗压强度

对于各个试件的声发射总数，煤及煤岩组合体的峰值强度前累积声发射总数要远远高于岩石的声发射数，这主要是煤体强度低、松散和破碎所致。但即便对于同一类型的岩石或者煤岩组合体而言，声发射数差距也较大，例如岩石 R–0–2 试样的声发射数远远大于另外两个岩石试样的声发射数，一个主要原因是该试样内部存在着原生裂隙及其软弱影响带，同时这个原生裂隙也大大削弱了该试样的强度。

尽管可推断声发射数与试样的非均质度有明显的关联性，且随着荷载的增加，声发射数逐渐增加，这对煤、岩石和煤岩组合体都适用(图 7.9(c))，但这对认识和区分三者的破坏机制帮助并不大。事实上，累计声发射数掩盖了很多破坏内禀特性。将声发射数根据应力增量($\Delta\sigma=0.1\sigma_c$，σ_c 为峰值荷载强度)进行分段，如"10%～20%"指荷载从 $0.1\sigma_c$ 加载至 $0.2\sigma_c$ 的声发射数据。不同加载段岩石、煤和煤岩组合体的声发射数如图 7.11 所示。从图 7.11(a)可以看出，对于岩石，在加载的初始的某个时间段中，声发射数很少，我们把某个时间段内发生的声发射简称为时段声发射。随着荷载的增加，声发射数不仅总数在增加，单位荷载区间的 AE 数也在增加。而从图 7.11(b)看出，对于煤体，在加载的初始阶段，单位荷载区间的 AE 数很大，这主要是由于煤体比岩石松软破碎；而随着荷载的进一步增加，单位荷载区间的 AE 数在逐渐减少。临近破坏时，单位荷载区间的 AE 数几乎最小。而对于煤岩组合体，如图 7.11(c)所示，在加载初期，单位荷载区间的 AE 数较少。尽管煤岩组合体中也有煤，但这个阶段 AE 较少的原因主要是煤体和岩体两者之间的变形协调所致。但随着荷载的进一步增加，单位荷载区间的 AE 数在逐渐增加。但当超过峰值荷载的 60%～70%后，单位荷载区间的 AE 数又开始逐渐减少。并且临近破坏时，单位荷载区间的 AE 数最小。因此，从图 7.11 可以看出，单体岩石、单体煤和煤岩组合体在不同时段声发射具有明显不同的时空演化特征。因此，时段声发射特征有可能被用来作为区分岩石、煤及煤岩组合体不同破坏模式的特征参数。

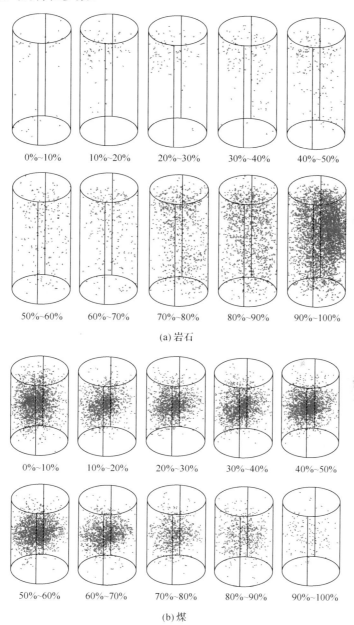

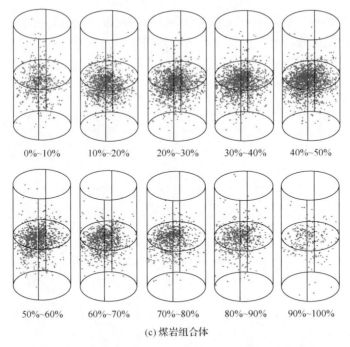

(c) 煤岩组合体

图 7.11　不同加载段岩石、煤和煤岩组合体的声发射数

参 考 文 献

[1] Wong L N Y, Einstein H H. Systematic evaluation of cracking behavior in specimens containing single flaws under uniaxial compression. International Journal of Rock Mechanics and Mining Sciences, 2009, 46(2): 239–249.

[2] 李心睿, 徐清, 谢红强, 等. 静动载耦合作用下裂隙岩石损伤本构及演化特征. 岩石力学与工程学报, 2015, 34(S1): 3029–3036.

[3] 张晓平, 王思敬, 韩庚友, 等. 岩石单轴压缩条件下裂纹扩展试验研究——以片状岩石为例. 岩石力学与工程学报, 2011, 30(9): 1772–1781.

[4] 杨永明, 鞠杨, 陈佳亮, 等. 三轴应力下致密砂岩的裂纹发育特征与能量机制. 岩石力学与工程学报, 2014, 33(4): 692–698.

[5] 代树红, 王召, 马胜利, 等. 裂纹在层状岩石中扩展特征的研究. 煤炭学报, 2014, 39(2): 315–321.

[6] Obert L, Duvall W I. Use of subaudible noises for the prediction of rockbursts ii, report of investigation. Denver: U.S. Bureau of Mines, 1941.

[7] Kaiser E J. A study of acoustic phenomena in tensile test. München: Technische Hochschule Doctoral Thesis, 1950.

[8] 李庶林, 尹贤刚, 王泳嘉, 等. 单轴受压岩石破坏全过程声发射特征研究. 岩石力学与工程学报, 2004, 23(15): 2499–2503.

[9] Li C, Nordlund E. Experimental verification of the kaiser effect in rocks. Rock Mechanics and Rock Engineering, 1993, 26(4): 333–351.

[10] 张立杰, 蔡美峰, 来兴平, 等. 基于 AE 的深部复变环境下急斜特厚煤层开采动力失稳分析. 北京科技大学学报, 2007, 29(1): 1–4.

[11] 姜永东, 鲜学福, 许江. 岩石声发射 Kaiser 效应应用于地应力测试的研究. 岩土力学, 2005, 26(6): 946–950.

[12] 赵奎, 邓飞, 金解放, 等. 岩石声发射 Kaiser 点信号的小波分析及其应用初步研究. 岩石力学与工程学报, 2006, 25(增 2): 3854–3858.

[13] 许江, 李树春, 唐晓军, 等. 单轴压缩下岩石声发射定位试验的影响因素分析. 岩石力学与工程学报, 2008, 27(4): 765–772.

[14] Paterson M S, Wong T F. Experimental rock deformation–the brittle field (2nd ed). New York: Spinger–Verlag, 2005: 17–44.

[15] Mogi K. Experimental rock mechanics. London: Taylor and Francis, 2007: 3–50.

[16] 陈颙, 黄庭芳, 刘恩儒. 岩石物理学. 合肥: 中国科学技术大学出版社, 2009: 22–47.

[17] 左建平, 谢和平, 吴爱民, 等. 深部煤岩单体及组合体的破坏机制及力学特性研究. 岩石力学与工程学报, 2011, 30(1): 84–92.

[18] Martin C D. The strength of massive Lac du Bonnet granite around underground openings. Canada: University of Manitoba Ph.D. Thesis, 1993.

[19] 谢和平, 彭苏萍, 何满潮. 深部开采基础理论与工程实践. 北京: 科学出版社, 2005, 66–73.

[20] Kaiser J. Erkentnissc und folgerungen aus dor messung von gerauschen bei zugbeanspruchung von metallischen werksfoffen arch. Eissnhuttenwesen, 1953, 24(1-2): 43–45.

[21] Goodman R E. Subaudible noise during compression of rocks. Geol. Soc. Am. Bull, 1963, 74(4): 487–490.

[22] Kurita K, Fujii N. Stress memory of crystalline rocks in acoustic emission. Geophysical Research Letters, 1979, 6(1): 9–12.

[23] 陈忠辉, 唐春安, 傅宇方. 岩石试样声发射的围压效应. 岩石力学与工程学报, 1997, 16(1): 65–70.

[24] 胜山邦久. 声发射(AE)技术的应用. 冯夏庭译. 北京: 冶金工业出版社. 1996.

[25] Pettitt W S, King M S. Acoustic emission and velocities associated with the formation of sets of parallel fractures in sandstones. International Journal of Rock Mechanics and Mining Sciences, 2004, 41(SUPPL. 1): 1–6.

[26] Koerner, R M, Mccabe, W M, Lord A E. Overview of acoustic emission monitoring of rock structures. Rock Mechanics, 1981, 14(1): 27–35.

[27] Yoshikawa S, Mogi K. Kaiser effect of acoustic emission in rock influences of water and temperature disturbances. proc. 4th Acoustic Emission symposium. Tokyo, 1978.

[28] Yoshikawa S, Mogi K. A new method for estimation of the crustal stress from cored rock samples: Laboratory study in the cause of uniaxial compression. Tectonophysics, 1981, 74(3-4): 323–339.

[29] 周宏伟, 谢和平, 左建平. 深部高地应力下岩石力学行为研究进展. 力学进展, 2005, 35(1): 91–99.

[30] 蒋海昆, 张流, 周永胜. 不同围压条件下花岗岩变形破坏过程中的声发射时序特征. 地球物理学报, 2000, 43(6): 812–826.

[31] 谢和平. 岩石混凝土损伤力学. 北京: 中国矿业大学出版社, 1998.

[32] Hardy H R. Application of acoustic emission techniques to rock mechanics research. Acoustic emission. ASTM International, 1972.

[33] 吴立新, 王金庄. 煤岩受压红外热象与辐射温度特征实验. 中国科学(D 辑), 1998, 28(1): 41–46.

[34] 何学秋. 含瓦斯煤岩流变动力学. 徐州: 中国矿业大学出版社, 1995.

[35] Freund L B. Dynamic fracture mechanics. London: Cambridge University Press, 1990.

[36] Gross S P, Fineberg J, Marder M. Acoustic emissions from rapidly moving cracks. Physical Review Letters, 1993, 71(19): 3162–3165.

[37] Boudet J F, Ciliberto S, Steinberg V. Dynamics of crack propagation in brittle materials. Journal de Physique II 1996, 6(10): 1493–1516.

[38] Fineberg J, Gross S P, Marder M. Instability in the propagation of fast cracks. Physical Review B, 1992, 45(10): 5146–5154.

[39] Sharon E, Gross S P, Fineberg J. Local crack branching as a mechanism for instability in dynamic fracture. Physics Review Letters, 1995, 74(25): 5096–5099.

[40] Sharon E, Gross S P, Fineberg J. Energy dissipation in dynamic fracture. Physical Review Letters, 1999, 76(12): 2117–2120.

[41] 胡新亮, 马胜利, 高景春, 等. 相对定位方法在非完整岩体声发射定位中的应用. 岩石力学与工程学报, 2004, 23(2): 277–283.

[42] Geiger L. Probability method for the determination of earthquake epicenters from the arrival time only. Bulletin of St. Louis University, 1912, 8(1): 60–71.

[43] 赵兴东, 刘建坡, 李元辉, 等. 岩石声发射定位技术及其试验验证. 岩土工程学报, 2008, 30(10): 1472–1476.

[44] 左建平, 裴建良, 刘建锋, 等. 煤岩体破裂过程中声发射行为及时空演化机制. 岩石力学与工程学报, 2011, 30(8): 1564–1570.

第 8 章　深部煤岩组合体破坏非线性
理论模型研究

　　我国煤炭资源丰富，但开采条件极其复杂，且开采深度以每年 8~12 m 的速度递增（东部地区为 10~20 m），平均开采深度已达 700 m 左右。由此也带来了深部煤炭开采中的诸多问题，如深部开采岩样的非线性力学特征、深部煤岩样的动力灾害等[1~4]。随着开采深度的逐渐加深，煤层与岩层之间的相互作用也越来越强，冲击地压、矿震等矿井灾害发生动力失稳时，煤样与岩样往往同时发生破坏，如坚硬顶板破断或滑移失稳过程中，大量的弹性能突然释放，导致顶板煤层型冲击地压[5,6]。因此，煤岩组合体的力学性质及其力学模型研究成为近年来的热点问题。

　　国内外学者对煤岩组合体的破坏行为进行了一些研究工作。窦林名等[7]研究了组合煤岩样变形破裂过程中的电磁辐射规律，对预测预报煤岩动力灾害具有重要意义。牟宗龙等[8]分析了岩-煤-岩组合体受载过程中各部分的位移、加速度、刚度及能量等物理参量的演化规律。刘杰等[9]研究了单轴压缩过程中不同组合煤岩试样的破裂形式，并分析了岩石强度对于组合试样的力学行为的影响。刘少虹等[10]采用改进的霍普金森杆，开展一维动静加载下组合煤岩动态破坏特性的试验研究。唐春安[11]、刘建新等[12]利用数值模拟软件对煤岩组合模型的变形与破裂过程进行了理论与数值模拟分析。

　　曹文贵等[13,14]利用岩石微元强度服从正态分布的规律与岩石损伤的能量原理，建立了能反映特定围压下岩石应变软化或硬化变形全过程的损伤本构模型。李夕兵等[15]采用组合模型研究方法，将统计损伤模型和黏弹性模型相结合，建立中应变率下一维和三维受静载荷作用岩石在动载作用下的本构模型。韦立德等[16]利用 Eshelby 等效夹杂方法，建立了考虑损伤相塑性体积变形的损伤本构关系。卢兴利等[17]考虑扩容碎胀破裂演化过程岩样力学性质裂化规律，建立了描述卸荷条件下岩石损伤扩容和破裂碎胀演化机制的本构模型。但是关于煤岩组合体甚至两体组合的本构模型还较少见。

　　岩石的宏观变形及破坏是其裂纹发生闭合、起裂、扩展、贯通的结果。目前，关于完整试样的常规单轴及三轴压缩试验较多，并进行了系统性的总结[18~20]。在微细观尺度上，Zuo 等[21]通过扫描电镜研究了缺口对裂纹起裂及扩展的影响。宏观尺度上，裂纹对岩体的强度及破坏行为具有重要的影响[22]。Wong[23]对含预制裂纹的大理岩进行单轴压缩试验，依据裂纹形态及扩展，描述了不同的裂纹类型。

Moradian 等[24]根据声发射参数加载中裂纹演化进行了分类。杨圣奇和刘相如[25]分析了围压对断续预制裂纹大理岩扩容特性的影响规律。梁正召等[26]基于细观统计损伤数值模型，建立不同节理分布的断续节理岩体数值试样，模拟了节理岩体的破坏过程。刘泉声等[27]对低温裂隙岩体冻融损伤和裂隙扩展进行了深入的研究。为了定量描述裂纹的大小，Martin[28,29]提出了裂纹应变的定义。Cai 等[30]依据裂纹应变，提出了岩体裂纹起裂应力和裂纹损伤应力阈值。王宇等[31]研究了脆性岩石单轴压缩起裂机制，讨论了基于裂纹体积应变拐点的起裂应力确定方法。

左建平等[32~35]分别对岩样单体、煤样单体及不同煤岩组合体(顶板岩石和煤组合)进行单轴、分级加卸载试验及声发射测试，分析了不同煤岩组合体的变形及强度特征，讨论了岩石、煤、煤岩组合体的声发射行为及时空演化机制。在大量的实验基础上，基于材料真实应变与工程应变的概念，建立了一个压缩荷载下煤岩组合体的力学本构模型，并对模型与实验结果进行了对比分析。

8.1　基　本　假　设

胡克定律经常被用于描述应力-应变关系的弹性力学阶段。Liu 等[36,37]对孔隙和裂隙岩石建立了一个应力-应变关系，其主要思想为把岩石分为两个部分，即软部分(孔隙、裂隙等)和硬部分(基质)，软部分及硬部分分别满足胡克定律，即双应变胡克定律，如图 8.1 所示。李连崇等[38]通过双应变胡克模型讨论了加载过程中低应力阶段的非线性行为。

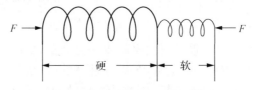

图 8.1　软硬组合弹簧系统[36]

通常，对于单体岩石试样的压缩试验，所求得的应变称为工程应变，即试样的绝对变形量与原尺寸之比。工程应变一般用于解决试样的小变形问题。与工程应变相对应的是真实应变，即试样的绝对变形量与现在尺寸之比。在诸多岩石力学研究中，一般认为弹性阶段的应变是很小的，可用工程应变来表达。Liu 等[36]认为岩石中较软部分的变形可以用自然应变(真实应变)来表达，而较硬部分可以用工程应变来表达。但对于完整岩石，如何区分硬质部分和软质部分是一个难题。

对于煤岩组合体来说，岩样和煤样分别具有不同的物理力学性质，文献[35]给出了岩石单体及煤单体的强度值。可以看出，岩样的单轴抗压强度约为煤样的8.5 倍，而弹性模量约为煤样的 12 倍。因此，根据图 8.1 所示的软硬弹簧模型，可以将煤岩组合体中较硬的岩样看成硬弹簧，把较软的煤样及其内部的微裂隙、孔隙及煤-岩界面看成软弹簧。

8.2　深部煤岩组合体整体破坏理论模型

8.2.1　深部煤岩组合体整体破坏理论模型建立

利用基本假设，将煤岩组合体中的煤看作软体，将岩石看作硬体，其受力变形过程如图 8.2 所示。其中 F 为外力，即试验机所施加的荷载；H_R、H_C 分别为未加载前煤岩组合体中岩石的高度和煤的高度；D_R、D_C 分别为未加载前岩石和煤的直径；h_R、h_C 分别为加载后的岩石和煤的高度；d_R、d_C 分别为加载后的岩石和煤的直径；Δ 为加载前后煤岩组合体试样发生的位移。

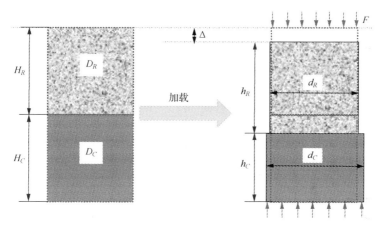

图 8.2　外力作用下煤岩组合体变形过程示意图

在外力 F 作用下，煤岩组合体会产生弹性变形，根据胡克定律，可得

$$\mathrm{d}\sigma_R = m_1 E_R \mathrm{d}\varepsilon_R \tag{8.1}$$

$$\mathrm{d}\sigma_C = m_2 E_C \mathrm{d}\varepsilon_C \tag{8.2}$$

式中，σ_R、σ_C 分别为施加在上部岩样和煤样上的应力；E_R、E_C 分别为岩样和煤样的弹性模量；ε_R、ε_C 分别为岩样和煤样的轴向应变。一般来说，一种材料的弹性模量是确定的。但由于岩石(包括煤)是一种特殊的地质材料，其内部包含大量的孔隙和裂隙，因此具有较强的非均质性和各向异性。因此，通过室内试验所得的岩样及煤样的弹性模量 E_R 及 E_C 并不是唯一的，且需要考虑岩样及煤样内部微裂隙、孔隙及岩-煤-岩之间的界面对弹性模量的弱化作用。另外，试验所得的值具有一定的离散性。因此，在利用试验数据通过式(8.1)、式(8.2)进行分析时，在弹

性模量 E 前需加上一个修正系数，即 m_R、m_C 分别为岩样和煤样的弹性模量的修正系数。

施加外力 F 后，煤岩组合体中每一部分都会受到外力 F 的作用。即

$$dF = S_R d\sigma_R = S_C d\sigma_C \qquad (8.3)$$

式中，S_R、S_C 分别为岩石、煤的横截面面积。

对于煤岩组合体来说，岩石部分可看作硬弹簧，煤体部分可看作软弹簧。在外力 F 的作用下，岩石和煤均会产生轴向变形和环向变形(轴向变形为正，环向变形为负)。当环向变形变大时，煤岩组合体的高度会减小。与煤的环向变形相比，岩石的环向变形非常小。因此，岩石的应变为

$$d\varepsilon_R = -\frac{dh_R}{H_R} \qquad (8.4)$$

式中，ε_R 为岩石的轴向应变。

然而，对于煤岩组合体中的煤来说，其内部含有大量的与主应力方向一致的裂隙，因此，会产生非线性弹性变形或非弹性变形。因此，工程应变并不适用于煤岩组合体中煤的变形，而适用于自然应变，即

$$d\varepsilon_C = -\frac{dh_C}{h_C} \qquad (8.5)$$

根据式(8.1)、式(8.2)、式(8.4)、式(8.5)，利用积分，煤岩组合体中煤与岩石的应力为

$$\begin{cases} \sigma_R = -\dfrac{m_1 E_R}{H_R} h_R + C_1 \\ \sigma_C = -m_2 E_C \ln h_C + C_2 \end{cases} \qquad (8.6)$$

式中，C_1、C_2 为积分常数。

在初始阶段，当外力 F 为 0 时，$h_R = H_R$，$h_C = H_C$，积分常数为

$$\begin{cases} C_1 = m_1 E_R \\ C_2 = m_2 E_C \ln H_C \end{cases} \qquad (8.7)$$

根据式(8.6)和式(8.7)，煤和岩石的位移为

$$\begin{cases} \Delta_R = h_R - H_R = -H_R \dfrac{\sigma_R}{m_1 E_R} \\ \Delta_C = m_3(h_C - H_C) = m_3 H_C \left[\exp(-\dfrac{\sigma_C}{m_2 E_C}) - 1 \right] \end{cases} \tag{8.8}$$

式中，Δ_R、Δ_C 分别为岩石的位移和煤的位移。

由于煤岩组合体内部的裂隙、孔隙及界面的存在，因此需在煤的变形上面加上系数 m_3。

根据式(8.8)，加载过程中煤岩组合体的总位移为

$$-\Delta = H_R \frac{\sigma_R}{m_1 E_R} + m_3 H_C \left[1 - \exp(-\frac{\sigma_C}{m_2 E_C}) \right] \tag{8.9}$$

根据式(8.3)，可得

$$-\Delta = H_R \frac{F}{S_R m_1 E_R} + m_3 H_C \left[1 - \exp(-\frac{F}{S_C m_2 E_C}) \right] \tag{8.10}$$

或

$$-\Delta = H_R \frac{4F}{\pi D_R^2 m_1 E_R} + m_3 H_C \left[1 - \exp(-\frac{4F}{\pi D_C^2 m_2 E_C}) \right] \tag{8.11}$$

式(8.11)即为煤岩组合体峰前应力-应变模型。

8.2.2 深部煤岩组合体整体破坏理论模型验证

煤岩组合体单轴压缩试验采用第 2 章所用的煤-岩组合体及岩-煤组合体，其基本力学性质在此不再赘述。

煤的强度远比岩石的强度小。在较低应力作用下的变形行为与煤炭开采工作面或巷道开挖中的卸载紧密相关。采矿工程中，开挖损伤区是一个研究的重点。利用式(8.11)对单轴压缩试验进行验证。其中根据文献[35]，岩石的弹性模量为 32.91 GPa，煤的弹性模量为 2.75 GPa。试验值与理论曲线见图 8.3，拟合参数见表 8.1。可以看出，通过式(8.11)计算得到的理论值与试验值吻合度较高，且相关系数 R^2 值均达到 0.98 以上。

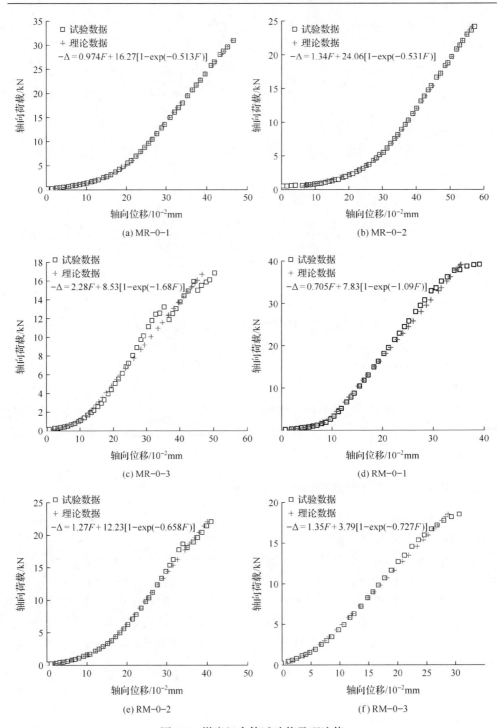

图 8.3　煤岩组合体试验值及理论值

表 8.1 拟合参数

编号	m_1	$m_2/10^{-3}$	$m_3/10^{-2}$	R^2	编号	m_1	$m_2/10^{-3}$	$m_3/10^{-2}$	R^2
MR–0–1	0.112	0.756	0.460	0.999	RM–0–1	0.160	0.354	0.233	0.992
MR–0–2	0.082	0.721	0.692	0.993	RM–0–2	0.091	0.586	0.349	0.997
MR–0–3	0.050	0.227	0.244	0.985	RM–0–3	0.080	0.542	0.108	0.996

8.3 深部岩-煤-岩组合体整体破坏理论模型

8.3.1 深部岩-煤-岩组合体整体破坏理论模型建立

利用基本假设可以建立一个表征煤岩组合体的力学模型, 其受力变形过程如图 8.4 所示, 其中, F 为外力, 即为试验机对组合体试样所施加的力; H_{R1}、H_{R2}、H_C 分别为未加载前煤岩组合体中上部岩样及下部岩样的高度和煤样的高度; D_{R1}、D_{R2}、D_C 分别为未加载前上部岩样、下部岩样和煤样的直径; h_{R1}、h_C、h_{R2} 分别为加载后的上部岩样、中部煤样及下部岩样的高度; d_{R1}、d_C、d_{R2} 分别为加载后的上部岩样、中部煤样及下部岩样的直径; Δ 为加载前后组合体试样发生的位移。

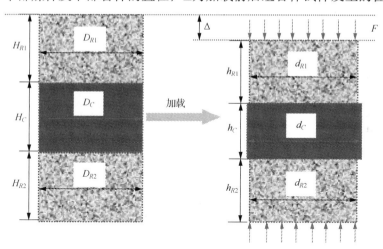

图 8.4 外力作用下岩-煤-岩组合体变形过程示意图

在外力 F 作用下, 即单轴压缩过程中, 煤岩组合体试样在破坏前岩样及煤样会分别产生弹性变形。因此, 利用胡克定律, 可得

$$\begin{cases} \mathrm{d}\sigma_{R1} = m_{R1}E_{R1}\mathrm{d}\varepsilon_{R1} \\ \mathrm{d}\sigma_C = m_C E_C \mathrm{d}\varepsilon_C \\ \mathrm{d}\sigma_{R2} = m_{R2}E_{R2}\mathrm{d}\varepsilon_{R2} \end{cases} \tag{8.12}$$

式中，σ_{R1}、σ_C、σ_{R2} 分别为施加在上部岩样、中间煤样及下部岩样上的应力；E_{R1}、E_C、E_{R2} 分别为上部岩样、中部煤样及下部岩样的弹性模量；ε_{R1}、ε_C、ε_{R2} 分别为上部岩样、中部煤样及下部岩样的轴向应变。

众所周知，弹性模量是材料的本身固有的属性。一般来说，一种材料的弹性模量是确定的。但由于岩石(包括煤)是一种特殊的地质材料，其内部包含大量的孔隙和裂隙，因此具有较强的非均质性和各向异性。因此，通过试验室内试验所得的岩样及煤样的弹性模量 E_R 及 E_C 并不是唯一的，且需要考虑岩样及煤样内部微裂隙、孔隙及岩-煤-岩之间的界面对弹性模量的弱化作用。另外，试验所得的值具有一定的离散性。因此，在利用实验数据通过式(8.12)进行分析时，在弹性模量 E 前需加上一个修正系数，即 m_{R1}、m_C、m_{R2} 分别为上部岩样、中部煤样及下部岩样弹性模量的修正系数。

施加外力 F 后，岩-煤-岩组合体中每一部分都会受到外力 F 的作用。即

$$dF = S_{R1}d\sigma_{R1} = S_C d\sigma_C = S_{R2}d\sigma_{R2} \tag{8.13}$$

式中，S_{R1}、S_C、S_{R2} 分别为岩、煤、岩的横截面面积。由于三者的直径可测，因此三者可按下式计算：

$$\begin{cases} S_{R1} = \dfrac{1}{4}\pi D_{R1}^2 \\[2mm] S_C = \dfrac{1}{4}\pi D_C^2 \\[2mm] S_{R2} = \dfrac{1}{4}\pi D_{R2}^2 \end{cases} \tag{8.14}$$

在岩-煤-岩组合体中，煤是较软的部分，因此其应变可按自然应变(真实应变)来求；而岩石作为硬的部分，可按工程应变来求，即

$$\begin{cases} d\varepsilon_{R1} = -\dfrac{dh_{R1}}{H_{R1}} \\[2mm] d\varepsilon_C = -\dfrac{dh_C}{h_C} \\[2mm] d\varepsilon_{R2} = -\dfrac{dh_{R2}}{H_{R2}} \end{cases} \tag{8.15}$$

联立式(8.12)和式(8.15)即可得

$$\begin{cases} \mathrm{d}\sigma_{R1} = -\dfrac{m_{R1}E_{R1}}{H_{R1}}\mathrm{d}h_{R1} \\[2mm] \mathrm{d}\sigma_C = -\dfrac{m_C E_C}{h_C}\mathrm{d}h_C \\[2mm] \mathrm{d}\sigma_{R2} = -\dfrac{m_{R2}E_{R2}}{H_{R2}}\mathrm{d}h_{R2} \end{cases} \tag{8.16}$$

在初始状态，外力 $F=0$ 时，此时岩样和煤样均未产生变形，岩样的初始高度 H_R 等于岩样的变形后的高度 h_R；而煤样的初始高度 H_C 等于煤样变形后的高度 h_C。分别对式(8.16)进行积分，可得

$$\begin{cases} \sigma_{R1} = -\dfrac{m_{R1}E_{R1}}{H_{R1}}h_{R1} + C_1 \\[2mm] \sigma_C = -m_C E_C \ln h_C + C_2 \\[2mm] \sigma_{R2} = -\dfrac{m_{R2}E_R}{H_{R2}}h_{R2} + C_3 \end{cases} \tag{8.17}$$

式中，C_1、C_2、C_3 为积分常数。

当 $F=0$ 时，$\sigma_{R1}=\sigma_C=\sigma_{R2}=0$，且 $H_{R1}=h_{R1}$、$H_C=h_C$、$H_{R2}=h_{R2}$。根据式(8.17)可以分别求得

$$\begin{cases} C_1 = m_{R1}E_{R1} \\ C_2 = m_C E_C \ln H_C \\ C_3 = m_{R2}E_{R2} \end{cases} \tag{8.18}$$

而后把式(8.18)代入式(8.17)可得

$$\begin{cases} \Delta_{R1} = h_{R1} - H_{R1} = -H_{R1}\dfrac{\sigma_{R1}}{m_{R1}E_{R1}} \\[2mm] \Delta_C = k_C\left(h_C - H_C\right) = k_C H_C\left[\exp\left(-\dfrac{\sigma_C}{m_C E_C}\right) - 1\right] \\[2mm] \Delta_{R2} = h_{R2} - H_{R2} = -H_{R2}\dfrac{\sigma_{R2}}{m_{R2}E_{R2}} \end{cases} \tag{8.19}$$

式中，k_C 为煤样的比例系数(即考虑了煤样内部的微裂隙及孔隙)。

基于试验机功能及试验数据分析，煤岩组合体的总体位移并不是简单的岩石、煤和岩石的三者变形之和。与岩样相比，煤样内部具有大量的原生裂隙及孔隙。煤样内部的微裂隙及孔隙与煤样及岩样之间的界面在压密阶段被压密，此时试验

机所记载的位移并不是煤及岩样的弹性变形。由于岩样较硬，且内部微裂隙较少，因此仅需对煤样的位移变化进行修正，即此时，把煤样内部的微裂隙、孔隙及煤-岩之间的界面看成较软的部分。该部分变形与煤样变形一致。通过式(8.19)可得到煤岩组合体在峰值前压缩变形过程中的总变形量，即上部岩样、中部煤样及下部岩样的位移之和

$$-\Delta = H_{R1}\frac{\sigma_R}{m_{R1}E_{R1}} + k_C H_C\left[1-\exp(-\frac{\sigma_C}{m_C E_C})\right] + H_{R2}\frac{\sigma_R}{m_{R2}E_{R2}} \tag{8.20}$$

由此可得，单轴压缩过程中，煤岩组合体峰前变形量与应力之间的关系。

根据式(8.13)，把式(8.20)中的应力 σ 用外力 F 代替，可以得到轴向加载位移与外力 F 之间的关系式，即

$$-\Delta = H_{R1}\frac{F}{m_{R1}S_{R1}E_{R1}} + H_{R2}\frac{F}{m_{R2}S_{R2}E_{R2}} + k_C H_C\left[1-\exp(-\frac{F}{m_C S_C E_C})\right] \tag{8.21}$$

如果把式(8.14)代入式(8.21)，用直径 D 替换面积 S，则得

$$-\Delta = H_{R1}\frac{4F}{m_{R1}\pi D_{R1}^2 E_{R1}} + H_{R2}\frac{4F}{m_{R2}\pi D_{R2}^2 E_{R2}} + k_C H_C\left[1-\exp(-\frac{4F}{m_C\pi D_C^2 E_C})\right]$$

$$\tag{8.22}$$

式(8.22)即为单轴压缩下煤岩组合体轴向位移Δ与轴向荷载 F 之间的力学模型。

由于本试验的上部岩样及下部岩样均为同一种岩样，即弹性模量 $E_{R1}=E_{R2}=E_R$ 相等，且 $m_{R1}=m_{R2}=m_R$。式(8.22)变为

$$-\Delta = \left(\frac{H_{R1}}{D_{R1}^2}+\frac{H_{R2}}{D_{R2}^2}\right)\frac{4F}{\pi m_R E_R} + k_C H_C\left[1-\exp(-\frac{4F}{m_C\pi D_C^2 E_C})\right] \tag{8.23}$$

式(8.23)即为岩-煤-岩组合体整体破坏本构模型。下面通过一组岩-煤-岩组合体单轴破坏试验结果来验证该本构模型的有效性。

8.3.2　深部岩-煤-岩组合体整体破坏理论模型验证

试验所用试样与第 2 章的单轴压缩下岩-煤-岩组合体试样相同，在此不再赘述。根据式(8.23)，把表 2.9 中 RMR–0–1 的基本物理力学参数数据代入其中，而后通过拟合可分别得到参数 m_R、k_C、m_C 的值(表 8.2)。其中岩样及煤样的弹性模量的值取自文献[35]，岩样的弹性模量为 32.91 GPa，煤样的弹性模量为 2.75 GPa。

拟合之后得到的式 (8.24) 即为 RMR–0–1 的轴向位移-轴向力关系式。图 8.5 所示为
RMR–0–1 的试验曲线与计算曲线的对比。

$$-\Delta=1.009F+19.19\left[1-\exp(-0.8079F)\right] \tag{8.24}$$

表 8.2　拟合参数值

试样编号	m_R	$k_C/10^{-2}$	$m_C/10^{-3}$	R^2
RMR–0–1	0.15282	0.788	0.4795	0.997
RMR–0–2	0.15585	0.268	0.7506	0.998
RMR–0–3	0.15702	0.497	0.5121	0.994

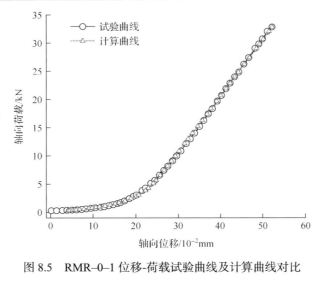

图 8.5　RMR–0–1 位移-荷载试验曲线及计算曲线对比

同样，通过拟合之后得到 RMR–0–2 及 RMR–0–3 组合体的轴向位移-轴向荷
载之间的关系式 (8.25) 及式 (8.26)，拟合后 RMR–0–2 及 RMR–0–3 组合体的位移-
荷载试验曲线及计算曲线对比分别如图 8.6、图 8.7 所示。

$$-\Delta=0.9641F+6.327\left[1-\exp(-0.5126F)\right] \tag{8.25}$$

$$-\Delta=0.9435F+11.90\left[1-\exp(-0.7470F)\right] \tag{8.26}$$

从图 8.5~图 8.7 可以看出，利用岩-煤-岩组合体力学本构模型所计算得到的曲
线与三种煤岩组合体的单轴压缩荷载-位移曲线吻合很好，能够很好地描述压密阶
段、弹性阶段。利用本构模型计算得到的组合体 RMR–0–1、RMR–0–2、RMR–0–3
峰值位移分别为 0.5280 mm、0.4560 mm、0.4804 mm，三者比试验峰值位移分别
大 0.19 %、小 5.88 %、小 7.13 %。由此可见，计算值与试验值偏差很小。另外，

从拟合得到的 R^2 值可以看出，三个试样均达到 0.994 以上，可见计算值与试验值吻合度非常好。在压密阶段，虽然整体上拟合效果较好，但是在初始阶段，往往差别较大。如 RMR–0–1 的初始位移为 0.00198 mm，通过计算得到的初始位移为 0.0408 mm，偏大了近 19.5 倍。由此可见，在外力施加的初始阶段，该本构模型的拟合效果较差，这主要是由于初始阶段煤和岩石之间存在界面。但就整体而言，该本构模型基本能够很好地描述岩-煤-岩整体的载荷位移曲线。

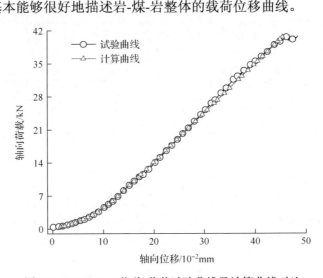

图 8.6　RMR–0–2 位移-荷载试验曲线及计算曲线对比

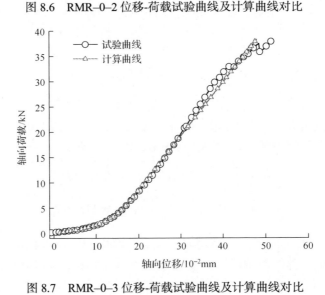

图 8.7　RMR–0–3 位移-荷载试验曲线及计算曲线对比

8.3.3　理论与试验结果误差分析及讨论

1. 计算效果讨论

为了评价式(8.22)的计算效果，可利用计算误差来评价，即计算值与试验值之差除以试验值。在加载过程中，随着应力的增加，计算得到的位移与试验所得位移的计算误差如图 8.8 所示。

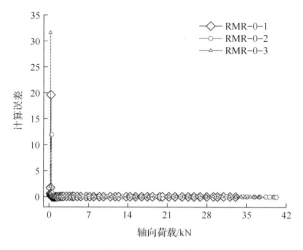

图 8.8　三个岩-煤-岩组合体的计算误差

可以看出，在加载初期，即三个岩-煤-岩组合体的平均轴向荷载约为 0.3 kN 时，计算误差约为 1，轴向荷载约为 0.5 kN 时，计算误差约为 0.1。此后，计算误差均在 0 上下微小波动。

2. 计算参数讨论

式(8.23)中有三个参数，分别为 m_R、k_C、m_C。一般来说，弹性模量的计算取自应力-应变曲线的线弹性阶段，此时岩石内部的微裂隙及孔隙已经被压密。试验所得的弹性模量为岩样及煤样被压密后的弹性模量，并未考虑其内部的微裂隙、孔隙及岩-煤-岩之间的界面。

岩-煤-岩组合体中，煤样及煤样内部的微裂隙及孔隙统称为较软的部分，而岩样则称为较硬的部分。k_C 考虑煤样内部的微裂隙及孔隙及岩-煤-岩之间的界面。同样，参数 m_R 及 m_C 分别为岩样、煤样及其内部微裂隙、孔隙与岩-煤-岩之间界面的弹性模量的修正系数。利用式(8.23)计算得到三个参数值，其均方差如表 8.3 所示。可以看出，三个均方差的数量级分别为 10^{-4}、10^{-5}、10^{-5}，其值极小，因此，计算得出的三个参数值是可靠的。

表 8.3　拟合参数的均方差

试样编号	均方差 SD/10^{-4}		
	m_R	k_C	m_C
RMR–0–1	6.70	0.355	0.056
RMR–0–2	4.53	0.315	0.256
RMR–0–3	8.30	0.510	0.152

根据拟合参数 m_R 及 m_C 的值，可以逆向推算考虑煤岩样内部微裂隙、孔隙及之间界面的弹性模量 E_m，如表 8.4 所示。

表 8.4　修正后的弹性模量

种类	修正弹性模量 E_m			平均值	均方差
	RMR–0–1	RMR–0–2	RMR–0–3		
岩	5.029GPa	5.129GPa	5.168GPa	5.11GPa	0.058
煤	1.319MPa	2.064MPa	1.408MPa	1.60MPa	0.332

岩样修正后的弹性模量平均值为 5.11 GPa，均方差为 0.058。煤样修正后的弹性模量平均值为 1.60 MPa，均方差为 0.332。可以发现，修正后的弹性模量均比单体时的弹性模量低。主要原因是在加载过程中试样的弹性模量随着轴向应力的增加而发生变化。一般取应力-应变曲线的直线段的斜率作为弹性模量。且岩样比煤样强度高很多，当煤样发生破坏时，岩样的变形刚处于弹性阶段及压密阶段之间。因此修正后的岩样弹性模量较小。同样，修正后煤样的弹性模量包含了煤-岩之间的界面对煤样的弱化作用。

对式(8.24)、式(8.25)、式(8.26)进行分析，可以得出位移与轴向荷载的关系式为

$$-\Delta = aF + b[1 - \exp(-cF)] \tag{8.27}$$

式中，a、b、c 为系数，单位为 mm/N。

根据式(8.24)～式(8.26)，发现 a 的平均值约为 1，b 的平均值约为 12.47，c 的平均值约为 0.6892。

图 8.9(a) 为参数 a、c 固定，参数 b 变化条件下的轴向荷载-轴向位移曲线。从图中可以看出，随着 b 的增大，非线性阶段(压密阶段)逐渐变长。图 8.9(b) 为参数 a、b 固定，参数 c 变化条件下的轴向荷载-轴向位移关系曲线，可以看出，c 值越大，非线性阶段(压密阶段)逐渐延长，但是延长的速率逐渐减缓。且随着 c 的增大，线性段逐渐重合。

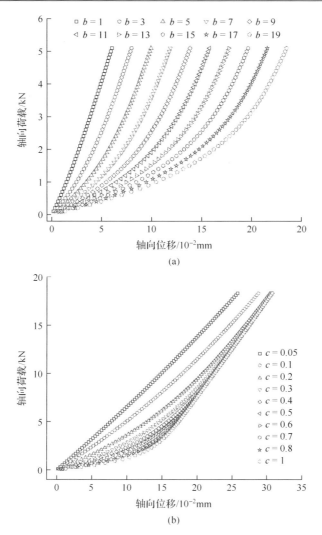

图 8.9　参数 b、c 取不同值的轴向荷载-轴向位移曲线

8.4　基于裂纹演化的峰前应力-应变理论模型

8.4.1　基于裂纹演化的峰前应力-应变模型的建立

通常，对于单体岩石试样的压缩试验，所求得的应变称为工程应变，即试样的绝对变形量与原尺寸之比。工程应变一般用于解决试样的小变形问题。与工程应变相对应的是真实应变，即试样的绝对变形量与现在尺寸之比。在诸多岩石力学研究中，一般认为弹性阶段的应变是很小的，可用工程应变来表达。Liu 等[36]认

为岩石中较软部分的变形可以用自然应变(真实应变)来求得,而较硬部分可以用工程应变来求得。则根据自然应变的定义,原生裂纹和界面在压密过程中的应变为

$$\mathrm{d}\varepsilon_1^{cc} = -\frac{\mathrm{d}h^{cc}}{h^{cc}} \tag{8.28}$$

式中,ε_1^{cc} 为轴向裂纹闭合应变;h^{cc} 为压密过程中裂纹及界面的等效高度。

试验机对试样施加外部荷载均匀地作用在试样上,因此,原生裂纹及界面所受到的应力为 σ_1

$$\mathrm{d}\sigma_1 = E^{cc}\mathrm{d}\varepsilon_1^{cc} \tag{8.29}$$

式中,E^{cc} 为裂纹和界面的等效弹性模量。

联合式(8.28)、式(8.29)并积分,可得

$$\sigma_1 = -E^{cc}\ln h^{cc} + C \tag{8.30}$$

式中,C 为积分常数。

假设煤岩组合体中的原生裂纹和界面压缩前的等效高度为 H^{cc}。在起始阶段,试验机并未施加外部荷载时,$\sigma_1 = 0$,且 $H^{cc} = h^{cc}$,可得

$$C = E^{cc}\ln H^{cc} \tag{8.31}$$

把式(8.31)代入式(8.30),可得

$$\ln(\frac{h^{cc}}{H^{cc}}) = -\frac{\sigma_1}{E^{cc}} \tag{8.32}$$

而后对式(8.32)进行变形,可得

$$\frac{h^{cc} - H^{cc}}{H^{cc}} = \exp(-\frac{\sigma_1}{E^{cc}}) - 1 \tag{8.33}$$

根据式(8.33),加载过程中裂纹和界面的等效位移,可得

$$-\Delta = h^{cc} - H^{cc} = H^{cc}[\exp(-\frac{\sigma_1}{E^{cc}}) - 1] \tag{8.34}$$

式中,Δ 为裂纹和界面的等效位移。根据式(8.34),轴向裂纹闭合应变 ε_1^{cc} 和轴向应力 σ_1 的关系,可得

$$\varepsilon_1^{cc} = \frac{H^{cc}}{H}[1 - \exp(-\frac{\sigma_1}{E^{cc}})] \tag{8.35}$$

前已介绍，ε_1^{cm} 为裂纹及界面完全闭合时的应变，因此其值可以表示为

$$\varepsilon_1^{cm} = \frac{H^{cc}}{H} \tag{8.36}$$

式中，H 为试样的高度。

根据式(8.35)和式(8.36)，可得加载过程中的轴向裂纹闭合模型(ACCM)

$$\varepsilon_1^{cc} = \varepsilon_1^{cm}[1 - \exp(-\frac{\sigma_1}{E^{cc}})] \tag{8.37}$$

屈服点之后，试样中的原生裂纹开始起裂，新裂纹开始萌生，此时由于裂纹的扩展，轴向裂纹应变主要为轴向裂纹扩展应变。在裂纹萌生扩展的过程中，试样的弹性模量及裂纹的等效弹性模量均是变化的。如图 8.10 所示，随着轴向裂纹应变的增大，轴向应力缓慢增大，其变化规律基本符合指数模型，则可以表示为

$$\varepsilon_1^{ce} = m \exp(\frac{\sigma_1 - \sigma_{cd}}{E^{ce}}) + \varepsilon_1^{cm} \tag{8.38}$$

式中，ε_1^{ce} 为轴向裂纹扩展应变；m 为参数；E^{ce} 为裂纹扩展等效弹性模量。
式(8.38)即为轴向裂纹扩展模型(ACPM)。

8.4.2　裂纹闭合和扩展模型验证

通过试验数据对 ACCM 和 ACPM 模型进行验证，试验数据和理论曲线如图 8.10 所示。

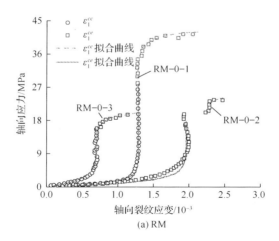

(a) RM

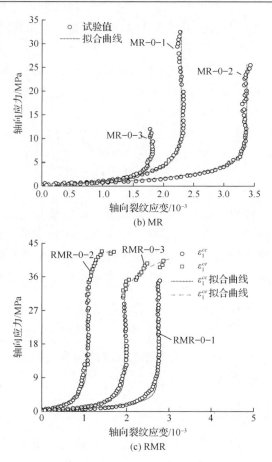

图 8.10　轴向裂纹应变试验值及理论曲线

　　由于 MR 组试样和 RMR–0–1 试样的应力-应变曲线具有极小或不存在屈服阶段，故并未进行 ACPM 模型验证。如图 8.10 所示，试验数据与 ACCM 和 ACPM 模型吻合度较高，能够很好地描述峰前应力-应变曲线的非线性特征。相关拟合参数见表 8.5 和表 8.6。ACCM 模型相关系数 R^2 值均达到了 0.96 以上。由于裂纹扩展的离散性及不可预测性，裂纹的发育及扩展演化更加复杂，ACPM 模型的相关系数 R^2 值最小为 0.78，但是整体拟合效果较好。另外，从最大轴向裂纹闭合应变 ε_1^{cm} 的试验值和理论值可以看出，试验值与理论值基本上差别不大。如 RMR–0–1 试样，其最大轴向裂纹闭合应变仅比理论值大 2.19%。计算得到的裂纹闭合等效弹性模量最大为 2.827 MPa，最小为 1.377 MPa，平均值为 1.987 MPa。轴向裂纹扩展时等效弹性模量平均值为 3.5 MPa，与闭合等效弹性模量相差 0.673 MPa。由于参数 m 值差别较大，因此还需要进一步研究。

表 8.5　ACCM 计算参数

编号	$\varepsilon_1{}^{cm}/10^{-3}$		E^{cc}/MPa	R^2
	试验值	理论值		
RM–0–1	1.276	1.286	1.175	0.990
RM–0–2	1.926	1.962	1.925	0.993
RM–0–3	0.726	0.705	1.965	0.976
MR–0–1	2.284	2.289	1.999	0.994
MR–0–2	3.351	3.371	1.923	0.961
MR–0–3	1.776	1.784	1.103	0.984
RMR–0–1	2.778	2.717	1.377	0.982
RMR–0–2	1.063	1.074	2.827	0.977
RMR–0–3	1.940	1.951	1.762	0.987

表 8.6　ACPM 计算参数

编号	$m/10^{-3}$	$\varepsilon_1{}^{cm}/10^{-3}$		σ_{cd}/MPa	E^{ce}/MPa	R^2
		试验值	理论值			
RM–0–1	0.179	1.276	1.276	27.56	1.700	0.884
RM–0–2	0.851	1.926	2.262	19.24	0.891	0.784
RM–0–3	42.41	0.726	0.659	15.76	1.627	0.876
RMR–0–2	5.31	1.063	1.089	30.56	2.723	0.861
RMR–0–3	53.4	1.940	1.823	27.61	4.277	0.860

8.4.3　煤岩组合体峰前应力-应变关系模型

由式 (7.1)、式 (8.37)、式 (8.38) 联立可得单轴压缩下煤岩组合体的峰前应力-应变关系模型

$$\begin{cases} \varepsilon_1 = \varepsilon_1{}^{cm}\left[1 - \exp\left(-\dfrac{\sigma_1}{E^{cc}}\right)\right] + \dfrac{\sigma_1}{E}, & \varepsilon_1 < \varepsilon_1{}^{cd} \\[2mm] \varepsilon_1 = m\exp\left(\dfrac{\sigma_1 - \sigma_{cd}}{E^{ce}}\right) + \varepsilon_1{}^{cd} + \dfrac{\sigma_1}{E}, & \varepsilon_1{}^{cd} < \varepsilon_1 < \varepsilon_1{}^{p} \end{cases} \tag{8.39}$$

式中，$\varepsilon_1{}^{cd}$ 为屈服点时的轴向应变；$\varepsilon_1{}^{p}$ 为峰值应变。

利用式 (8.39) 分别对 RM、MR、RMR 组合体的单轴压缩应力-应变曲线进行计算，得出的试验值及拟合曲线分别如图 8.11 (a)、(b)、(c) 所示。可以看出，该模型可以很好地模拟出峰前应力-应变的三个阶段，即压密阶段、弹性阶段、屈服阶段。

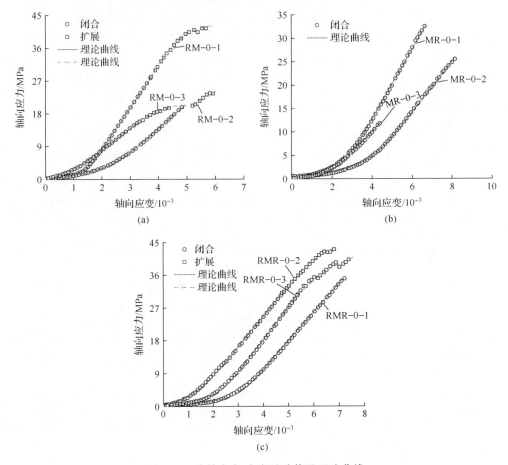

图 8.11　峰前应力-应变试验值及理论曲线

8.4.4　循环加卸载试验验证

利用轴向裂纹闭合模型式 (8.37) 和峰前应力-应变关系模型式 (8.39) 对 MR–C–1 与 MR–C–2 试样进行验证，试验值与理论值的计算结果分别如图 8.12、图 8.13 所示，计算参数见表 8.7 和表 8.8。

为了清晰显示，MR–C–1 试样裂纹应变模型验证选取 4、7、9、12 和 14 循环进行说明；MR–C–2 试样的裂纹应变模型验证选取 4、7、10 和 13 循环进行说明。从图 8.12 和图 8.13 可以看出，理论值与试验值吻合度较高，能够较好地反映裂纹闭合过程及岩石峰前应力-应变关系的非线性特点。

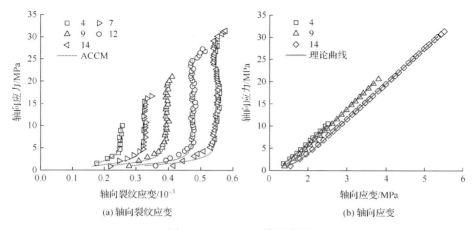

(a) 轴向裂纹应变　　　　　　　　(b) 轴向应变

图 8.12　MR–C–1 模型验证

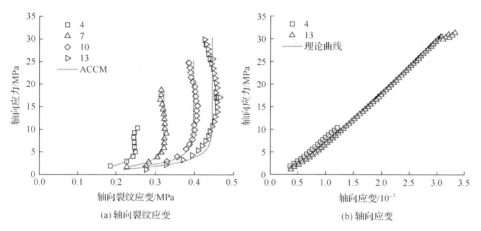

(a) 轴向裂纹应变　　　　　　　　(b) 轴向应变

图 8.13　MR–C–2 模型验证

表 8.7　MR–C–1 计算参数

次数	$\varepsilon_1^{cm}/10^3$		E^{cc}/MPa	R^2
	试验值	理论值		
4	0.245 2	0.254 0	1.354 89	0.978
5	0.266 2	0.280 3	1.218 47	0.819
6	0.301 1	0.309 0	1.205 6	0.852
7	0.318 5	0.326 0	1.242 58	0.856
8	0.351 1	0.363 5	1.271 06	0.839
9	0.380 9	0.392 0	1.215 41	0.814
10	0.397 5	0.403 8	1.169 27	0.804
11	0.432 2	0.446 9	1.171 76	0.784
12	0.468 3	0.473 7	1.084 86	0.761
13	0.506 5	0.527 1	1.249 36	0.755
14	0.534 2	0.546 3	1.116 12	0.715

表 8.8　MR–C–2 计算参数

次数	$\varepsilon_1^{cm}/10^{-3}$		E^{cc} /MPa	R^2
	试验值	理论值		
4	0.238 6	0.250 32	1.296 29	0.942
5	0.263 0	0.274 6	1.282 46	0.944
6	0.289 8	0.297 2	1.322 78	0.947
7	0.314 9	0.321 27	1.349 76	0.954
8	0.337 3	0.352 58	1.489 83	0.964
9	0.348 8	0.368 03	1.507 3	0.929
10	0.378 8	0.397 64	1.645 17	0.934
11	0.384 0	0.406 55	1.711 21	0.892
12	0.399 1	0.426 16	1.619 97	0.873
13	0.415 4	0.445 03	1.651 35	0.862

图 8.14 所示为最大轴向裂纹闭合应变 ε_1^{cm} 的理论值与试验值的对比。可以看出，最大轴向裂纹闭合应变 ε_1^{cm} 的理论值与试验值相差很小，二者几乎相等。可见，轴向裂纹闭合模型能够较好地解释煤岩体的轴向荷载作用下的裂纹闭合效应。图 8.15 所示为轴向裂纹闭合等效弹性模量与循环次数之间的关系。可以看出，随着循环次数的增大，MR–C–1 的轴向裂纹闭合等效弹性模量基本保持不变，其平均值约为 1.21 MPa，而 MR–C–2 的轴向裂纹闭合等效弹性模量呈增长趋势，说明随着循环次数的增加，新产生的裂纹和孔隙较难闭合，等效弹性模量增大。但两个试样所得出的结果有差别，还需要进一步验证其他岩石的试验数据。

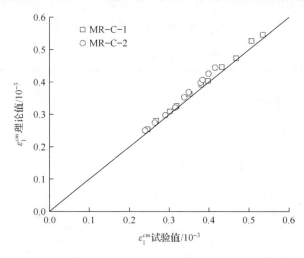

图 8.14　ε_1^{cm} 的理论值与试验值对比

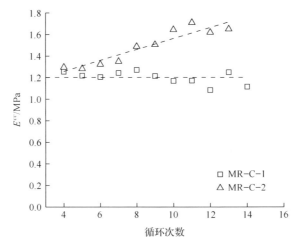

图 8.15　裂纹等效弹性模量 E^{cc} 与循环次数的关系

8.5　深部煤岩组合体峰后应力-应变关系模型

8.5.1　煤岩组合体峰后软化应力-应变关系

从第 2 和 3 章试验得到的应力-应变曲线可看出，钱家营煤岩组合体峰后应力随变形的增加而逐渐降低，最终达到一个稳定值即残余强度，故可以采用应变软化模型来描述煤岩组合体峰后应力-应变关系。

基于文献[39]，作者先确定强度准则，再建立强度参数随应变软化参数的演化规律，最后得到峰后应力与应变之间的关系。与文献[39]不同，这里选取等效塑性应变 γ 为应变软化参数，并做两点假设：①在峰前变形阶段，应力-应变满足线弹性关系；②在峰后软化阶段，不考虑弹塑性耦合。

Mohr-Coulomb 准则(简称 M-C 准则)的强度参数通过室内试验容易获得，这里基于 M-C 准则来研究煤岩组合体的峰后软化行为，以主应力形式表示的 M-C 准则为

$$\sigma_1 = \frac{1+\sin\varphi}{1-\sin\varphi}\sigma_3 + \frac{2C\cos\varphi}{1-\sin\varphi} \tag{8.40}$$

式中，φ 为内摩擦角；C 为内聚力(均为强度参数)。

在峰后应变软化阶段，强度参数随应变软化参数的变化而变化。基于强度参数分段线性演化的假设[40]，强度参数 ω 随应变软化参数 λ 变化的表达式为

$$\omega(\lambda) = \begin{cases} \omega_p - \dfrac{\omega_p - \omega_r}{\lambda^*}\lambda & (0 \leqslant \lambda < \lambda^*) \\ \omega_r & (\lambda \geqslant \lambda^*) \end{cases} \tag{8.41}$$

式中，ω_p、ω_r 分别为应力-应变曲线峰值点和残余阶段的强度参数；λ^* 为应力-应变曲线残余阶段开始处的临界软化参数。

强度参数 ω 随应变软化参数 λ 的演化规律如图 8.16 所示。

因这里选取的强度准则为 M-C 准则，应变软化参数为等效塑性应变 γ，故需要建立内摩擦角 φ、内聚力 C 随等效塑性应变 γ 的演化规律，其表达式为

$$\varphi(\gamma) = \begin{cases} \varphi_p - \dfrac{\varphi_p - \varphi_r}{\gamma_r}\gamma & 0 \leqslant \gamma < \gamma_r \\ \varphi_r & \gamma \geqslant \gamma_r \end{cases} \tag{8.42}$$

$$C(\gamma) = \begin{cases} C_p - \dfrac{C_p - C_r}{\gamma_r}\gamma & 0 \leqslant \gamma < \gamma_r \\ C_r & \gamma \geqslant \gamma_r \end{cases} \tag{8.43}$$

式中：φ_p、C_p 分别为应力-应变曲线峰值点处的内摩擦角、内聚力；φ_r、C_r 分别为应力-应变曲线残余阶段的内摩擦角、内聚力；γ_r 为应力-应变曲线残余阶段开始处的等效塑性应变。

将图 8.16 中的 ω_p 替换为 φ_p 或 C_p，ω_r 替换为 φ_r 或 C_r，λ^* 替换为 γ_r，则图 8.16 可显示峰后内摩擦角 φ、内聚力 C 随等效塑性应变 γ 的演化规律。

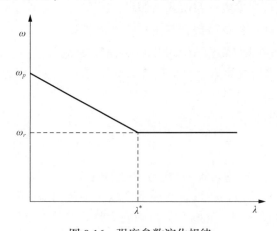

图 8.16　强度参数演化规律

将式(8.42)、式(8.43)代入式(8.40)，即可得峰后最大主应力与等效塑性应变的关系表达式

$$\sigma_1(\gamma) = \frac{1+\sin\varphi(\gamma)}{1-\sin\varphi(\gamma)}\sigma_3 + \frac{2C(\gamma)\cos\varphi(\gamma)}{1-\sin\varphi(\gamma)} \tag{8.44}$$

为了研究问题方便起见，将煤岩组合体的全应力-应变曲线进行简化，如图8.17 所示。峰前简化为线弹性，其斜率为 E，即为峰值点处的割线模量；峰后软化阶段每一点处的卸载曲线平行于峰前加载曲线。以峰后软化阶段的 B 点为例，线段 BD 表示 B 点的卸载曲线，其斜率也为 E，则线段 DC 表示可恢复的弹性应变，线段 OD 表示残余塑性应变。

基于假设和图8.17 的简化，在小变形情况下，由弹塑性力学理论可得

$$\varepsilon_1 = \varepsilon_1^e + \varepsilon_1^p \tag{8.45}$$

$$\varepsilon_1^e = \frac{\sigma_1(\gamma)}{E} \tag{8.46}$$

式中，ε_1^e、ε_1^p 分别为最大弹性主应变、最大塑性主应变，E 为峰值点处的割线模量。

联立式(8.45)、式(8.46)，即可求得最大塑性主应变 ε_1^p 的表达式

$$\varepsilon_1^p = \varepsilon_1 - \frac{\sigma_1(\gamma)}{E} \tag{8.47}$$

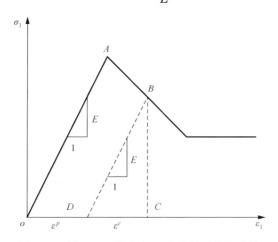

图 8.17 煤岩组合体全应力-应变关系简化曲线

考虑剪胀角存在的情况下，假设塑性势函数 g 为[41]

$$g = \sigma_1 - k\sigma_3 \tag{8.48}$$

$$k = \frac{1 + \sin\psi}{1 - \sin\psi} \tag{8.49}$$

式中，k 为剪胀系数；ψ 为剪胀角。

由正交流动法则，可得

$$\mathrm{d}\varepsilon_1^p = \mathrm{d}\rho \tag{8.50}$$

$$\mathrm{d}\varepsilon_3^p = -k\mathrm{d}\rho \tag{8.51}$$

$$\mathrm{d}\varepsilon_3^p = -k\mathrm{d}\varepsilon_1^p \tag{8.52}$$

取剪胀角 ψ 为恒定值，由式 (8.52) 可得

$$\varepsilon_3^p = -k\varepsilon_1^p \tag{8.53}$$

则等效塑性应变 γ 可表示为

$$\gamma = \sqrt{\frac{2}{3}\left(\varepsilon_1^p \varepsilon_1^p + \varepsilon_2^p \varepsilon_2^p + \varepsilon_3^p \varepsilon_3^p\right)} = \sqrt{\frac{2}{3}\left(1 + 2k^2\right)}\,\varepsilon_1^p \tag{8.54}$$

将式 (8.47) 代入式 (8.54)，即可求得基于等效塑性应变的峰后应力-应变关系表达式

$$\gamma = \sqrt{\frac{2}{3}\left(1 + 2k^2\right)}\left(\varepsilon_1 - \frac{\sigma_1(\gamma)}{E}\right) \tag{8.55}$$

8.5.2　实例验证

根据文献[42]对于符合应变软化模型岩体的估计，取煤岩组合体峰后剪胀角为峰值内摩擦角的 1/8。将试验数据进行计算和整理，所得的结果列于表 8.9。

表 8.9　煤岩组合体部分力学参数

编号	γ_r /10⁻³	φ_p /(°)	φ_r /(°)	C_p /MPa	C_r /MPa	ψ /(°)
MR–0–3	11.433	33.38	28.67	6.369	2.656	4.17
MR–5–3	11.640	33.38	28.67	6.369	2.656	4.17
MR–10–3	13.963	33.38	28.67	6.369	2.656	4.17
MR–15–1	4.888	33.38	28.67	6.369	2.656	4.17
MR–20–2	33.023	33.38	28.67	6.369	2.656	4.17

将表 8.9 中的数据代入式 (8.44) 和式 (8.55)，即可得煤岩组合体峰后应力-应变关系表达式，其对应的软化曲线如图 8.18 所示。为了验证其合理性，将试验得到的数据与数值模拟曲线进行对比。

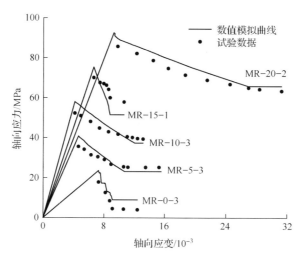

图 8.18　不同围压下煤岩组合体峰后应力-应变关系模拟曲线与试验数据的对比

从图 8.18 可以看出，利用该方法模拟得到的煤岩组合体峰后应力-应变变化趋势与试验数据基本吻合。但是，在单轴压缩下的吻合度比较低，其原因主要是该方法使用 M-C 准则，该准则考虑的岩石破坏主要为剪切破坏，而在单轴压缩下岩石的破坏形式以劈裂破坏为主。另外，通过该方法得到的峰后应力-应变曲线呈非线性变化，与试验得到的峰后曲线形态更加接近。

8.5.3　煤岩组合体参数敏感性分析

由上文分析可知，影响煤岩组合体峰后应力-应变曲线形态的因素有多个，而峰后应力-应变曲线形态又与煤岩组合体整体稳定性密切相关。为快速有效地对其峰后稳定性进行评价，需要找出主要影响因素。为此，借助系统分析中无量纲形式的敏感因子[43]对各参数的敏感性进行排序，从而区分主要和次要参数。

敏感因子的表达式为

$$S\left(\alpha_k^*\right) = \left| \frac{\mathrm{d}W_k\left(\alpha_k\right)}{\mathrm{d}\alpha_k} \right| \frac{\alpha_k^*}{W_k^*} \qquad (k=1,2,\cdots,n) \tag{8.56}$$

式中，$S\left(\alpha_k^*\right)$ 为参数 α_k 取基准值 α_k^* 时的敏感因子；W_k 为参数 α_k 的指标函数；W_k^* 为参数 α_k 取基准值 α_k^* 时的指标值。

$S(\alpha_k^*)$ 为无量纲的非负实数, 其值越大, 表明在基准状态下, 指标 W_k 对参数 α_k 越敏感, 即依赖程度越高。通过对敏感因子的比较, 就可以对系统指标对各因素的敏感性进行对比评价。

这里选用的指标为峰值强度和残余强度, 讨论的影响参数为峰值内摩擦角 φ_p、残余内摩擦角 φ_r、峰值内聚力 C_p、残余内聚力 C_r 和剪胀角 ψ。各参数的基准值选用试验结果得到的数据, 如表 8.9 所示。指标随各参数的变化曲线如图 8.19 所示。由于得到的煤岩组合体峰后应力-应变关系在单轴压缩时适用性较差, 故未分析单轴压缩时各参数的敏感性。

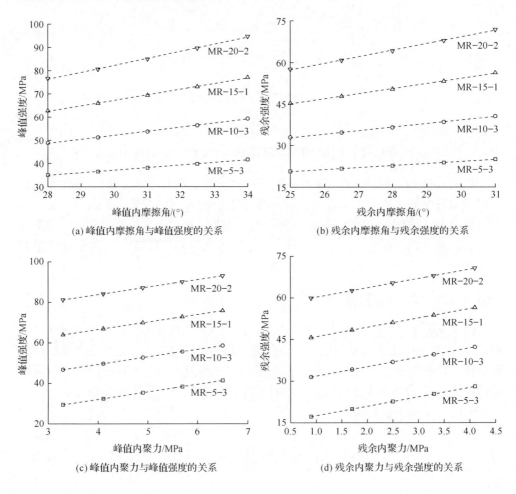

(a) 峰值内摩擦角与峰值强度的关系　　　　　(b) 残余内摩擦角与残余强度的关系

(c) 峰值内聚力与峰值强度的关系　　　　　(d) 残余内聚力与残余强度的关系

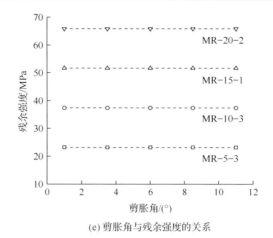

(e) 剪胀角与残余强度的关系

图 8.19　指标随各参数变化的拟合曲线

可以看出，图 8.19(a)、(b)、(c)、(d)中指标随各参数增大近似呈线性增加，图 8.19(e)中指标随参数增大几乎保持不变，这与 M-C 强度准则自身的表达式有关。由图 8.19 中的拟合曲线可以得到指标函数解析式，再根据式(8.56)可以计算每一试样各参数的敏感因子。敏感因子的计算结果列于表 8.10 中。

表 8.10　各参数的敏感因子

编号	$S(\varphi_p)$	$S(\varphi_r)$	$S(C_p)$	$S(C_r)$	$S(\psi)$
MR-5-3	0.897	0.578	0.895	0.386	0
MR-10-3	0.998	0.407	0.974	0.240	0
MR-15-1	1.053	0.314	1.010	0.174	0
MR-20-2	1.088	0.255	1.031	0.136	0

由表 8.10 可知，对于峰值强度指标，峰值内摩擦角的敏感因子大于峰值内聚力的敏感因子，说明峰值强度对峰值内摩擦角更敏感。对于残余强度指标，敏感因子最大的为残余内摩擦角，其次为残余内聚力，最小的为剪胀角，说明残余强度对残余内摩擦角最敏感。剪胀角的敏感因子为 0，说明残余强度对剪胀角不敏感，即对本试验采用的煤岩组合体试样可以不考虑剪胀角的影响。由以上分析可知，通过室内试验或数值模拟研究类似于本试验的煤岩组合体试样时，对峰值强度可重点考虑峰值内摩擦角的影响，而对残余强度可重点考虑残余内摩擦角的影响。

参 考 文 献

[1] 钱鸣高. 煤炭的科学开采. 煤炭学报, 2010, 35(4): 529-534.

[2] 谢和平, 王金华, 申宝宏, 等. 煤炭开采新理念——科学开采与科学产能. 煤炭学报, 2012, 37(7): 1069-1079.

[3] 谢和平, 高峰, 鞠杨. 深部岩样力学研究与探索. 岩石力学与工程学报, 2015, 34(11): 2161–2178.

[4] 姜耀东, 赵毅鑫. 我国煤矿冲击地压的研究现状: 机制, 预警与控制. 岩石力学与工程学报, 2015, 34(11): 2188–2204.

[5] Liu C L, Tan Z X, Deng K Z, et al. Synergistic instability of coal pillar and roof system and filling method based on plate model. International Journal of Mining Science and Technology, 2013, 23(1): 145–149.

[6] 窦林名, 陆菜平, 牟宗龙, 等. 组合煤岩冲击倾向性特性试验研究. 采矿与安全工程学报, 2006, 23(1): 43–46.

[7] 窦林名, 田京城, 陆菜平, 等. 组合煤岩冲击破坏电磁辐射规律研究. 岩石力学与工程学报, 2005, 24(19): 3541–3544.

[8] 牟宗龙, 王浩, 彭蓬, 等. 岩–煤–岩组合体破坏特征及冲击倾向性试验研究. 采矿与安全工程学报, 2013, 30(6): 841–847.

[9] 刘杰, 王恩元, 宋大钊, 等. 岩石强度对于组合试样力学行为及声发射特性的影响. 煤炭学报, 2014, 39(4): 685–691.

[10] 刘少虹, 秦子晗, 娄金福. 一维动静加载下组合煤岩动态破坏特性的试验研究. 岩石力学与工程学报, 2014, 33(10): 2064–2075.

[11] 唐春安. 岩石破裂过程中的灾变. 北京: 煤炭工业出版社, 1993.

[12] 刘建新, 唐春安, 朱万成, 等. 煤岩串联组合模型及冲击地压机理的研究. 岩土工程学报, 2004, 26(2): 276–280.

[13] 曹文贵, 张升, 赵明华. 软化与硬化特性转化的岩石损伤统计本构模型之研究. 工程力学, 2006, 23(11): 110–115.

[14] 曹文贵, 莫瑞, 李翔. 基于正态分布的岩石软硬化损伤统计本构模型及其参数确定方法探讨. 岩土工程学报, 2007, 29(5): 671–675.

[15] 李夕兵, 左宇军, 马德春. 中应变率下动静组合加载岩石的本构模型. 岩石力学与工程学报, 2006, 25(5): 865–874.

[16] 韦立德, 杨春和, 徐卫亚. 考虑体积塑性应变的岩石损伤本构模型研究. 工程力学, 2006, 23(1): 139–143.

[17] 卢兴利, 刘泉声, 苏培芳. 考虑扩容碎胀特性的岩石本构模型研究与验证. 岩石力学与工程学报, 2013, 32(9): 1886–1893.

[18] Paterson M S, Wong T F. Experimental rock deformation—the brittle field. 2nd ed. New York: Spinger–Verlag, 2005.

[19] Mogi K. Experimental rock mechanics. Florida: CRC Press, 2007.

[20] Jaeger J C, Cook N G W, Zimmerman R W. Fundamentals of rock mechanics. 4th ed. Oxford: Blackwell Publishing, 2007.

[21] Zuo J P, Wang X S, Mao D Q. SEM in–situ study on the effect of offset–notch on basalt cracking behavior under three–point bending load. Engineering Fracture Mechanics, 2014, 131: 504–513.

[22] Li Y P, Chen L Z, Wang Y H. Experimental research on pre–cracked marble under compression. International Journal of Solids and Structures, 2005, 42(9): 2505–2516.

[23] Wong L N Y, Einstein H H. Systematic evaluation of cracking behavior in specimens containing single flaws under uniaxial compression. International Journal of Rock Mechanics and Mining Sciences, 2009, 46(2): 239–249.

[24] Moradian Z, Einstein H H, Ballivy G. Detection of cracking levels in brittle rocks by parametric analysis of the acoustic emission signals. Rock Mechanics and Rock Engineering, 2015, 49(3): 785–800.

[25] 杨圣奇, 刘相如. 不同围压下断续预制裂隙大理岩扩容特性试验研究. 岩土工程学报, 2012, 34(12): 2188–2197.

[26] 梁正召, 肖东坤, 李聪聪, 等. 断续节理岩体强度与破坏特征的数值模拟研究. 岩土工程学报, 2014, 36(11): 2086–2095.

[27] 刘泉声, 黄诗冰, 康永水, 等. 低温冻结岩体单裂隙冻胀力与数值计算研究. 岩土工程学报, 2015, 37(9): 1572–1580.

[28] Martin C D. The strength of massive lac du bonnet granite around underground openings. Manitoba: University of Manitoba Ph.D. Thesis, 1993.

[29] Martin C D. Seventeenth Canadian geotechnical colloquium: the effect of cohesion loss and stress path on brittle rock strength. Canadian Geotechnical Journal, 1997, 34(5): 698–725.

[30] Cai M, Kaiser P K, Tasaka Y, et al. Generalized crack initiation and crack damage stress thresholds of brittle rock masses near underground excavations. International Journal of Rock Mechanics and Mining Sciences, 2004, 41(5): 833–847.

[31] 王宇, 李晓, 武艳芳, 等. 脆性岩石起裂应力水平与脆性指标关系探讨. 岩石力学与工程学报, 2014, 33(2): 264–275.

[32] Zuo J P, Wang Z F, Zhou H W, et al. Failure behavior of a rock–coal–rock combined body with a weak coal interlayer. International Journal of Mining Science and Technology, 2013, 23(6): 907–912.

[33] 左建平, 谢和平, 孟冰冰, 等. 煤岩组合体分级加卸载特性的试验研究. 岩土力学, 2011, 32(5): 1287–1296.

[34] 左建平, 裴建良, 刘建锋, 等. 煤岩样破裂过程中声发射行为及时空演化机制. 岩石力学与工程学报, 2011, 30(8): 1564–1570.

[35] 左建平, 谢和平, 吴爱民, 等. 深部煤岩单体及组合体的破坏机制与力学特性研究. 岩石力学与工程学报, 2011, 30(1): 84–92.

[36] Liu H H, Rutqvist J, Berryman J G. On the relationship between stress and elastic strain for porous and fractured rock. International Journal of Rock Mechanics and Mining Sciences, 2009, 46(2): 289–296.

[37] Liu H H, Rutqvist J, Birkholzer J T. Constitutive relationships for elastic deformation of clay rock: data analysis. Rock Mechanics and Rock Engineering, 2011, 44(4): 463–468.

[38] 李连崇, Liu H H, 赵瑜. 基于双应变胡克模型的岩石非线性弹性行为分析. 岩石力学与工程学报, 2012, 31(10): 2119–2126.

[39] 韩建新, 李术才, 李树忱, 等. 基于强度参数演化行为的岩石峰后应力-应变关系研究. 岩土力学, 2013, 34(2): 342–346.

[40] Lee Y K, Pietruszczak S. A new numerical procedure for elasto-plastic analysis of a circular opening excavated in a strain-softening rock mass. Tunnelling and Underground Space Technology, 2008, 23(5): 588–599.

[41] 韩建新, 李术才, 汪雷, 等. 基于广义 Hoek-Brown 强度准则的岩体应变软化行为模型. 中南大学学报(自然科学版), 2013, 44(11): 4702–4706.

[42] Hoek E, Brown E T. Practical estimates of rock mass strength. International Journal of Rock Mechanics & Mining Sciences, 1997, 34(8): 1165–1186.

[43] 朱维申, 何满潮. 复杂条件下围岩稳定性与岩体动态施工力学. 北京: 科学出版社, 1995: 128–130.

编　后　记

　　《博士后文库》（以下简称《文库》）是汇集自然科学领域博士后研究人员优秀学术成果的系列丛书。《文库》致力于打造专属于博士后学术创新的旗舰品牌，营造博士后百花齐放的学术氛围，提升博士后优秀成果的学术和社会影响力。

　　《文库》出版资助工作开展以来，得到了全国博士后管委会办公室、中国博士后科学基金会、中国科学院、科学出版社等有关单位领导的大力支持，众多热心博士后事业的专家学者给予积极的建议，工作人员做了大量艰苦细致的工作。在此，我们一并表示感谢！

《博士后文库》编委会